Материалы международной научно-практической

конференции

Фундаментальная наука

и технологии -

перспективные разработки

22-23 мая 2013 г.

Москва

УДК 4+37+51+53+54+55+57+91+61+159.9+316+62+101+330

ББК 72

ISBN: 978-1490395333

В сборнике представлены материалы докладов международной научно-практической конференции   " Фундаментальная наука и технологии - перспективные разработки "

Все статьи представлены в авторской редакции.

Содержание

Архитектура

Биологические науки

Геолого-минералогические науки

Искусствоведение

Медицинские науки

Содержание

Науки о земле

Педагогические науки

Психологические науки

Содержание

Содержание

Содержание

Физико-математические науки

Филологические науки

Химические науки

Содержание

Экономические науки

Юридические науки

Агишева С.Т.
аспирантка кафедры Проектирование Зданий,
Казанский государственный архитектурно-строительный
университет,
e-mail: agisheva@mail.ru

ЗНАЧИМОСТЬ СОВРЕМЕННОЙ АРХИТЕКТУРЫ В ИСТОРИЧЕСКИХ ЦЕНТРАХ ГОРОДОВ

Современная архитектура во всех своих проявлениях (монументальная, малые архитектурные формы, ландшафтная архитектура) также как и памятники архитектуры является частью окружающей исторически сложившейся городской среды.

В исторической среде все ее элементы в виде памятников архитектуры, рядовой исторической и современной застройки, объектов современной архитектуры зачастую вступают в противоречия друг с другом. Как известно, за последние несколько десятилетий произошли существенные изменения в определении понятия «культурное и историческое наследие», когда осуществился переход от охраны отдельных объектов к охране городских ландшафтов, включающие как выдающиеся памятники наследия, так и объекты рядовой застройки, а также природные ландшафты и т.д. [1, 66-74]. Некоторые памятники архитектуры, имеющие статус федерального, регионального или местного значения, являются также объектами всемирного культурного наследия ЮНЕСКО (UNESCO), и располагаются на территории 151 государства [2, 1]. В настоящее время этот статус является значимым как для сохранения исторического и природного наследия, так и для развития туризма и популяризации культурных ценностей.

Таким образом, современные подходы охраны объектов культурного наследия охватывают обширные территории исторически сложившихся городских территорий, на которых действует ряд строгих правил и режимов сохранения и развития памятников архитектуры, законодательная база которых была заложена Венецианской и Вашингтонской хартиями, а также Конвенцией об охране всемирного и культурного наследия (ЮНЕСКО), принятая на XVII сессии Генеральной конференции ООН в г. Париж (1972 г.).

На территориях объектов Всемирного культурного наследия введены строгие режимы:
1) запрет на изменение исторической планировочной структуры улиц;
2) запрет на новое строительство (за исключением мер, направленных на регенерацию исторической среды и приспособление объектов культурного наследия);

3) строгие ограничения на реконструкцию объектов, представляющих историко-культурную ценность (зданий, главных фасадов, скверов и т.д.).

Данная международная правовая система обеспечивает охрану и развитие объектов культурного наследия, охватывающая достаточно большие территории исторически сложившихся городских территорий, на которых действует ряд строгих правил и режимов сохранения и развития памятников архитектуры, частично или полностью ограничивают развитие современной архитектуры.

Согласно одному из пунктов Конвенции об охране всемирного и культурного наследия (ЮНЕСКО) (1972 г.) – «Повреждение или исчезновение любых образцов культурной ценности представляет собой пагубное обеднение достояния всех народов мира» [3]. Современная архитектура также является частью «будущего» наследия – наследия «завтрашнего дня». Данный вопрос является актуальным и начал обсуждается ЮНЕСКО наравне с сохранением объектов культурного наследия, т.к. современная архитектура – это отражение и фиксация культуры сегодняшний дней, накладывающая отпечаток на архитектурную среду города, в том числе на исторический центр и его пространственные и художественные характеристики. Поэтому данная тема рассматривалась в рамках международной конференции на тему «Всемирное наследие и современная архитектура», проходившая в 2005 г. в г. Вена (Австрия) под патронажем ЮНЕСКО. Результатом стал Венский Меморандум «Всемирное наследие и современная архитектура – Управление историческим городским ландшафтом», который относится к городам, внесенным или предложенным для включения в Список Всемирного наследия ЮНЕСКО, а также к городам, имеющим объекты всемирного культурного наследия. Положения, выдвинутые в ходе конференции, затрагивают вопросы интеграции современной архитектуры с исторической средой города:

- п. 9 «*Современная архитектура* в данном контексте (*прим.* исторического городского ландшафта) понимается как относящаяся ко всем значительным запланированным и проектируемым мероприятиям в построенном историческом окружении, включающем открытые пространства, новые конструкции, дополнения или расширения исторических зданий и мест, и реструктаризация»;

- п. 14 «Главная задача *современной архитектуры* в исторических городских ландшафтах заключается в реагировании на динамику развития, в одной стороны, с тем, чтобы содействовать социально-экономическим изменениям и росту, в то время как одновременно уважая унаследованный городской пейзаж и его ландшафт…»;

- п. 21 «Принимая во внимание основные определения … городское планирование, *современная архитектура* и сохранение исторических городских ландшафтов должны избегать любые формы псевдоисторических конструкций, т.к. они представляют собой отрицание исторического и современного...»;

- п. 29 «Управление качеством исторического городского ландшафта направлено на постоянное сохранение и улучшение пространственных, функциональных и связанных с проектированием значений. В этой связи особый акцент должен быть сделан на контекстуализацию *современной архитектуры* в исторических городских ландшафтах...»;

- п. 31 «Исторические здания, открытые пространства и *современная архитектура* вносят значительный вклад в значимость города, фиксируя характер города. Историческая и *современная архитектура* являются активом...» [4].

Таким образом, разработка концепций сосуществования «старого» и «нового» в архитектурном облике города и обсуждение данных проблем на международных конгрессах, форумах и конференциях показывает заинтересованность в данном вопросе и факте необходимости включения новых архитектурных элементов и интеграции современной архитектуры с исторически сложившейся средой города. Постиндустриальная цивилизация, осознавшая высочайший потенциал исторического культурного наследия, на сегодняшний день начинает относиться к современной архитектуре с тем же вниманием, т.к. современная архитектура формирует фонд будущего культурного наследия, и любые его потери неизбежно отражаются на всех областях жизни нынешнего и будущего поколений. Современная архитектура вносит разнообразие в архитектурный пейзаж города, напоминая об искусстве прошлого, настоящего и будущего.

Литература:

1. Развитие городов: лучшие практики и современные тенденции // Сб. докладов российской делегации на международной выставке в Шанхае «ЭКСПО-2010». – М.: ООО Типография КЕМ, 2011. – С. 66-74.

2. Воробъев Д. Управление объектами всемирного наследия в европейских городах. Рабочие тетради Центра изучения Германии и Европы. – Байлефедьд / Санкт-Петербург, 2011. – 1 с.

3. Конвенции об охране всемирного и культурного наследия // UNESCO.ORG: официальный сайт организации UNESCO. URL: http://whc.unesco.org/archive/convention-ru.pdf (дата обращения: 18.05.2013).

4. Венский Меморандум «Всемирное наследие и современная архитектура – Управление историческим городским ландшафтом» // UNESCO.ORG: официальный сайт организации UNESCO. URL: http://whc.unesco.org/uploads/activities/documents/activity-48-3.doc (дата обращения: 10.05.2013).

УДК 624.131

Субботин А.И.
профессор, к.т.н.
Южно-Российский государственный технический университет (Новочеркасский политехнический институт)
subbotin_ai@mail.ru
South Russian State Technical University
(Novocherkassk Polytechnical Institute)

ЭКСПЕРИМЕНТАЛЬНЫЕ ИССЛЕДОВАНИЯ НАПРЯЖЕННО-ДЕФОРМИРОВАННОГО СОСТОЯНИЯ ОСНОВАНИЯ ФУНДАМЕНТОВ БОЛЬШИХ ПЛОЩАДЕЙ

Самым достоверным, трудоемким и затратным способом изучения поведения оснований и фундаментов является экспериментальные исследования. Проведение экспериментальных исследований сложно тем, что производится или на натурном объекте, или на модели. Получение какой-либо информации связано с большими затратами по устройству объекта или изготовлению модели, применением дорогостоящих приборов и материалов, выбором технологии и средства проведения эксперимента. Усилия, возникающие в основании фундаментных плит, это сложный физико-механический процесс, исследование которого является источником получения достоверной информации о поведении основания под нагрузкой. Именно поэтому результаты экспериментальных исследований так скрупулезно изучаются исследователями, так как являются ценнейшим банком данных. С развитием техники и методики экспериментов удаётся получить всё более обширную информацию о протекающих процессах в грунтах основания фундаментов и как результат использовать эти сведения в развитии теории расчёта.

Проведение экспериментальных исследований преследует несколько целей. Главной целью таких исследований является создание на модели реальной картины взаимодействия сооружения и грунтового массива. После этого можно говорить, что полученные данные в результате эксперимента о напряженно-деформированном состоянии (НДС) основания, являются отражением процессов, протекающих в основании сооружения.

Применение плитных фундаментов в качестве основного звена системы «здание - грунтовое основание» позволяет рассматривать возможность создания широкого спектра конструктивных решений при проектировании зданий в сложных инженерно-геологических условиях.

Существующие нормативно-технические документы, определяющие правила расчета фундаментов больших площадей и конечной жесткости не учитывают краевой эффект, возникающий в реальных условиях работы оснований данных конструкций. Наиболее достоверным способом изучения поведения оснований и фундаментов являются экспериментальные исследования.

Многочисленные экспериментальные исследования, проведенные на кафедре ПГСГиФ ЮРГТУ (НПИ), подчинялись определенной методике проведения эксперимента [1]. Данная методика объединила законы и принципы моделирования и позволяла изучить закономерности изменения НДС основания и моделей фундаментов в процессе нагружения от малых до предельных по прочности основания нагрузок в условиях пространственной, осесимметричной и плоской задач [2].

При проведении экспериментальных исследований на модели фундаментной плиты каркасного здания [3], использовались уникальные приборы дистанционного измерения, защищенные авторскими свидетельствами и патентами. Эксперименты проводились в лаборатории «оснований и фундаментов» кафедры ПГСГиФ на испытательной машине МФ-1 конструкции Ю.Н. Мурзенко. Экспериментальным путем изучались параметры напряженно-деформированного состояния и характер перемещений в краевой зоне песчаного основания модели фундаментной плиты. Дистанционные преобразователи устанавливались в полярной системе координат и фиксировали все изменения деформированного состояния в краевой зоне. Причем шаг установки преобразователей позволял исключить взаимовлияние датчиков друг на друга.

Для исследования процессов деформирования грунтов в краевой зоне фундаментной плиты впервые применялись дистанционные преобразователи, измеряющие сдвиговые деформации. Конструкция и технические характеристики деформометров для измерения сдвиговых характеристик [4] позволяют с большой точностью и чувствительностью непрерывно регистрировать сдвиговые деформации в грунтовом массиве в одном направлении. Направление измеряемых деформаций задавалось ориентировкой приборов при их установке. Для выявления затухания деформаций по глубине преобразователи устанавливались с различными радиусами.

Наряду с экспериментальными данными о развитии напряжений (рис. 1-3) были получены экспериментальные данные о распределении деформаций в краевой зоне фундаментной плиты (рис. 4-6), при этом экспериментальные данные о распределении сдвиговых деформаций в краевой зоне фундаментной плиты были получены впервые (рис. 6).

В результате проведенных экспериментальных исследований впервые была получена полная информация о напряженно-деформированном состоянии основания в краевой зоне фундаментной плиты [3]. Это позволило расширить банк экспериментальных данных и применить методы информационного моделирования к планированию и проведению экспериментальных исследований в реальном масштабе времени, что явилось передовым в таких исследованиях.

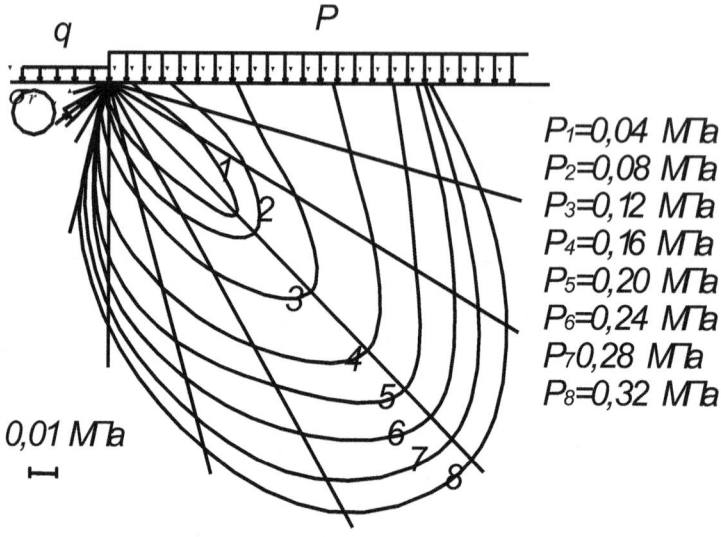

Рис. 1. Радиальные напряжения в краевой зоне основания
фундаментной плиты.

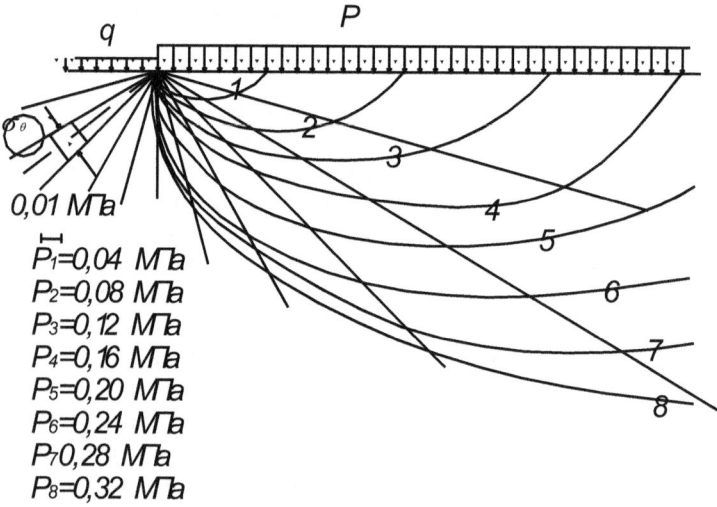

Рис. 2. Тангенциальные напряжения в краевой зоне основания
фундаментной плиты.

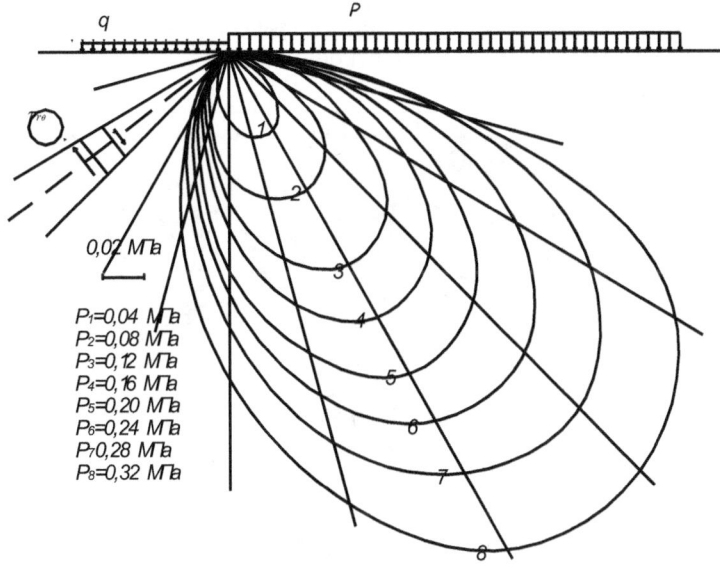

Рис. 3. Касательные напряжения в краевой зоне основания
фундаментной плиты

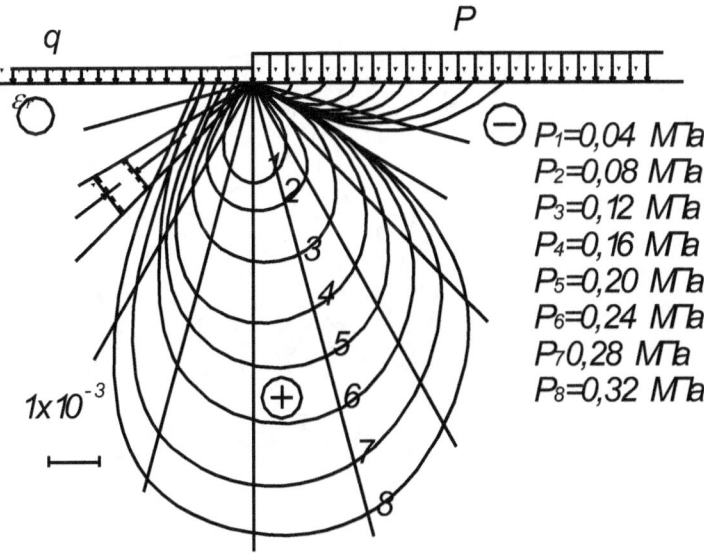

Рис. 4. Радиальные деформации в краевой зоне основания
фундаментной плиты

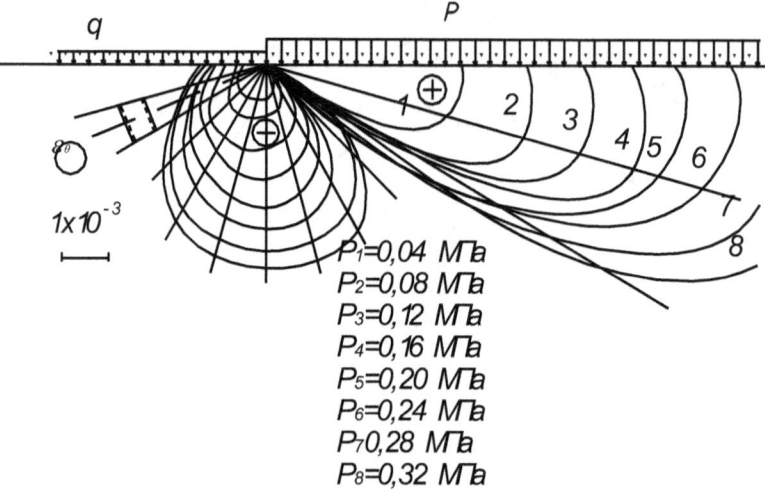

$P_1=0,04$ МПа
$P_2=0,08$ МПа
$P_3=0,12$ МПа
$P_4=0,16$ МПа
$P_5=0,20$ МПа
$P_6=0,24$ МПа
$P_7 0,28$ МПа
$P_8=0,32$ МПа

Рис. 5. Тангенциальные деформации в краевой зоне основания
фундаментной плиты

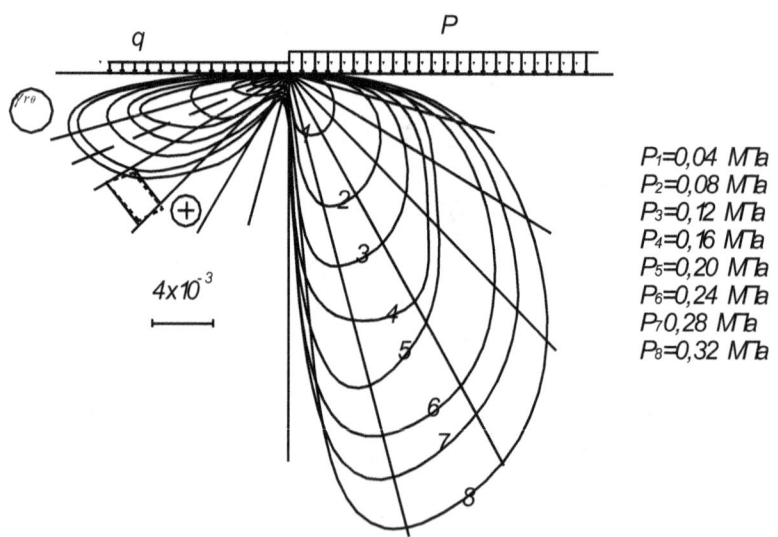

$P_1=0,04$ МПа
$P_2=0,08$ МПа
$P_3=0,12$ МПа
$P_4=0,16$ МПа
$P_5=0,20$ МПа
$P_6=0,24$ МПа
$P_7 0,28$ МПа
$P_8=0,32$ МПа

Рис. 4. Сдвиговые деформации в краевой зоне основания фундаментной плиты

Полученные экспериментальные данные могут сравниваться с альтернативными расчетными моделями, заложенными в базу данных. Можно экспериментально выявить интервал применимости той или иной физико-математической модели к расчету данной конструкции фундамента. Одновременно все значения, полученные в ходе экспериментов, пополняют базу экспериментальных данных.

Библиографический список

1. Ю.Н. Мурзенко Основные принципы моделирования совместной работы фундаментов и песчаного основания// Экспериментальные исследования инженерных сооружений: Материалы ко II симпозиуму (Ленинград, сентябрь, 1969 г.). – Новочеркасск, 1969. – С.85-93.

2. Мурзенко Ю.Н. Методика экспериментальных исследований совместной работы фундаментов и сжимаемого основания при статической нагрузке// Экспериментальные исследования инженерных сооружений: Материалы ко II симпозиуму (Ленинград, сентябрь, 1969 г.). – Новочеркасск, 1969. – С.12-21.

3. Субботин А.И. Работа оснований ограниченной распределительной способности. Дис. …канд. техн. наук.- Ростов-н/Д, 1995.- 221с

4. Субботин А.И., Шматков В.В., Мурзенко А.Ю. Экспериментальное изучение развития сдвиговых деформаций в песчаном основании модели фундаментной плиты// Исследования и разработки по компьютерному проектированию фундаментов и оснований: Межвуз. Сб. Новочеркасск, 1993. С. 13-21.

УДК 624.131

Субботин А.И.
профессор, к.т.н.
Южно-Российский государственный технический университет
(Новочеркасский политехнический институт)
subbotin_ai@mail.ru
South Russian State Technical University
(Novocherkassk Polytechnical Institute)

МОДЕЛИРОВАНИЕ В ЛОТКЕ РАБОТЫ ОСНОВАНИЙ ПРОТЯЖЕННЫХ В ПЛАНЕ ФУНДАМЕНТОВ

Экспериментальные исследования напряжений и деформаций в краевой зоне протяженных в плане фундаментов [1] при действии полубесконечных нагрузок проводились на модели фундаментной плиты в научно-исследовательской лаборатории кафедры ПГСГиФ ЮРГТУ (НПИ) на испытательной машине МФ-1 конструкции Ю.Н. Мурзенко.

В качестве модели фундаментной плиты использована плита из гетинакса, размерами 1,5х0,8х0,1 (толщина) м.

Пространственный лоток машины МФ-1, заполненный средне-зернистым воздушно-сухим кварцевым песком средней плотности, являлся моделью работы основания сплошной фундаментной плиты.

Лоток был заполнен песком, с удельным весом 16,5 кН/м^3, до уровня 1,8 м.

При планировании и проведении экспериментальных исследований на моделях особенно важным является соблюдение условий моделирования и последующее планирование эксперимента. Поэтому перед началом исследований были проведены условия моделирования принятой додели фундаментной плиты к размерам натурных строительных конструкций.

Многочисленные работы по исследованию условий моделирования совместной работы оснований и фундаментов принадлежат В.А. Флорину, П.Д. Евдокимову, Ю.Н. Мурзенко и др.

В.А. Флориным [2] для плоского предельного равновесия упругопластического основания, а также допредельного напряженного состояния получены следующие зависимости:

$$\frac{k_b k_\gamma}{k_\sigma} = 1, \frac{k_c}{k_\sigma} = 1, \varphi = const, \quad (1)$$

где $k_b, k_\sigma, k_\gamma, k_c$ -коэффициенты или масштабы моделирования соответственно линейных размеров, напряжений, объемных сил и сил сцепления.

При введении понятия о числе моделирования N [3] для несвязного грунта при $c = 0$ и $\varphi = const$, получим:

$$N = \frac{\sigma}{b\gamma}, \; N_M = N_H = const, \; (2)$$

где σ - среднее давление под подошвой фундамента;

Nм, Nн - числа моделирования соответственно для модели и натурального фундамента.

Аналогичные условия получены Ю. Н. Мурзенко [4] для осесимметричной задачи теории предельного равновесия. Учитывая сходную форму уплотненного ядра под круглым и квадратным штампами, Ю.Н. Мурзенко обосновал возможность приближенного применения условий (1) для квадратных в плане фундаментов.

Ввиду протяженности моделируемых плитных фундаментов, приближенно используем условия (1) для моделирования напряженного состояния в краевой зоне основания фундаментной плиты.

Рассмотрим условия моделирования, включающее в себя параметры конструкции и основания, необходимые для исследования совместной работы гибких фундаментов и сжимаемого основания [4].

В качестве исходного уравнения связи используем известную формулу М.И. Горбунова-Посадова для показателя гибкости

$$r_n = \frac{1{,}5\pi \; a^2 b E_\Gamma \left(1 - \mu_\Gamma^2\right)}{h_\Pi^3 E_\Pi \left(1 - \mu_\Gamma^2\right)}, \quad (3)$$

где a, b, hп - длина, ширина и высота фундаментной плиты;

E_Γ, μ_Γ - модуль деформации и коэффициент бокового расширения грунта;

E_Π, μ_Π,- модуль деформации и коэффициент бокового расширения материала плиты.

Выражение (3) в интервале малых нагрузок является достаточно точным, в упругопластической стадии работы основания данная формула становится приближенной.

Обозначив $C_\epsilon = \frac{E_\Gamma}{1 - \mu_\Gamma^2}$ и $C_\Pi = \frac{E_\Pi}{1 - \mu_\Pi^2}$, (4)

перепишем (3) в виде $r_n = \frac{1{,}5\pi \; a^2 b C_\Gamma}{h_\Pi^3 C_\Pi}$. (5)

Рассмотрим критерий подобия, исходя из равенства показателей гибкости r_n для модели и натурного фундамента.

При условии $k_r = 1$,

$$\frac{k_a^2 k_b k_{C\Gamma}}{k_{ch} k_{cn}} = 1. \quad (6)$$

С учетом $k_{C\Gamma} = 1$ и $k_a = k_b$, получим

$$\frac{k_b^3}{k_{hn}^3 k_{cn}} = 1. \; (7)$$

Цилиндрический модуль деформации модели, определенный экспериментально, составил

$$C_{ПМ} = 9386,0 \text{ МПа.} \qquad (8)$$

При значениях для железобетона $E_П = 3 \cdot 10^4 \text{ МПа и } \mu_П = 0,2$,

$$k_{СП} = \frac{C_{ПН}}{C_{ПМ}} = \frac{3 \cdot 10^4}{(1 - 0.2^2)0,9386 \cdot 10^4} = 3,3. \qquad (9)$$

Таким образом, при принятых значениях $C_{ПМ}$ и $C_{ПН}$

$$\frac{k_b^3}{k_{hП}^3} = 12. \qquad (10)$$

При условии расположения колонн каркаса натурного сооружения на фундаментной плите по сетке 6x6 м

$$k_b = \frac{6,0}{0,14} = 42,857, \qquad (11)$$

где 0,14x0,14 - сетка расположения податливых связей на модели фундаментной плиты.

Учитывая (11),

$$k_{hП} = \sqrt[3]{\frac{42,857^3}{3,3}} = 28,796. \qquad (12)$$

Таким образом, при коэффициенте линейных размеров k_b=42,857 искомое значение равно $k_{hП}$=28,786.

Согласно принятых условий, модель 1,5х0,8х0,1 (толщина) м соответствует натурной плите размерами 64,3х34,3х0,3 (толщина) м при сетке колонн каркаса натурного здания 6х6 м. Для сетки 3х3м размеры натурной плиты составят 42,9х22,9х0,26 м.

При моделировании осадки за исходное уравнение связи примем уравнение, отражающее основные закономерности деформаций оснований сплошных плитных фундаментов

$$S = \frac{\varepsilon_{max}}{m\gamma}\left(1 - e^{-mP}\right)\left(1 - e^{-mP_\sigma}\right). \qquad (13)$$

При условии (2) $k_b = k_\sigma$, тогда

$$k_s S = \frac{k_\varepsilon \varepsilon_{max}}{k_m m k_\gamma \gamma}\left(1 - e^{-k_m m k_\sigma P}\right)\left(1 - e^{-k_m k_\gamma k_m \gamma н}\right)$$

где $k_\varepsilon, k_m, k_\gamma, k_н$ - коэффициенты моделирования соответственно параметров сжимаемости, удельного веса, сжимаемого слоя основания Н.

При условии идентичности свойств оснований модели и натуры $k_\varepsilon = k_m = k_\gamma = 1$. В этом случае условие (14) примет вид

$$k_s S = \frac{\varepsilon_{max}}{m\gamma}\left(1 - e^{-k_\sigma mP}\right)\left(1 - e^{-k_н m\gamma н}\right) \qquad (15)$$

Приняв $k_\sigma = k_н$, выразим коэффициент k_s:

$$k_s = \frac{\left(1 - e^{-k_\sigma mP}\right)\left(1 - e^{-k_\sigma mP_\sigma}\right)}{\left(1 - e^{-mP}\right)\left(1 - e^{-mP_\sigma}\right)},$$

где P_σ -бытовое давление на глубине Н.

Таким образом, коэффициент моделирования осадки k_s является функцией переменного давления p на основание. С изменением масштаба моделирования $k_\sigma = k_b$ от 1 до ∞ k_s изменяется от 1 до предельного значения

$$k_{s\infty} = \frac{1}{\left(1 - e^{-mP}\right)\left(1 - e^{-mP_\sigma}\right)}.$$

Условие (14) выполнимо при стабилизированном характере общих осадок S, что означает ограничение области моделирования точкой перегиба графика $S=S(P)$, соответствующей в опытах (рис. 1) нагрузке P≈0,3 МПа. При нагрузке P>0,3 МПа график общих осадок соответствует характеру штамповых испытаний. Осадки в этом случае не могут быть описаны выражением (15), что означает нарушение условий моделирования работы оснований сплошных плитных фундаментов.

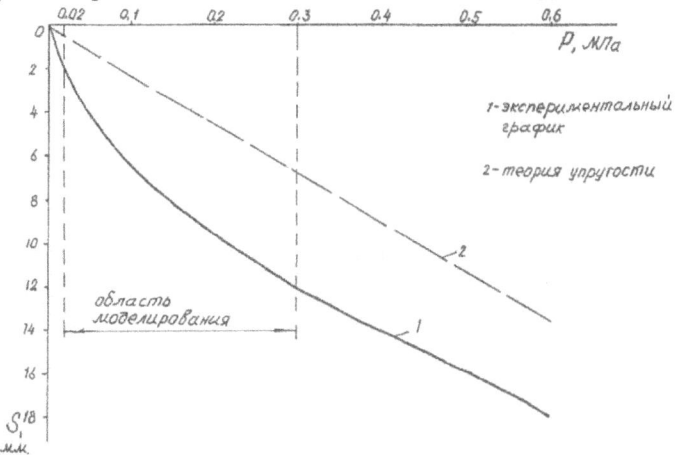

Рис. 1. Общие осадки модели фундаментной плиты.

Следствием этого область моделирования для принятых размеров модели фундаментной плиты и параметров основания в опытах ограничивается нагрузкой 0<P<0,3 МПа.

Библиографический список

1. Субботин А.И. Работа оснований ограниченной распределительной способности: Дис. ... канд. техн. наук/Новочерк. политехн. ин-т. Новочеркасск, 1995. 221 с.

2. Флорин В.А. Расчеты оснований гидротехнических сооружений. М.: Госстройиздат, 1948.- 188 с.

3. Евдокимов П.Д. Прочность оснований и устойчивость гидротехнических сооружений на мягких грунтах.- М. :Госэнергоиздат, 1956.

4. Мурзенко Ю.Н. Экспериментально-теоретические исследования силового взаимодействия фундаментов и песчаного основания: Дисс. ... докт. техн наук.- Новочеркасск, 1972.- 576 с.

УДК 624 153.525:681.3

Субботин А.И.
профессор, к.т.н.
Субботин В.А., Субботин И.А.
студенты Строительного факультета
Южно-Российский государственный технический университет (Новочеркасский политехнический институт)
subbotin_ai@mail.ru

ИННОВАЦИОННЫЕ ТЕХНОЛОГИИ ПРИ СТРОИТЕЛЬСТВЕ И РЕКОНСТРУКЦИИ ОБЪЕКТОВ В УСЛОВИЯХ ПЛОТНОЙ ГОРОДСКОЙ ЗАСТРОЙКИ

Несмотря на то, что во главу угла при формировании градостроительной политики регионов и области ставится привлечение новых земель под комплексное строительство, которое должно обеспечить население доступным жильем, использование свободных площадей в условиях существующей застройки не исключено. В современных условиях экономического развития определен рост капитальных вложений в реконструкцию существующих зданий в пределах плотной городской застройки. Интенсивное использование подземного пространства городской застройки почти всегда сопряжено с необходимостью решения задач о сохранении существующих строений. Каждый сложный в конструктивном отношении объект, как правило, с развитой подземной частью, примыкающий вплотную к эксплуатируемым сооружениям, ставит перед проектировщиками и строителями задачи, которые не могут быть в полной мере разрешены на основе существующих нормативных документов.

При реконструкции зданий и сооружений зачастую не уделяют внимание сложным геологическим условиям площадки и усилению оснований и фундаментов, которое является наиболее сложным и дорогостоящим мероприятием. В результате чего здания после ремонта продолжают претерпевать деформации, что опасно для их дальнейшей эксплуатации.

Практика передачи аварийно-деформированных зданий частным (коммерческим) структурам приводит к тому, что при потребности в скорейшем извлечении дохода с минимальными затратами на ремонт, не находится средств на усиление оснований и фундаментов, которое является наиболее сложным и дорогостоящим мероприятием. В силу этого здания после косметического ремонта продолжают претерпевать деформации, что опасно для их дальнейшей эксплуатации.

Сложные инженерно-геологические условия требуют квалифицированного подхода к объективной оценке геотехнической сложности объекта реконструкции (нового строительства), определению видов и минимально необходимых объемов предпроектных и проектных работ. Необходимо широко внедрять геотехническое обоснование проекта и инструментальный контроль (мониторинг) за сохранностью окружающей застройки, позволяющий оперативно выявлять и принимать меры по устранению воздействий, представляющих опасность для окружающих зданий и сооружений.

В условиях плотной городской застройки, чтобы избежать возникновения аварийных ситуаций при строительстве и реконструкции зданий, необходимо придерживаться в каждом конкретном случае реализации как можно более полного комплекса геотехнических работ, который должен включать в себя:

- предпроектное инженерное обследование площадки строительства, соседних зданий и инженерных коммуникаций, попадающих в зону возможного риска;

- геотехнический прогноз возможных деформаций зданий в процессе ведения реконструкционных работ и в период дальнейшей эксплуатации;

- информационное моделирование наиболее опасных ситуаций на стадии проектирования, включая проект организации и производства работ;

- расчеты по предельным состояниям системы "основания, фундаменты, надземное сооружение";

- проектирование, при необходимости, усиления фундаментов и грунты грунтов оснований;

- геотехническое обоснование применимости различных технологий устройства оснований и фундаментов заглубленных сооружений;

- научное сопровождение сложных технологий;

- геотехнический мониторинг на стадии производства строительных работ, законченных строительством зданий и сооружений, зданий и сооружений, попадающих в зону риска, в период первого года эксплуатации и нормативных деформаций;

- контроль качества работ при геотехническом строительстве.

На начальном этапе проектирования необходимо определить геотехническую категорию объекта реконструкции или нового строительства, которая учитывает уровень ответственности строящегося здания или техническое состояние объекта реконструкции, а также категорию технического состояния застройки, окружающей объект строительства или реконструкции, в результате чего выявляется возможные варианты устройства фундаментов строящегося здания или необходимости усиления реконструируемого здания. Только после этого определяется объем работ по изысканиям и обследованиям в соответствии с геотехнической категорией объекта.

Особое внимание следует уделять инженерно-геологическим изысканиям, которые должны включать выполнение шурфов с обследованием фундаментов и грунтов основания, размеры и глубины заложения фундаментов, бурение скважин с отбором образцов, статическое и динамическое зондирование, лабораторные исследования грунтов, обследование свай с определением длины, сплошности и уточнением несущей способности.

Традиционно методика и объем обследования оснований и фундаментов определяются в зависимости от вида и сложности намечаемых работ (капитальный ремонт здания без увеличения нагрузки на основание; капитальный ремонт либо реконструкция с увеличением нагрузки на основание; восстановление аварийно-деформированных зданий с усилением либо без усиления системы «фундамент-основание»; строительство нового здания рядом с существующим), которые определяют геотехническую категорию объекта.

Размеры зоны обследования застройки, окружающей объект реконструкции или нового строительства, определяются размерами зоны влияния строящегося или реконструируемого объекта. Обследованию подлежат все здания, сооружения и инженерные коммуникации, которые согласно расчетной оценке могут получить какую-либо дополнительную деформацию от статических, динамических или иных техногенных факторов, связанных с реконструкцией или новым строительством.

Инженерные изыскания и обследование должны обеспечить достаточную информацию для проведения поверочных расчетов.

Принимая во внимание результаты инженерно-геологических изысканий и обследования проводят геотехническое обоснование проекта для выбора оптимального варианта проектного решения, обеспечивающего надежность объекта реконструкции или нового строительства. При этом проектное решение и технологии его реализации на практике должны обеспечивать сохранность окружающей застройки и не оказывать негативного влияния на окружающую среду, включая геологическую и гидрогеологическую ситуации.

Одним из главных условий безаварийного строительства или реконструкции зданий и сооружений, наряду с проработкой конструктивных решений, является детальная разработка, последовательная реализация организационно-технологических решений строительства, отражающихся в проекте организации строительства и привлечение инновационных технологий. Данные технологии и решения должны содержать не только основные этапы строительства или реконструкции здания, но и подробно описывать способы ведения работ и отдельных операций, требования к режиму работы оборудования в непосредственной близости от существующих зданий и сооружений, требования к геотехническому мониторингу и механизм остановки работ при нарушении безопасных технологических режимов.

Геотехнический мониторинг, как элемент инновационных технологий, должен включать комплексную систему наблюдений за состоянием самого строящегося здания или сооружения, а также оснований и фундаментов окружающих сооружений, оценку результатов наблюдений и разработку прогноза изменения состояния здания и окружающих его сооружений после завершения строительства в ближайший год и последующий период его эксплуатации.

Основной задачей геотехнического мониторинга это предупреждение возникновения негативных воздействий при ведении строительных работ на окружающую застройку и оперативная корректировка проектных или технологических решений с правом приостановки работ при обнаружении превышения установленных критериев. Геотехнический мониторинг на стадии производства работ - является непременным условием успешного осуществления строительства и реконструкции.

Основные составляющие геотехнического мониторинга можно представить в виде схемы, включающей расчетный, проектно-конструктивный, визуально-инструментальный, контрольный и аналитический блоки (рис. 1).

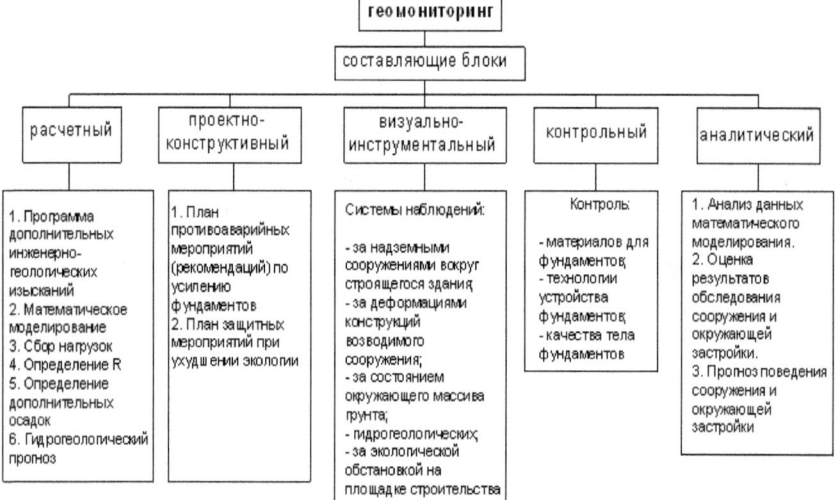

Рис. 1. Структура геотехнического мониторинга.

Наряду с геотехническим сопровождением строительства важную роль играет системный подход к страхованию проектов и строительных рисков на этапе проведения строительно-монтажных работ и в период первого года эксплуатации объекта. Необходима финансовая ответственность участников строительного процесса за допущенные ошибки, механизмом возмещения этих убытков в международной практике, как известно, является страхование.

Комплекс мероприятий, включающий геотехническое и научное сопровождение новых и реконструируемых зданий в условиях сложной городской застройки при обязательном страховании строительных рисков, позволит на практике обеспечить сохранность и безопасную эксплуатацию существующих строений.

Список литературы

1. ГОСТ Р 53778-2010 «Здания и сооружения. Правила обследования и мониторинга технического состояния».

2. СП 22.13330.2011 «Основания зданий и сооружений».

3. СНиП 11-02-96 «Инженерные изыскания для строительства. Основные положения».

4. СП 11-105-97 (ч. I) «Инженерно-геологические изыскания для строительства. Общие правила производства работ».

Черенков И.А.
канд. биол. наук, доцент кафедры иммунологии и клеточной биологии
ФГБОУ ВПО «Удмуртский государственный университет»
Сергеев В.Г.
док. биол. наук, профессор кафедры иммунологии и клеточной биологии
ФГБОУ ВПО «Удмуртский государственный университет»

КОНСТРУИРОВАНИЕ МИКРОБНОГО АМПЕРОМЕТРИЧЕСКОГО БИОСЕНСОРА НА ОСНОВЕ *RHODOCOCCUS*

В последние десятилетия объектом интенсивного изучения стали амперометрические микробные биосенсоры – аналитические устройства, содержащие клетки микроорганизмов, специфически реагирующие на изменения концентрации аналита, и преобразующие изменения метаболизма клеток в электрический сигнал [1, 201-208; 2, 289-322].

Очевидны достоинства использования микроорганизмов в качестве биокомпонента: отсутствие длительных и дорогостоящих процедур выделения и очистки ферментов; сравнительно простая процедура получения культуры; повышенная устойчивость ферментов в клетке; возможность адаптации штамма к целевому компоненту как на уровне экспрессии генов, так и на уровне изменения структуры генетического материала (в том числе и путём введения искусственных генетических конструкций) [1, 201-208; 2, 292-293; 3, 308]. Спектр применений микробных биосенсоров очень широк: экологический контроль состояния окружающей среды, оценка качества продуктов питания, лекарственных препаратов и биохимических показателей внутренней среды человека и животных [1, 201-208; 2, 289-322; 3, 308-314; 4, 73-78].

Создание микробных сенсоров требует решения следующих проблем: поиск микроорганизма, обладающего необходимым аналитическим потенциалом; создание системы преобразования сигнала; выбор способа иммобилизации микроорганизмов; эффективное преобразование и анализ сигнала; изучение аналитических и операционных характеристик полученной системы.

Ключевым аспектом конструирования микробного биосенсора является выбор биокомпонента. Наше внимание привлекли актинобактерии рода *Rhodococcus*, отличающиеся высокой активностью оксигеназ и способностью ассимилировать разнообразные субстраты [4, 73-78; 5, 3-4; 6, 176]. Клетки *Rhodococcus* используются в конструировании кондуктометрических микробных сенсоров и биосенсоров на основе планарного кислородного электрода [2, 302; 4, 73-78].

Известно, что представители данного рода характеризуются сродством к гидрофобным субстратам [4, 74; 5, 5-6; 6, 179], что позволяет предположить эффективность сорбционной иммобилизации клеток на немодифицированном графитовом электроде.

Для проверки данного предположения нами было предпринято исследование сорбционной активности родококков по отношению к графиту в двух модельных условиях: с использованием порошка графита и на поверхность планарного графитового электрода. В первой модели порошок графита массой 1 мг помещали в пробирку с клеточной взвесью родококков (оптическая плотность 0,5). Интенсивно перемешивали и оставляли на 12 часов при комнатной температуре. Центрифугировали и оценивали оптическую плотность надосадка по сравнению с контролем (без добавления графита). Отмечено 8-ми кратное снижение оптической плотности надосадка в пробирках с графитом, что указывает на адсорбцию клеток на углеродных материалах.

Во второй модели для закрепления клеток на планарном графитовом электроде применили комбинированную схему иммобилизации. Клеточную взвесь наносили на поверхность рабочего электрода и оставляли для адсорбции на 12 часов во влажной камере при 4°C. Электрод промывали стерильным забуференнным физиологическим раствором (сЗФР). Затем на поверхность рабочего электрода наносили охлаждённый до 40°C раствор агарозы. После полимеризации агарозы электрод готов для измерений. Контроль адсорбции проводили, изучая поверхность электрода в люминесцентном микроскопе *Nikon Eclipse E200,* окрасив часть электродов акридиновым оранжевым.

Вольтамперные кривые электрода с иммобилизованными клетками получали в режиме циклической вольтамперометрии при скорости развёртки потенциала 100 мВ/с в диапазоне от -700 до +700 мВ. Фоновым электролитом служил сЗФР, на котором готовили все рабочие растворы. В качестве медиатора применяли раствор метиленового синего (МС), который известен как эффективный компонент биотопливных элементов и биосенсоров [7, 4-5]. Модельным аналитом служил раствор глюкозы.

В среде сЗФР в отсутствии медиатора не наблюдается значимых электрохимических процессов – не происходит прямого взаимодействия клетки с электродом. Это обусловлено затруднением переноса электронов в системе «клетка-электрод», определяемым свойствами клеточной оболочки и недоступностью активных центров окислительно-восстановительных ферментов для непосредственного взаимодействия с электродным материалом.

В присутствии 1 мМ МС, в ответ на внесение глюкозы получены концентрационнозависимые изменения силы тока в области окислительного пика. При значении потенциала +70-+100 мВ зависимость «концентрация глюкозы-сила тока» с высокой достоверностью аппроксимировалась линейным уравнением (R^2=0,9).

Механизм формирования аналитического сигнала, в рассматриваемой системе можно представить следующим образом: аналит (питательный субстрат) вызывает усиление окислительных процессов в клетке, участником которых становится медиатор (МС), восстанавливаемый микробными клетками в процессе дыхания [7, 8-9]. Восстановленная форма медиатора окисляется на электроде, что приводит к изменению силы тока.

Исследование аналитических и операционных свойств модельного биосенсора, сконструированного по предлагаемой схеме, показали сохранение чувствительности к глюкозе в течение 14 дней.

Проведенные исследования позволяют сделать вывод о перспективности предложенной компоновки амперометрического биосенсора с клетками *Rhodococcus* иммобилизованными на поверхности графитового электрода и метиленовым синим в качестве медиатора электронного переноса. Рассмотренная модель может стать платформой для микробных биосенсорных устройств на основе родококков для определения веществ, окисляемых ферментными системами изученных клеток.

Литература

1. Lei Y., Chen W., Mulchandani A. Microbial biosensors // Analytica Chimica Acta 568 (2006) 200–210.

2. Reshetilov A.N., Iliasov P.V., Reshetilova T.A. The Microbial Cell Based Biosensors / in Intelligent and Biosensors, by: V. S. Somerset, 2010, INTECH, Croatia, p. 289-322

3. Будников, Г.К. Модифицированные электроды для вольтамперометрии в химии, биологии и медицине / Г.К. Будников, Г.А. Евтюгин, В.Н. Майстренко. – М.: БИНОМ. Лаборатория знаний, 2010. – С 308-314

4. Roach P.C.J., Ramsden D.K., Hughes J., Williams P. Development of a conductimetric biosensor using immobilized Rhodococcus ruber whole cells for the detection and quantification of acrylonitrile. // Biosensors and Bioelectronics 19 (2003) 73-78

5. Криворучко А. В. Адсорбционная иммобилизация клеток алканотрофных родококков: автореф. дис. ... канд. биол. наук: 03.00.07 / Институт экологии и генетики микроорганизмов УрО РАН. – Пермь, 2008. – 28 с.

6. Куюкина М. С., Ившина И. Б., Рубцова Е. В., Иванов Р. В., Лозинский В. И. Адсорбционная иммобилизация клеток родококков в гидрофобизованных производных широкопористого полиакриламидного криогеля. //Прикладная биохимия и микробиология, 2011, том 47, № 2, с. 176–182

7. Кузьмичева Е. В. Кинетика процесса окисления глюкозы с помощью микроорганизма Escherichia coli в присутствии экзогенных медиаторов автореф. дис. ... канд. хим. наук 02.00.05 / Е. В. Кузьмичева; ГОУ ВПО «Саратовский государственный университет им. Н.Г. Чернышевского». – Саратов, 2009. – 20 с.

Малютина Т.А.
кандидат биологических наук, Центр паразитологии Института проблем экологии и эволюции им. А.Н.Северцова РАН, Москва, Россия, maliytina @mail.ru
Теренина Н.Б.
доктор биологических наук, старший научный сотрудник, Центр паразитологии Института проблем экологии и эволюции им. А.Н.Северцова РАН, Москва, Россия, terenina_n@mail.ru

ПЕПТИДЕРГИЧЕСКАЯ СИСТЕМА У ПЛОСКИХ ПАРАЗИТИЧЕСКИХ ЧЕРВЕЙ КАК МИШЕНЬ ДЛЯ ВОЗДЕЙСТВИЯ НОВЫХ ПРОТИВОПАРАЗИТАРНЫХ ПРЕПАРАТОВ

Нейропептиды относятся к большой группе биологически активных веществ, состоящих из различного числа аминокислотных остатков (от двух до нескольких десятков). Среди них различают олигопептиды, состоящие из небольшого числа аминокислотных остатков, и более крупные — полипептиды. Еще более крупные аминокислотные последовательности, содержащие более сотни аминокислотных остатков обычно называют регуляторными белками.

Нейропептиды синтезируются, как правило, в нейронах центральной или периферической нервной систем животных.

В организме человека и животных нейропептиды выполняют роль регуляторов разнообразных физиологических функций (участие в процессах обмена веществ, воздействие на иммунные процессы, регуляция температуры тела, организация связи между разными клетками с помощью химического сигнала и др.).

Относительно недавно выявлены полифункциональные возможности нейропептидов, которые связаны со способностью этих пептидов индуцировать выход определенной группы других пептидов, в результате чего первичные эффекты того или иного пептида развиваются во времени в виде цепных или каскадных процессов .

Физиологическое воздействие нейропептидов на клетки-мишени реализуется через их взаимодействие с рецепторами, которое влечет за собой развитие физиологических событий, осуществляющихся либо при участии набора G-протеинов, активирующих вторичные мессенджеры, либо путем изменения мембранного потока ионов [1,3,28].

Установлено, что для проявления биологической активности большинство нейропептидов нуждается в наличии альфа-амидной группы в карбоси-терминальном окончании[2,57].

Статья посвящена анализу данных литературы о распределении короткого амидированного тетрапептида Phe-Met-Arg-Phe-NH$_2$

(FMRFамид) в тканях некоторых представителей плоских паразитических червей, относящихся к типу *Platyhelminthes*, оценке физиологической роли FMRFамида и FMRFамид- подобных веществ у этих паразитических организмов, а также предпосылкам к созданию антипаразитарных препаратов, мишенью для которых могут быть отдельные звенья пептидергической системы плоских паразитов.

Использование антисыворотки к нейропептиду FMRFамиду показало наличие иммунореактивности к этому веществу в центральных и периферических отделах нервной системы нескольких видов трематод, включая *Fasciola hepatica* и *Schistosoma mansoni* [3, 316; 4, S47].

Пептидергические нейроны и нервные волокна обнаружены в церебральных ганглиях, продольных нервных стволах, поперечных комиссурах взрослых и личиночных форм трематод (церкарий и метацеркарий). Иннервация пептидергическими волокнами обнаружена в прикрепительных (ротовая и брюшная присоски) и репродуктивных органах трематод.

Широкое распространение нейропептидов у трематод предполагает их важную роль в нервно-мышечной физиологии этих животных, включая их участие в регуляции сократительной активности мускулатуры тела, прикрепительных органов, репродуктивной системы, мышц экскреторной и пищеварительной системы паразитов.

В литературе имеются сведения о физиологических эффектах FMRFамида и FMRFамид-подобных пептидов, таких как RYIRFамид, GYIRFамид и GNFFRFамид на интактные фасциолы и препарированные мышечные фрагменты их тела, а также изолированные мышечные волокна шистосом [5,393; 6,455].

Установлено, что в большинстве случаев FMRFамид и FMRFамид-подобные нейропептиды в довольно низких концентрациях (100 nM, 10 mM, 30 mM) вызывают стимуляторный эффект на спонтанную двигательную активность фрагментов тела или изолированные мышечные волокна плоских паразитических червей, повышая амплитуду и частоту спонтанных сокращений.

В отношении ленточных паразитов первые сведения о наличии FMRFамидной иммунореактивности у были получены в экспериментах на цестоде *Diphyllbothrium dendriticum* (процеркоид, плероцеркоид, взрослые формы), у которой положительная реакция выявлена в нервных волокнах, иннервирующих сколекс, в главных нервных стволах, в периферической нервной сети, в нервных терминалях на внутренней стороне ботридий [7,255].

В связи с известной проблемой резистентности паразитических червей к ряду традиционных антипаразитарных препаратов и необходимостью поиска новых лекарственных средств в литературе обсуждается вопрос о возможности использования отдельных звеньев пептидергической системы паразитов в качестве нейрофизиологических мишеней для новых лекарственных веществ.

С теоретической точки зрения одним из способов ограничения паразитарной инвазии, вызываемой плоскими паразитическими червями, может быть создание лекарственных веществ, препятствующих синтезу собственных нейропептидов, способность к которому обнаружена у этих паразитов.

Другим способом подавления паразитарной инвазии, вызываемой плоскими паразитами, может быть создания лекарственных веществ, конкурирующих с эндогенными нейропептидами за взаимодействие с пептидным рецептором соматической мускулатуры плоских паразитов (например, на основе известного антагониста FMRFамидных рецепторов FMR-d-Фамида).

Такой же эффект, вероятно, антагонисты типа FMR-d-Фамида будут иметь и на нейропептидных рецепторах мускулатуры прикрепительных органов плоских паразитов.

Конечным результатом воздействия таких антипаразитарных веществ может стать снижение двигательной активности соматической мускулатуры тела и мускулатуры прикрепительных органов паразитов и открепление червей от биологического субстрата.

Любой из предполагаемых способов воздействия на пептидергический компонент нервной системы паразитических плоских червей будет способствовать снижению паразитарной инвазии их хозяев – человека и животных и паразитарного загрязнения окружающей среды.

Литература

1. *Ашмарин И.П., Каменская М .А.* Нейропептиды в синаптической передаче // Итоги науки и техники. Сер. Физиология человека и животных. – М: ВИНИТИ.- 1988. – Т. 34. - 184 с.

2.. *Eipper, B. A., Stoffers, D. A., and Mains, R. E.* The biosynthesis of neuropeptides: peptide alpha-amidation // *Ann.Rev. Neurosci.* -1992. – V. 15. – P. 57–85.

3. *Halton D. W., Maule A. G.* Flatworm nerve-muscle: structural and functional analisys // Can. J. Zool. – 2004. – V. 82. – P. 316-333.

4. *Halton D.W., Gustafsson M.K.S.* Functional morphology of the platyhelminth nervous system // Parasitology. - 1996. – V.113. - S47-S72.

5. *Marks N. J., Johnston C. F., Maule A. G., Halton D. W., Shaw C., Geary T.G., Moore S., Thompson D. P.* Physiological effects of platyhelminthes RFamide

peptides on muscle-strip preparations of *Fasciola hepatica* (Trematoda: Digenea) // Parasitology. - 1996. - V. 113. - P. 393-401.

6. *Day T.A., Maule A.G., Shaw C. Halton D.W., Moore S., Bennett J.L., Pax R.A.* Platyhelminth FMRFamide-related peptides (FaRPs) contract *Schistosoma mansoni* (Trematoda: Digenea) muscle fibres *in vitro*// Parasitology. – 1994. – V. 109. – P. 455-459.

7.*Gustafsson M.K.S., Wikgren M.C., Karhi T.J., Schot L.P.C.* Immunocytochemical demonstration of neuropeptides and serotonin in the tapeworm *Diphyllobothrium dendriticum* // Cell Tissue Res.- 1985. - V. 240. – No 2. - P. 255-260.

В.С. Шубина[1], Д.Ю. Александров[2], А.В. Александрова[1*]
[1]*Московский государственный университет им. М.В. Ломоносова, г. Москва*
[2] *Федеральное государственное бюджетное учреждение науки Институт проблем экологии и эволюции им. А.Н. Северцова, г. Москва*

ПЕРЕНОС СПОР МИКРОСКОПИЧЕСКИХ ГРИБОВ НА ШЕРСТИ МЕЛКИХ МЛЕКОПИТАЮЩИХ

Сапротрофные почвенные микромицеты являются важным компонентом лесных биоценозов. Для понимания особенностей формирования их комплексов на различных субстратах необходимо изучение способов их распространения, одним из которых является перенос на покровах различных животных - эпихория [1, 147]. Однако работ в данном направлении недостаточно, в связи с чем, целью нашей работы стало изучение роли мелких млекопитающих в переносе пропагул сапротрофных микроскопических грибов.

Материалы и методы

Материал собран на базе полевого стационара, группы популяционной экологии Института Проблем Экологии и Эволюции РАН, расположенного в окрестностях деревни Крутицы (Старицкий район, Тверская область), где с 1999 г проводятся исследования почвенных и подстилочных микромицетов [2, 3] и с 1995 г – сообщества мелких млекопитающих. В настоящей работе мы анализируем материал собранный в сентябре 2010 года.

Для проведения работы на исследуемой территории нами была выставлена экспериментальная линия из 100 живоловок в елово-сосновом лесу, расположенном в водоохранной зоне р. Волга. В учет попали зверьки шести видов: рыжая полевка *Cletrionomys glareolus*, обыкновенная бурозубка *Sorex araneus*, средняя бурозубка *S. caecutiens*, равнозубая бурозубка *S. isodon*, малая бурозубка *S. minutus* и кутора *Nyomes fodiens*.

Образцы верхнего горизонта почвы и подстилки вне норовой сети и в ходах мелких млекопитающих брали в стерильные пакеты из крафт-бумаги, по 10 штук вдоль трансекта. Образцы шерсти состригали со спинки и брюшка зверьков по одному пучку, и помещали в микропробирки, всего собрано 106 образцов.

Дальнейшую обработку проводили на Кафедре микологии и альгологии МГУ. Выделение микромицетов было выполнено методом серийных почвенных разведений Ваксмана на агаризованные питательные среды [3, 10].

Результаты и обсуждение

В результате анализа 10 образцов лесной подстилки, 10 образцов из ходов мелких млекопитающих и 106 образцов шерсти 6 видов мелких млекопитающих выделено 105 видов микроскопических грибов и 3 стерильные формы. Из них из подстилки и ходов – 62 вида, а с шерсти – 93. Исключительно на шерсти отмечены 48 видов, 12 встречались только в подстилке, 4 вида найдены только в ходах мелких млекопитающих.

Наиболее характерным видом для изучаемого местообитания можно назвать *Penicillium simplicissimum*, он выделяется с высокой частотой встречаемости и обилием из всех типов образцов. *P. aurantiogriseum* отмечен во всех образцах в подстилке, но в ходах и на шерсти его меньше. *P. raistrickii* отмеченный со 100% встречаемостью в подстилке вне норовой сети, в ходах не найден и с шерсти выделялся редко. К доминирующим в подстилке вне норовой сети видам также относятся: *Absidia glauca, Beauveria bassiana, Eupenicillium lapidosum, Penicillium brevicompactum, Trichoderma hamatum, T. polysporum, Umbelopsis isabellina* и *U. ramanniana*. Почти все они отмечены и в ходах и на шерсти.

Ряд видов, выделен только вне норовой сети, наиболее частые из них, это уже упомянутый *P. raistrickii, P. albidum* и *P. thomii*. В ходах наиболее часто встречался *Penicillium spinulosum*. Наиболее частые виды, выделенные исключительно с шерсти: *P. coprophilum, P. glandicola, P. vulpinum* и *Alternaria tenuissima*. Интересно отметить, что все три вида рода *Penicillium* формируют хорошо развитые коремии или пучки конидиеносцев. Только на шерсти отмечена большая часть видов из рода *Aspergillus – A. asperescens, A. fumigatus, A. niger, A. proliferans* и *A. versicolor*, а также кератинофильные виды – *Acremonium atrogriseum, Scopulariopsis brevicaulis, S. brumptii, Trichophyton terrestre* и др.

Информационные индексы разнообразия также значительно выше для комплекса микромицетов, выделяемого методом анализа шерсти. Так, обратная форма индекса Симпсона (1/D) растет с ростом разнообразия и для подстилки в целом составляет 3,40, а для шерсти – 14,64. Это отражает более высокую концентрацию доминирования (обилие небольшого числа видов), в подстилке, по сравнению с результатами высева с шерсти. Наименьшее значение он принимает в подстилке вне норной сети – 1,79, в ходах – 2,76, и наибольшее при анализе шерсти – 3,16. Выровненность видовых обилий в комплексах микромицетов из ходов и с шерсти, сравнима между собой (0,79 и 0,76), и сильно превышает этот показатель для подстилки вне норной сети (0,48).

Индекс сходства Съеренсена между комплексами микромицетов подстилки и ходов, рассчитанный с учетом количественных данных, не велик и составляет 0,49. При сравнении подстилки с образцами шерсти отдельных видаов мелких млекопитающих индексы колеблются от 0,38 до 0,51, также не велико сходство и между микромицетами со зверьков и из ходов 0,38-0,46. Наиболее близки комплексы с шерсти обыкновенной бурозубки (*Sorex araneus*) и рыжей полевки (*Clethrionomys glareolus*) – 0,76 и с рыжей полевки и средней бурозубки (*S. caecutiens*) – 0,74. Между обыкновенной и средней бурозубками сходство – 0,66, между обыкновенной и малой бурозубкой (*S. minutus*) – 0,63 и между малой бурозубкой и куторой (*Nyomes fodiens*) – 0,60.

Сравнение видового состава выявленных микромицетов показывает, что отличия в структуре комплексов наблюдаются уже в составе доминантных видов: *Penicillium simplicissimum* преобладает во всех исследованных вариантах, *P. aurantiogriseum* доминирует только в подстилке и ходах. Преимущественно для подстилки характерны *P. raistrickii*, *P. albidum*, *Acremonium strictum*, для ходов характерны *P. janczewskii* и *P. oxalicum*. Видами доминирующими как в ходах, так и при выделении с шерсти являются *Geomyces pannorum* и *P. brevicompactum*, также со шкурок очень обильны *Cladosporium cladosporioides*, *Aspergillus candidus* и *P. coprophilum*, причем два последних вида вообще не отмечены ни в подстилке, ни в ходах. Видов-доминатов общих между найденными в подстилке и выявляемых на шерсти, кроме вездесущего *P. simplicissimum*, не показано. На уровне частых и случайных видов отличия еще более существенны.

СПИСОК ЛИТЕРАТУРЫ

1. Malloch D., Blackwell M. Dispersal of fungal diasporas // The Fungal Community: Its Organization and Role in the Ecosystem. New York. 1992. P. 147–171.

2. Александрова А.В., Заяц А.Л., Великанов Л.Л., Сидорова И.И. Разнообразие почвенных микромицетов в типичных местообитаниях тверской области // Микология и фитопатология. 2006. Т.40, вып.1. С. 3–12.

3. Методы почвенной микробиологии и биохимии. / под ред. Д.Г. Звягинцева. М: Изд-во МГУ. 1991. 304 с.

Коломиец В.Л.*, Рассказов С.В.**

*кандидат геолого-минералогических наук, Геологический институт СО РАН, г. Улан-Удэ, kolom@gin.bscnet.ru

**профессор, доктор геолого-минералогических наук, Институт земной коры СО РАН, г. Иркутск, rassk@crust.irk.ru

О ПРИЧИНАХ ДЛИТЕЛЬНОГО СУЩЕСТВОВАНИЯ АКВАЛЬНОГО СЕДИМЕНТОГЕНЕЗА В МЕЖГОРНЫХ ВПАДИНАХ БАЙКАЛЬСКОЙ СИБИРИ (ЭОПЛЕЙСТОЦЕН – СРЕДНИЙ НЕОПЛЕЙСТОЦЕН)

Проблемы формирования и развития рельефа и осадконакопления Байкальской рифтовой зоны (БРЗ) многие десятилетия остаются дискуссионными. Особое значение в решении задач связанных с вопросами эволюции этой внутриконтинентальной рифтовой системы имеют структурно-формационные комплексы межгорных суходольных котловин. Большая часть днищ впадин (Муйско-Куандинская, Парамская, Верхнеангарская, Баргузинская, Усть-Баргузинская, Налимовская, Нижнетуркинская, Котокельская, Усть-Селенгинская, Тункинская) выполнена мощными, позднекайнозойскими, литологически схожими, полифациальными толщами, включающими в себя несколько возрастных генераций осадков и слагающими не менее 7-ми аккумулятивных и эрозионно-аккумулятивных террасовых уровней, развитых повсеместно. По своему происхождению они достоверно относятся к флювиальной и лимнической группам водного парагенетического ряда континентальных осадочных образований [6,63].

Что же послужило основой столь длительного аквального образования осадков в межгорных впадинах центральной части БРЗ во временном диапазоне от эоплейстоцена до конца среднего неоплейстоцена? Ясно, что исключительность геологической структуры или особенности протекания экзогенных процессов в отдельных изучаемых котловинах не могли оказать никакого воздействия, поскольку система впадин с однотипными осадочными комплексами протянулась более чем на 1200 км – от бассейна р. Иркут на юго-западе до среднего течения р. Витим на северо-востоке. Следовательно, такими причинами были только те явления, которые имели всеобъемлющий характер и прямую связь с эволюцией природной среды всего региона. В первую очередь обращают на себя внимание процессы тектогенеза. Работами [2,169; 3,175; 5,22] установлено, что в квартере территория БРЗ испытала четыре фазы тектонической активизации.

Первая фаза проявилась не только на территории БРЗ, но и во всей Центральной Азии около 1,2 млн. лет назад [3,219]. Она сопровождалась быстрым подъемом западного борта Байкальской впадины, прекращением ленского стока Байкала через р. Пра-Манзурку и, как следствие, -

ингрессионным повышением уровня его вод и формированием осадочных толщ на восточном побережье [2,169]. Эта фаза (приморская по [2,170]) рассматривается нами как раннеприморская. Эоплейстоценовый тектонический подпор имел место и в крайней, северо-восточной оконечности исследуемого района – в Муйско-Куандинской впадине (Северо-Муйское сужение р. Витим). По результатам спорово-пыльцевых анализов (Баргузинская впадина) и радиотермолюминесцентного (РТЛ) датирования (1±0,09 млн. лет, Налимовская впадина) самый высокий VII террасовый уровень близок по образованию времени первой тектонической фазы. Лимнические и комплексные лимно-аллювиальные обстановки седиментогенеза при накоплении отложений этого уровня соответствуют 1-й ингрессии вод Байкала в речные долины и межгорные впадины байкальского направления стока.

Тектоническое и вулканическое оживление территории **второй фазы** произошло 800-600 тыс. лет назад. Фаза (названная позднеприморской) выражена интенсивным воздыманием западного плеча Байкальского рифта [2,170] и Еловского отрога в Тункинской рифтовой долине [3,200]. Она способствовала новому подъему уровня оз. Байкал, последующей второй ингрессии и аккумуляции «теплых» досамаровских песчаных горизонтов Прибайкалья и Забайкалья [1,141]. Свидетельства ее, по нашим исследованиям, представлены VI террасовым уровнем, получившим самое широкое распространение во всех без исключения впадинах БРЗ. Подтверждением этому является РТЛ-возраст отложений основания песчаного увала Верхний Куйтун в Баргузинской впадине 790 и 830 тыс. лет. Спорово-пыльцевые спектры из осадков Муйско-Куандинской, Баргузинской и Усть-Баргузинской котловин свидетельствуют о существовании в это время умеренно-теплых и влажных климатических условий. Толща имеет аквальный генезис с соответствующим набором динамических параметров аккумуляции.

Тектоническая активизация **третьей фазы** (хубсугульской) 600-400 тыс. лет назад обозначила структурную перестройку территории, сопровождавшуюся прекращением вулканизма в центральной части БРЗ (Витимское плоскогорье, бассейн р. Джида, Тункинская котловина) и выражена стратиграфическим несогласием в осадочной толще впадины оз. Хубсугул [3,199; 5,36]. Очевидно, что столь значимое тектоническое событие не могло не отразиться на характере развития других впадин рифтовой зоны. Оно привело к третьей ингрессии байкальских вод, высота которой достигала ста метров выше современного [4,53]. В рельефе днищ впадин БРЗ она способствовала образованию V эрозионно-аккумулятивного уровня комплексного озерно-речного генезиса. Осадки из урочища Верхний Куйтун, датированные РТЛ-методом во временном диапазоне от 380 до 460 тыс. лет, отлагались в постоянных лимнических водоемах с проточным режимом.

Последняя, **четвертая фаза** (тыйская [2,171]) фаза тектонической активизации имела место 150-100 тыс. лет назад и ознаменовала переход к ангарскому стоку вод оз. Байкал. Она обусловила четвертое внедрение байкальских вод во впадины, открытые к Байкалу, возникновение и удержание в них неглубоких озеровидных бассейнов, в которых и был сформирован IV террасовый уровень. РТЛ подтверждение получено для осадков Баргузинской, Нижнетуркинской и усть-селенгинской части Байкальской впадин.

Таким образом, в результате детального изучения отложений террасового комплекса межгорных впадин Байкальской Сибири установлено наибольшее развитие в плейстоцене континентальных осадочных образований аквального парагенетического ряда (флювиальная и лимническая группы). С начала среднего эоплейстоцена в котловинах имели место четыре этапа существования крупных озерных проточных водоемов, сменяемых деградацией и эрозионным расчленением. Образование водоемов сопровождалось поднятиями уровня оз. Байкал и ингрессиями его вод в речные долины. Доминирование лимнического режима было обусловлено 4 тектоническими фазами поднятия хребтов горного обрамления впадин.

1. Логачев Н.А., Антощенко-Оленев И.В., Базаров Д.Б. и др. Нагорья Прибайкалья и Забайкалья. – М.: Наука, 1974. 359 с.

2. Мац В.Д., Уфимцев Г.Ф., Мандельбаум М.М. и др. Кайнозой Байкальской рифтовой впадины: строение и геологическая история. – Новосибирск: Изд-во СО РАН, филиал «Гео». 2001. 252 с.

3. Рассказов С.В., Логачев Н.А., Брандт И.С. и др. Геохронология и геодинамика позднего кайнозоя (Южная Сибирь – Южная и Восточная Азия). – Новосибирск: Наука, Сибирское отделение, 2000. 288 с.

4. Резанов И.Н. Кайнозойские отложения и морфоструктура Восточного Прибайкалья. – Новосибирск: Наука, 1988. 128 с.

5. Федотов А.П. Структура и вещественный состав осадочного чехла Хубсугульской впадины как летопись тектоно-климатической эволюции Северной Монголии в позднем кайнозое. Автореф. дисс. ... доктора геол.-мин. наук. – Казань, 2007. 42 с.

6. Kolomiets V.L. Paleogeography and Quaternary sediments and complexes, intermountain basins of Prebaikalia (Southeastern Siberia, Russia) // Quaternary International, V. 179, 2008. P. 58–63.

Портнова Т.В.
доктор искусствоведения, профессор Института Русского театра. Москва

НАУЧНЫЕ АСПЕКТЫ В ИСКУССТВОВЕДЧЕСКИХ И КУЛЬТУРОЛОГИЧЕСКИХ ЭКСКУРСИЯХ

Экскурсии являются одной из распространенных и действенных форм просветительской работы. Главное в экскурсии – идейное содержание. Если сущность любой экскурсии заключается в том, что это одна из форм познания окружающего мира, то искусствоведческие экскурсии существенно дополняют и расширяют знания, способствующие усвоению культурного наследия нашей планеты, способствуют накоплению человеком духовных богатств и оказывает влияние на мировоззрение личности.

Живая практика современного искусства постоянно рождает новые нетрадиционные жанры, технические приемы в создании образов, по-новому синтезирующие и интерпретирующие черты уже устоявшихся, привычных зрителю изобразительно-выразительных форм. Часто разговор о произведениях живописи, скульптуры, архитектуры на теоретическом уровне ограничиваются в основном их повествовательной стороной, что снижает их профессиональный содержательный анализ. Экскурсия, лишенная информационного начала остается просто осмотром достопримечательностей, эффективность влияния которого на сознание экскурсантов будет минимальным. Неразвитость культуры эстетического восприятия, непонимание специфики новых направлений в искусстве ведет к потере критериев оценки ко всем художественным произведениям, невзирая на их видовую, жанровую и стилистическую принадлежность, применяются единые стандартные мерки.

В свете сказанного правомерно поставить вопрос о научности экскурсий на искусствоведческие и культурологические темы. Экскурсионная практика показывает, что даже небольшую информацию значительно обогащает научность изложения, организующая внимание слушателей и помогающая ему сделать свои обобщения и выводы всесторонне оценить художественные объекты. Научное мировоззрение, в сущности, мировоззрение, в котором мир истолкован специальным образом. Тесная связь существует между современным искусством и наукой, и как ни парадоксально, что именно среди новаторов в искусстве мы чаще открываем соответствия их художественных тенденций с научными стремлениями современности.

Мы привыкли, имея в виду научные принципы в искусствоведении, к специальной терминологии, научно-справочному аппарату, новым открытиям и исследованиям в области состава музейных и частных коллекций, деятельности по выявлению художественных ценностей в регионах различных стран, по национализации крупных частных коллекций и созданию музейных фондов, экспозиционную и реставрационную работу, глубокий научный анализ творчества мастеров, каталогизацию художественных произведений и т.д., образующих бесконечность сцеплений, целостную картину искусствознания, которая указывает направление её развития ко все большему взаимопроникновению науки и искусства.

В экскурсионной работе теория познания может рассматриваться не только со стороны освоения экскурсантами включенных в экскурсию произведений искусства, но и со стороны самих форм познания, используемых экскурсоводом, независимо от идейного содержания произведений; такое рассмотрение предполагает определенный порядок между категориями познания как особого рода норму. Познавательная способность слушателей зависит от профессионализма и мастерства изложения материала экскурсоводом. Во-первых, образное впечатление от экскурсии складывается на определенном уровне информации. Её дефицит не дает полного предоставления об объекте, избыток может перегрузить и разрушить образ. Сочетание научности и образности важны здесь не только потому, что каждое произведение искусства несет в себе «серьезный смысл», но и по той причине, что самое «серьезное художественное творение» должно обладать определенной долей «легкости», чтобы оказать максимально широкое воздействие на аудиторию. Думается, зрительский успех – показатель точности совмещения этих двух начал, органически связанных с личностью экскурсовода. Движение мысли экскурсовода – это и неожиданные ассоциации, и смелые сопоставления, и умение понять внутренние противоречия, присущие информационному материалу об объектах. Кроме того, движение мысли – это способность рассмотреть динамику программного материала в историческом аспекте, во времени. Поразительное сочетание, казалось бы, несовместимых качеств – во всем этом не меньше эстетических достоинств, чем в любом произведении живописи, скульптуры или архитектуры. Тогда в основе контакта экскурсовода и экскурсантов создается ощущение их общности, в которой выражена нравственная, духовная близость.

Принцип научности проявляется с самого начала подготовки экскурсии. Известно, что общая экскурсионная методика состоит из двух основных частей – методики подготовки экскурсии и методики её проведения.

Подготовку экскурсии так же можно рассматривать в двух направлениях: разработка новой темы экскурсии и подготовка экскурсовода к новой для него теме. Подготовка экскурсии осуществляется последовательно по этапам. Начинается она с определения темы и цели экскурсии. Правильная формулировка целей и задач имеет важное значение, т.к. им подчиняется все, что будет показано и о чем будет рассказано в ходе экскурсии. Так, в избранной теме «Особняки Москвы» разнообразные по архитектуре здания эпохи модерна представляют одну из неотъемлемых примет исторической стройки старой Москвы. Сформулировав для себя цели и задачи, экскурсовод должен отчетливо осознавать, что сложной проблемой станет принцип отбора материала и его смысловая организация. Происходит отбор объектов для будущего показа. Здесь учитывается их познавательная ценность, его известность, выразительность, месторасположение. Предпочтительная ориентация только на популярность художественного произведения может свести экскурсионный материал в сторону легкости, развлекательности. Существенным критерием является и число отобранных объектов (если их мало, экскурсия будет неполноценной, если слишком много, превратится в дилетантство). После отбора экскурсионных объектов следует их внимательное изучение, включающее в себя натурный осмотр и изучение литературы. Работу по отбору и изучению экскурсионных объектов завершает составление маршрута экскурсии, которые могут быть построены по хронологическому, тематическому или комплексному принципу. После разработки маршрута совершается его объезд или обход, при котором уточняется трасса движения, места расположения объектов, подъезды к ним, места стоянок, вырабатываются основные и дополнительные (резервные) точки показа. В процессе объезда или обхода учитывается хронометрирование времени (переезда, перехода) от объекта к объекту для точного расчета времени экскурсии. Только после объезда маршрута начинается работа над составлением текста экскурсии. «Текст экскурсии включает в себя введение и заключение, содержит характеристику объектов и конкретный материал, связанный с данным объектом, выводы и обобщения, логические переходы к очередным подтемам.

В контрольном тексте даются все выверенные цитаты, факты, цифры, примеры, причем обязательно со ссылками на источники. Индивидуальный текст экскурсовода строится в соответствии с методической разработкой и точно отражает реальную структуру экскурсии с учетом фактора времени. Он имеет вступление, основную часть и заключение» [1,31] указывает В.А.Сичимаева в издании «Экскурсионная работа».

Наконец, завершает подготовку и экскурсии на определенную тему, составление методической разработки, где указывается маршрут экскурсии, объекты показа, остановки, продолжительность, методические приемы показа и рассказа. Текст экскурсии и методическая разработка могут рецензироваться. Есть в этом во всем прямая аналогия с методами научной работы. Однако сказанное – это лишь начальная стадия формирования научных принципов, которые ещё не сложились в законченную систему, которая могла бы служить показателем научности в целом. Сами по себе приемы подготовки к новым темам экскурсии или реконструкция старых (что является вполне естественным, если принять во внимание ту основательность, с которой готовится экскурсия) не является научным открытием, или исследованием.

Принцип научности прежде всего предполагает полное соответствие содержание экскурсии категориям подлинности. Научное знание характеризуется объективной истинностью, оно базируется на теоретических или экспериментально проверенных фактах и сведениях. Научному знанию свойственна так же обобщенность, когда за хаотичными, внешне случайными фактами и явлениями выступают общие и существенные закономерности объективного мира.

Требование принципа научности распространяется не только на содержание материала. Они должны строго соблюдаться и в процессе его изложения: научная трактовка экскурсионных фактов, явлений, понятий – неотъемлемое качество каждой экскурсии. Однако в активе экскурсоведения есть ряд ему одному принадлежащих качеств.

Первое и самое простое – наглядность, которая не тождественна иллюстративности, оно может подниматься до некого полного видения, недоступного без натурного обзора. Зрительной основой любой экскурсии является экскурсионные объекты, вокруг которых и строится большей частью рассказ экскурсовода. Экскурсионными объектами являются памятники архитектуры и скульптуры, памятные места, природные места, экспозиции музеев, картинных галерей, выставок. Памятными местами могут быть площади, улицы, целые города, где проходили те или иные события. Зримый облик демонстрируемых предметов и явлений передают изобразительные и пространственные искусства, которые обладают способностью запечатлевать действительность в особенно наглядной и убедительной форме.

Другое качество научности экскурсий – соборность. Любая экскурсия объединяет аудиторию, вызывает потребность в общении, обсуждении услышанного и увиденного. Подготовка любой новой экскурсии требует в современных условиях комплексного и системного подходов к изучению аудитории, проведения конкретных социологических исследований. Чем глубже осмысляется материал, тем острее потребность в их обсуждении. Экскурсовод, обращаясь в своем анализе к истории, воскрешает прошлое, в котором интересен не только и не столько сам исторический факт, а его соотнесенность с настоящим, что позволяет достигнуть большей степени обобщения.

Произведения искусства воспринимаются не просто как свидание с прошлым, но как диалог с настоящим и будущим. Думается, такая схема не имеет ничего общего с множеством традиционно построенных бледных рассказов, растворяющихся в общей массе привычных экскурсий.

Категория целостности в структуре экскурсии является не менее важным фактом и по своей природе тяготеет к отражению и познанию мира во всей её полноте. Даже если экскурсия узко нацелена на определенную тематику, она все же не может обойтись без того, чтобы не затронуть вопросы взаимоотношения художественного произведения и человека, памятника искусства и природы. Экскурсии способны помочь утвердиться современному типу мышления, который заключается в умении одновременно видеть и учитывать духовные, психологические, моральные, экологические, экономические аспекты.

Наконец, эвристичность, качество присущее лучшим научно построенным серьезным экскурсиям. Они настраивают на творческое восприятие заключенной в них научной информации, развивают воображение, предполагают не только готовые выводы, но и вопросы, стимулирующие собственные поиски.

Сделать хорошую экскурсию не просто. Она требует безупречного владения искусствоведческой речью, широкого ассоциативного мышления, тонкого и умелого сочетания трезвого разума с яркой эмоциональностью, т.е. требует высокого профессионализма. Очевидно то, что «Выводы экскурсантов строятся на основе не только увиденного, но и услышанного» [2,53]. Детальный анализ идейной и художественной сущности демонстрируемого объекта неизмеримо поднимает научный уровень экскурсии. Как считает Б.Емельянов: «Профессиональное мастерство экскурсовода – это особый вид искусства, который построен на активном истолковании и умелого сочетания показа и рассказа, участии в процессе восприятия взаимодействия таких компонентов, как экскурсовод, экскурсант и экскурсионные объекты…» [3, 195].

Итак, правильное решение проблем, связанных с научными принципами в искусствоведческих экскурсиях имеет не только большое познавательное, но и большое методологическое значение. Здесь как в фокусе собираются и пересекаются такие ключевые для экскурсоведения и искусствоведения вопросы и категории, как объективное и субъективное, эмоциональное и интеллектуальное, действительность и воображение.

Таким образом, научные принципы в структуре экскурсионных искусствоведческих программ, их ключевых компонентов и механизмов взаимодействия с эстетическим, социокультурным и идеологическим контекстом – необходимое условие не только изучения истории культурных памятников и художественных произведений, но и решения практических задач эффективного использования в экскурсионном процессе в целом.

ЛИТЕРАТУРА

1. Сичинаева В.А. Экскурсионная работа. М., 1981., с. 31.

2. Емельянов Б.В. Профессиональное мастерство экскурсанта. М., 1986., с. 53.

3. Емельянов Б.В. Экскурсоведение. М., 2004., с. 195.

Kaluzhenina A.A.[1], Bothamley G.H.[2]
[1]Volgograd State Medical University, TB department, Russian Federation, MD, PhD

[2]Homerton University Hospital, London E9 6SR, UK, MD, PhD

THE RELATIVE MERITE OF DIFFERENT REGIMENS FOR TREATING TUBERCULOSIS RESISTANT TO RIFAMPICIN AND ISONIASID: AN OBSERVATION COHORT STUDY IN VOLGOGRAD

Introduction

Multidrug-resistant tuberculosis (MDRTB), that is resistance to rifampicin and isoniazid, is an important global threat.[1, 20] In 2010, there were an estimated 650,000 cases amongst a TB prevalence of 12 million. The Russian Federation has an estimated 18 (16-19) % of new cases and 46 (41-52)% of retreatment cases which have MDRTB. MDR-TB is known to be a man-made disease and results from inappropriate anti-tuberculosis regimens, inadequate/poor drug supplies, poor case handling and follow up; and poor patient compliance.[6, 1511-1519]

Since 2004, Russian guidelines recommend treatment with 5 anti-tuberculosis drugs for 6 months followed by 12 months with three drugs.[2,3] Following guidelines published by the World Health Organization (WHO) in 2004, the standard classification of drugs into five categories (first line oral, injectable agents, fluoroquinolones, oral bacteriostatic second-line agents and agents with an unclear role in the treatment of drug-resistant tuberculosis) permits sequential construction of a tailored drug regimen[4].

Materials and methods

All adult patients over 18 years of age with primary MDR-TB from 1st January 2009 to 31st December 2011 were eligible for study. Multidrug resistance was confirmed by drug-sensitivity testing. Patients with mono-resistance or resistance to additional drugs other than rifampicin and isoniazid were excluded. Patients with co-morbidities which would have affected the choice of drug treatment (chronic renal failure requiring renal replacement therapy, decompensated chronic liver disease) were excluded. A proforma was devised to record the name, age, sex, presenting complaints, relevant history especially duration of diagnosed tuberculous disease, past anti-TB treatment including number of drugs used and their duration, radiological category of the patient (see Table 1), resistance pattern, treatment plan, combinations of antituberculosis drugs and results of treatment.

Table-1: Clinical-radiological classification of pulmonary tuberculosis (Russian Federation Guidelines in TB)[3,23-25]

Focal pulmonary tuberculosis
Minimal lesions in lungs include small focuses which size up to 1 cm in diameter. They may involve small part of one or both lungs. Cavitations are

very rare can be in this form.
Infiltrative pulmonary tuberculosis
Moderately advanced lesions. May be present in one or both lungs, but the total extent should not exceed the following limits: disseminated lesions of slight to moderate density that may extend throughout the volume of one lung or the equivalent in both lungs; dense and confluent lesions limited in extent from one-third the volume of lung to whole lung; total diameter of cavity if present must be less than 2 cm. And external border of cavity wall usually indistinct.
Disseminative pulmonary tuberculosis
Moderately advanced lesions which present in both lungs usually and can located symmetrically. There are small focuses up to 1 cm and infiltrates and conglomerates with small cavities.
Fibrous cavernous pulmonary tuberculosis
Far advanced lesions characterized by the cavity formation. Usually thick wall cavity with large fibrotic and sclerotic changes in lungs and with shifting organs of mediastinum in the damage side due to massive fibrosis and with the focuses of bronchogenic dissemination.

Standard treatment

Chest radiography, blood complete picture, ESR, serum urea, creatinine and electrolytes, uric acid levels, and tests of liver functions were done at baseline. All patients were started on the 4 standard first line anti-tuberculosis drugs: rifampicin, isoniazid, pyrazinamide and ethambutol. Treatment was later modified on the basis of drug-sensitivity testing (DST), noting patient adherence and previous exposure to fluoroquinolones. Rifampicin and isoniazid were stopped in all cases after the diagnosis of MDRTB by DST. Treatment was continued for 12–18 months after sputum conversion depending upon clinical and radiological parameters[3]. Five drugs were given for the initial 6 months after DST followed by 4 drugs for the next 12 months[2 5]. No less than 4 drugs were given throughout the course of regimen. All drugs were used simultaneously in normal adult doses on daily basis.

Table-2: Used antituberculosis drugs with dosage

Drug	Dose
Pyrazinamide	1500mg /day (single dose) For patients less 50 kg – 1000 mg/day
Ethambutol	15 mg/kg/day (single dose)
Kanamycin	1000 mg/day IM (single dose)
Protionamide	750 mg/day (half dose twice)

Cycloserine	750 mg/day (half dose twice)
PAS	6 – 12 g/day
Levofloxacin	500 mg/day (single dose)
Capreomycine	1000 mg/day IM (single dose)

All patients had been prescribed 50 mg of pyridoxine daily. Treatment was given primarily on outpatient basis while most of the patients had one follow up visit in every 7 days for the first 6 months and then at monthly intervals. Adherence to treatment was assured by recruitment of 1st degree relatives into the directly observed therapy (DOT) management strategy. Doses were recorded on the International Union against Tuberculosis and Lung Disease score card (reference the Orange guide) by the relatives. [7,45]

Drug sensitivity testing

Sputum for AFB microscopy, AFB culture and sensitivity were done before the start of treatment. The diagnosis was made by culture and sensitivity using the standard BACTEC MGIT 960 radiometric culture method. The drugs sensitivities for all first line anti-TB drugs were checked first, excluding pyrazinamide. DST for second line drugs was assessed for ofloxacin, protionamide and PAS in a laboratory accredited according to Russian Laboratory and Sanitary Standards by Regional System of Survey on antituberculosis drug susceptibility testing.[9, 364-371] All the second line drugs not used in past or used for less than two months by the patient were considered 'active'. DST was done in all cases. Mantoux test was done in all cases (according Russian Guidelines).

Follow-up during treatment

Sputum for AFB microscopy and culture were sent after 2 months and then on a monthly basis during the intensive phase and 3 monthly thereafter. AFB smear and culture was also repeated at 6 months after completion of anti-TB therapy. A full blood count, liver and renal function tests and urine examination were performed monthly. They also done if the patient experienced any adverse effect. Thyroid function weren't checked in patients taking PAS. Patients treated with kanamycin or capreomycin were examined by an ENT specialist at monthly intervals. Treatment was stopped for 1-2 weeks if there was any severe adverse event and the regimen changed. Chest X-rays were done according scheme of observation tuberculosis patients in Russia – one time per two months in intensive phase and one time per three months in continuation phase. Thereafter 6 monthly. Extraordinatory chest X-ray was done only in cases then condition of pathients become better. [5, 48-51]

Outcomes

The response to treatment was categorized as bacteriological cure, radiological response and failure of treatment. Patients were declared bacteriologically cured if they were sputum AFB negative at three months of individualized regimen after DST and remained so up to three months after completion of full therapy. Radiological response was defined as regression of active lesions/cavities to minimal (approximately 70% regression). Fibrotic bands, scarring and calcification were considered as evidence of healed tuberculosis and their presence was not considered as a failure of radiological response. Failure of treatment was defined as patients excreting tubercle bacilli after 6 months of a tailored regimen as assessed by sputum smear positivity for AFB.

Statistics

Data were analyzed using Student's t-test for duration of treatment and Fisher's exact test for outcome. A probability <0.05 was considered significant.

Results

During 2009-2011, there were 1771 patients with culture-positive TB (Figure 1). In 1168 patients a fully-sensitive strain of Mycobacterium tuberculosis was grown; there were 38 patients with resistance to rifampicin and isoniazid alone and 152 resistant to rifampicin and isoniazid and another drug (Table 3). 71 patients had to change their regimen due to associated co-morbidities (27) or adverse reactions (44). 24 patients had incomplete follow up recorded.

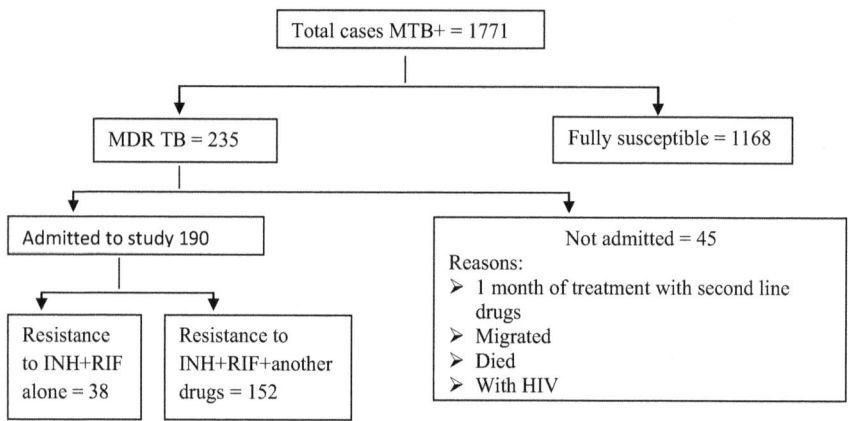

Fig. 1. Flow chart is showing admission of MDRTB patients for treatment

136 were males, 4 weighed less than 30 kg and 30 had associated diabetes mellitus. two patients were found at the start of treatment to have extensively drug resistant TB (XDR-TB) (Table 3). All patients were hospitalized, with average staying in hospital during 9 months.

Patients with tuberculosis resistant to another 2nd line drug were more likely to experience fever (χ^2= 14.7, P = 0.0004) and less likely to be breathless (χ^2= 8.46, P = 0.0071; Table 3). More patients with rifampcin and isoniazid resistance alone were sputum smear-positive (χ^2= 20.14, P=0.0002). The latter precluded a comparison between the groups with resistance to just rifampicin and isoniazid and resistance to another second-line drug.

Table-3: Demographics of patients with MDRTB

Variable	Total (n=190)	Resistance to rifampicin and isoniazid and:				XDRTB (n=2)
		none (n=38)	another 1st line (n=139)	another 1st line & 2nd line (n=3)	2nd line only (n=8-except XDRTB)	
Sex						
Male	136 (71.6)	26 (68.4)	100 (71.9)	2 (66.7)	6 (75.0)	2 (100)
Female	54 (28.4)	12 (31.6)	39 (28.1)	1 (33.3)	2 (25.0)	-
Age						
Median	31.5	32.0	31.5	32.1	31.5	31.5
Interquartile	18-45	18-45	18-45	18-45	18-45	18-45
Symptoms						
Cough	106 (55.8)	19 (50.0)	75 (53.9)	3 (100)	7 (87.5)	2 (100)
Sputum	72 (37.9)	17 (44.7)	44 (31.6)	3 (100)	6 (75.0)	2 (100)
Haemoptysis	28 (14.7)	4 (10.5)	19 (13.7)	2 (66.7)	2 (25.0)	1 (50.0)
Fever	163 (85.8)	25 (65.8)	126 (90.6)	3 (100)	7 (87.5)	2 (100)
Night sweats	117 (61.6)	24 (63.2)	81 (58.3)	3 (100)	7 (87.5)	2 (100)
Dyspnoea	30 (15.8)	9 (23.7)	10 (7.2)	3 (100)	6 (75.0)	2 (100)
TB contact						
Any	97 (51.1)	18 (47.4)	72 (51.8)	1 (33.3)	5 (62.5)	1 (50.0)
MDRTB	28 (14.7)	6 (15.8)	16 (11.5)	2 (66.7)	3 (32.5)	1 (50.0)
Sputum						
Smear-positive	102 (53.7)	32 (84.2)	60 (43.2)	1 (33.3)	7 (87.5)	2 (100)
Chest x-ray						
Infiltrative	129 (67.9)	24 (63.2)	101 72.7	-	3 (37.5)	1 (50.0)
Disseminated	23 (12.1)	5 (13.2)	15 (10.8)	1 (33.3)	2 (25.0)	-
Fibro- cavernous	21 (11.1)	7 (18.4)	8 (5.7)	2 (66.7)	3 (37.5)	1 (50.0)
Focal/minimal	17 (8.9)	2 (5.2)	15 (10.8)	-	-	-

190 patients were given at least 5 drugs after DST results in five different individualized regimens (Table 4). An aminoglycoside equivalent (the peptide antibiotic capreomycin) or quinolone (ofloxacin or levofloxacin) was included in the regimen if at all possible (26% of patients treated). Only the regimen including capreomycin, levofloxacin, cycloserine, protionamide and para-aminosalicylic acid had an acceptable outcome with a cure rate of 95.9% and relapse in just one of the 49 treated. Furthermore, this regimen had the least frequency of severe adverse reactions requiring a change of regimen.

Time to culture conversion (Table 4) was 2 months for 8 (4.2%) patients. By 6 months, 15 (7.9%) patients had culture converted. Four of the 17 patients who showed culture conversion at different time points (1, 2 months and two at 6 months) reverted to persistent positivity from the 6th to 8th months onwards.

The smear and culture conversion rates (Table 4) were early with using such combination as CapLevCycProPas. Smear conversation here was in 6.1% after two month and culture – 6.1%. Totally 97.9% smear conversation in this regime and 95.9% of culture conversation. Another combination – ZkanCycProPas has shown poor success of conversation – 14.3% smear and 10.7% culture conversation. (Table 4)

At the end of treatment, 103 (54.2%) were cured, 24 patients (12.6%) had incomplete follow up, 7 (3.7%) had died.

Adverse drug reactions

There are 113 patients did not complain of any adverse drug reactions (ADR) (Table 4). ADRs were considered mild if the patient made 1 or 2 complaints during the 12 month period and only required symptomatic treatment, moderate if the complaint was repeated or of prolonged duration but still could be managed with symptomatic drugs, and severe if either a reduction of dosage or termination of the offending drug(s) was warranted. Severe ADR was observed in 44 23.2%) patients. Of these, 13 had termination of prothionamide, 4 of ofloxacin, and 1 each had kanamycin, ethambutol, pyrazinamide or cycloserine terminated. In addition, ofloxacin dosage was reduced in 1 patient, pyrazinamide in 2 others, and kanamycin injections changed to 3 days a week for 5 patients.

Table 4. Outcome of regimens used in the treatment of MDRTB

No	Regimen	No (%)	Duration of treatment (months: median, range)	No. (%) conversation at time of evaluation								Adverse effects			Outcome			
				2 months smear	2 months culture	6 months smear	6 months culture	9 months smear	9 months culture	12 months smear	12 months culture	none	tolerated	change regimen	cured 12 m after negative culture: n (%)	Failed	Died	later relapse: n (%)
1	CapLevCycProPas to	49 (25.8)	18.0±0.2	3 (6.1)	3 (6.1)	4 (8.2)	7 (14.3)	15 (30.6)	17 (34.7)	26 (53.1)	20 (40.8)	42 (85.7)	3 (6.1)	4 (8.2)	47 (95.9)	2 (4.2)	-	1 (2.1)
2	ZCapCycProPas to	39 (20.6)	18.6±0.3	2 (5.1)	2 (5.1)	3 (7.7)	5 (12.8)	5 (12.8)	10 (25.6)	8 (20.5)	12 (30.8)	25 (64.1)	6 (15.4)	8 (20.5)	29 (74.4)	10 (25.6)	1 (2.5)	2 (5.1)
3	EZCycProPas to	38 (20.0)	19.2±0.8	1 (2.6)	2 (5.3)	2 (5.3)	2 (5.3)	2 (5.3)	5 (13.2)	6 (15.8)	8 (21.1)	22 (57.9)	6 (15.8)	10 (26.3)	17 (44.7)	18 (47.4)	3 (7.9)	4 (10.5)
4	EZLevCycPro to	36 (18.9)	20.2±1.1	1 (2.8)	1 (2.8)	1 (2.8)	1 (2.8)	2 (5.3)	2 (5.6)	5 (13.9)	3 (8.3)	17 (47.2)	8 (22.2)	11 (30.6)	7 (19.4)	21 (58.3)	6 (16.7)	5 (13.9)
5	ZKamCycProPas to	28 (14.7)	22.2±1.2	-	-	-	-	-	1 (3.6)	4 (14.3)	2 (7.2)	7 (25.0)	10 (36.7)	11 (39.3)	3 (10.7)	17 (60.7)	8 (28.6)	3 (10.7)

First regimen have given the best result of treatment and can wide use. Next two regimens have given also satisfactory results and could be use in it necessary. But last regimen is totally bad and can not be recommended for using in future.

Chest X-ray

We have gotten best result of treatment in patients with local changes in lungs and without cavitary process (Table 5).

Table 5. Outcomes of MDR TB in different X-rays forms [2, 134-137]

X-ray form 2	Conversation		No of regimens (Table 4) / cured patients					Cured	change regimen
	Smear	Culture	1	2	3	4	5		
Focal TB	6 (100)	17 (100)	4 / 4 (100)	4 / 4 (100)	4 / 4 (100)	3 / 3 (100)	2 / 2 (100)	17 (100)	1 (5.9)
Infiltrative TB	51 (70.8)	71 (55.1)	39 / 39 (100)	28 / 21 (75.0)	23 / 8 (34.8)	21 / 3 (14.3)	18 / 1 (5.6)	71 (55.1)	14 (10.9)
Disseminative TB	12 (52.2)	8 (34.8)	3 / 2 (66.7)	4 / 2 (50.0)	6 / 3 (50.0)	5 / 1 (20.0)	5 / 0	8 (34.8)	15 (65.2)
Fibrous cavernous TB	10 (47.6)	7 (33.3)	3 / 2 (66.7)	3 / 2 (66.7)	5 / 2 (40.0)	7 / 0	3 / 0	7 (33.3)	14 (66.7)

Discussion

According Russian guidelines we have used 5 anti-tuberculosis drugs for 6 months followed by 12 months with three drugs.[2, 45; 3, 46-49] Following guidelines published by the World Health Organization (WHO) in 2004, the standard classification of drugs into five categories (first line oral, injectable agents, fluoroquinolones, oral bacteriostatic second-line agents and agents with an unclear role in the treatment of drug-resistant tuberculosis) permits sequential construction of a tailored drug regimen.

The time period of diagnosed disease before our modified regimen was started at 2-12 months. Similarly, prior use of a median of 4 anti-TB drugs and a median of 5 drugs to which isolates were found to be resistant translates into a possibility of a better outcome. Use of Capreomycin and Levofloxacin in the early part of the study, has probably resulted in use of at least 5 bactericidal drugs, to which isolate is likely to be sensitive, and has thus translated into an overall better outcomes. Finally, we have used 5–6 drugs for 6–9 months in initial period and then have given a minimum of at least 3-4 drugs till completion of regimen, so more number of drugs had been used in our study. Overall more number of drugs has been used with rationale to utilise drugs effective against different phases of mycobacterium. Other studies have also linked better outcomes with high number of drugs used. The success rate in MDR-TB cases in past have been low. A retrospective analysis of 190 MDR-TB patients (from 2009–2011) at Volgograd region in 2009 reported an overall response rate of only 46%, while some years later, the same institute has documented an overall initial success rate of 67%. [8, 60-61]

We have devised a standardized treatment protocol for initial management period (before DST) in re-treatment group of tuberculosis patients with excellent results. The smear (6.1) and culture (6.1) conversion rates were early with using such combination as CapLevCycProPas. The percent of cured patients here were 47 (95.9) and only 1 (2.1) gave a relapse late. The next good regimen was such combination of ATD as ZCapCycProPas – 18 (46.2) smear and 29 (74.4) culture conversation. Low level of relapse here – 2 (5.1). The third regimen was not such effective as first two but also can be used in practice. Smear conversation here was 11 (28.9) and culture – 17 (44.7). The percent of relapses were kept 10.5 (4) and less than 50% of failed. Last two regimens were given small effectiveness of treatment and high percent of failed treatment.

We tried to combine different drugs in different schemes and have gotten good results. These regimen are required to be assessed in randomized controlled trial for wider application.

References

1.   World Health Organization. Global Tuberculosis Control: WHO Report 2011. World Health Organization, Geneva, 2011.

2.   Russian Federation guidelines. The order of the Ministry of health care of the Russian Federation from 21.03.2003 N 109 "About improvement of antitubercular actions in the Russian Federation".

3.   Russian Federation guidelines. The order of the Ministry of health care of the Russian Federation from 13.02.2004 N 50 "About introduction in action of registration and reporting documentation of monitoring of tuberculosis".

4.   WHO. Guidelines for the programmatic management of drug-resistant tuberculosis – 2011 update. World Health Orhanization, Geneva, 2011.

5.   Russian Federation guidelines. Annex to the order of the Ministry of health care of the Russian Federation N 50 from 13.02.2004 N 3 – Chemotherapy of tuberculosis in Russian Federation, N 5 – Control of treatment.

6.   Marieke J. van Werf, Miranda W. Langendam, Emma Huitric and Davide Manissero. Multidrug resistance after inappropriate tuberculosis treatment: meta-analysis. Eur Respir J 2012; 39: 1511-1519.

7.   Management of tuberculosis. A Guide to the essentials a good practice. Six edition. 2010

8.   Borsenko A.S., Kaluzhenina A.A. Rehabilitation of invalids due to tuberculosis of lungs in practice of phtiziatrist. Tuberculosis and lung diseases 2011; 4: 60-61.

9.   V. Schwubel, C.S.B. Lambregts-van Weezenbeek, M-L. Moro, F. Drobniewski, S.E. Hoffner, M.C. Raviglione, H.L. Rieder Standardization of antituberculosis drug resistance surveillance in Europe. Eur Respir J 2000; 16: 364-371.

Diana Dmitrenko, MD, PhD, Ass.Prof.; Natalia Shnayder, MD, PhD., Prof.
Krasnoyarsk State Medical University named after Prof. V.F .Vojno-Jasenetsky, Krasnoyarsk, RF

FREQUENCY OF CYP2C9 GENE POLYMORPHISMS OF THE IZOENZYME 2C9 OF CYTOCHROME P450 OF THE LIVER IN WOMEN OF CHILDBEARING AGE WITH EPILEPSY

Abstract: Epilepsy is a common chronic socially significant brain disease that is treated for many years. A woman of child-bearing age is 25-40% of all patients with epilepsy. Polymorphic genes can affect the efficiency of drug VPA. The main objective of antiepileptic therapy is complete seizure control in the absence or minimization of adverse drug events and their negative impact on the quality of life of the patient. Therefore, important individual approach to drug therapy, including an assessment of factors affecting the inter-individual variability and, in particular, changes in pharmacokinetic parameters due to physiological or pathological features of the individual. In the present contribution an overview about our knowledge of the various forms of cytochrome P450, which are important for the metabolism of VPA.

The purpose of the research is to investigate the frequency of CYP2C9 gene polymorphisms of the isoenzyme 2C9 of cytochrome P450 of the liver in women of childbearing age with epilepsy, who take valproic acid.

Materials and methods: Sampling included 100 cases (women with epilepsy). Patients were from 15 up to 48 years of age, the median was 27, 56 years. Methods: analysis of doses of VPA preparations, TDM of VPA level in serum, video-EEG-monitoring; pharmacogenetic testing of polymorphisms of gene CYP2C9 (chromosome10q24.1-24.3) of isoenzyme 2C9: wild-type allele variant CYP2C9*1 without mutation, mutant-type allele variants (CYP2C9*2 – single nucleotide replacement of cytosine by thymine in the position 430; CYP2C9*3 – single nucleotide replacement of adenine by cytosine in position 1075). Blood sampling, picking out of DNA and molecular - genetic studies were performed after a patient had given a documentary confirmation to be followed up and for filling in a patient's case record which is composed in accordance with the aim and tasks of the research.

Results: the carriers wild-type allele variant CYP2C9*1 without mutation was 66%, of mutant polymorphous allelic variants CYP2C9*2 - 10%, CYP2C9*3 - 23%, the case of their combination (genotype CYP2C9*2/CYP2C9*3) had - 1%. VPA took 90 patients. Daily dose of VPA was 300-2000 mg/day, average 886, 38 ± 311.87 mg / day. VPA level was 12-103 mcg/ml, the median was 61 ± 18 mcg/ml. Adverse events in the treatment of VC were reported in 66.6% of heterozygous carriers of mutant alleles of polymorphic variants of CYP2C9 * 2, 50,0% with CYP2C9 * 3, in the case of the combination (genotype CYP2C9 * 2/CYP2C9 * 3) - 100,0%, with no mutations - 55,17%.

Summary: 44% of women with epilepsy taking VPA are carriers of the mutant alleles of CYP2C9 gene of the isoenzyme 2C9 of cytochrome P450 of the liver. This may be the reason for adverse events of VPA treatment.

Арчегова Э.Г.

ГБОУ ВПО СОГМА Минздрава России, Россия, г. Владикавказ,
Кафедра фармакологии с клинической фармакологией (Зав. кафедрой,
научный руководитель - проф. Болиева Л.З.), аспирант.
E-mail: Ella.ar4egova@yandex.ru

ОЦЕНКА БЕЗОПАСНОСТИ ПРИМЕНЕНИЯ ЛЕКАРСТВЕННЫХ СРЕДСТВ У БЕРЕМЕННЫХ В РСО-АЛАНИЯ

Рациональное применение лекарственных средств (ЛС) у беременных является одной из наиболее актуальных проблем здравоохранения. По данным ряда исследований более 80% женщин принимают в период беременности в среднем более 4 лекарственных средств, при этом до 5% врожденных аномалий развития имеют причинно-следственную связь с фармакотерапией, проводимой будущей матери [1, 2]. Последствия приёма ЛС зависят не только от препарата, дозы и длительности лечения, но и от срока беременности, сопутствующих заболеваний и генетических особенностей матери и плода. В I триместре беременности ЛС могут вызывать пороки развития (тератогенное действие); во II и III триместре - влиять на рост и развитие плода, оказывать на него токсическое действие, а при приёме в конце беременности или во время родов — оказывать влияние на течение родов и на состояние новорождённого [3, 4]. Известно, что большинство ЛС хорошо проникает через плацентарный барьер и, соответственно, многие из них потенциально опасны с точки зрения тератогенеза, эмбриотоксичности и фетотоксичности [5]. В 1979 году FDA впервые была создана классификация, согласно которой ЛС делятся на категории в зависимости от потенциального риска для плода при применении в разные сроки беременности [6]. Однако, вследствие того, что беременные женщины практические исключены из клинических исследований по этическим соображениям, для большинства ЛС отсутствуют доказательные данные об их эффективности и безопасности в период беременности. Таким образом, использование ЛС у данной категории пациентов продолжает оставаться малоизученной областью – как в отношении риска, так и пользы [7].

Цель исследования. Изучить практику применения лекарственных средств у беременных в РСО – Алания с точки зрения безопасности.

Материалы и методы. Ретроспективное описательное фармакоэпидемиологическое исследование по выборке историй болезни и родов беременных, госпитализированных в стационары РСО-А за 2012 год. При оценке безопасности использовалась классификация риска применения лекарственных средств при беременности по FDA [6].

Результаты исследования. Проанализировано 220 медицинских карт беременных, находившихся на лечении в гинекологическом отделении, и 80 историй родов беременных, находившихся на лечении в отделении патологии родильного дома РКБ РСО-Алания в 2012 г.

Анализ частоты назначений лекарственных средств показал, что среднее количество лекарственных средств, назначаемых беременным в стационаре, составило $12,1 \pm 1,3$ (от 6 до 21) при средней занятости койки 12 дней. Обращает на себя внимание тот факт, что только в 7% случаев беременным назначается менее 5 ЛС одновременно, при этом 68% женщин получали одновременно 6 – 10 ЛС; 21% - от 10 до 15 ЛС; 6% - 16 - 21 ЛС за период госпитализации.

Согласно проведенному нами анализу только 16% назначенных лекарственных средств были безопасными для беременных и соответствовали категории А по FDA. В 13% случаев назначались относительно безопасные препараты (риск для плода окончательно не установлен, категория В). В 9% случаев рекомендованные для лечения беременных средства представляли потенциальный риск для плода, т.е. относились к категории С (дипроспан, пентоксифиллин, эуфиллин и др.). К категории D - препараты, оказывающие тератогенное действие у экспериментальных животных, но необходимость их применения превышает потенциальный риск поражения плода – относилось 2% назначенных ЛС (атенолол, атенолол +хлорталидон и др.). 60% назначенных беременным женщинам ЛС относились к категории препаратов с неизвестным риском применения при беременности.

Выводы. Анализ результатов исследования показал, что частота использования лекарственных средств при беременности чрезвычайно высока - 75% беременных получают более 5 ЛС одновременно за период госпитализации. При этом серьезную проблему представляет не только количество назначаемых беременным женщинам ЛС, но и структура назначений - 71% рекомендованных врачами для лечения в третьем триместре лекарственных средств относились к категориям С, D, и средствам с неизвестными последствиями применения.

Литература

1. Bonati M, Bortolus R, Marchetti F, Romero M, Tognoni G. Drug use in pregnancy: an overview of epidemiological (drug utilization) studies. *II* Eur. J. Clin. Pharmacol. - 1990. - Vol. - 38. - P.:325-328.

2. Koren G., Pastuszak A., Ito S. Drugs in Pregnancy *II* N. Engl. J. Med. - 1998. -Vol. 338.-P. 1128-1137.

3. McElhatton P.R. General principles of drug use in pregnancy *II* The Pharmaceut. J. - 2003. - Vol. 270. - P. 232-234.

4. Webster W.S., Freeman J.A. Prescription drugs and pregnancy *II* Expert Opin. Pharmacother. - 2003. - Vol. 4.- P. 949-961.

5. Rubin P.C. Drug treatment during pregnancy *II* B.M.J. - 1998. - Vol. 317.- P. 1503-1506

6. Briggs G.G., Freeman R.K., Yaffe S.J., eds. Drugs in pregnancy and lactation: a reference guide to fetal and neonatal risk. 5th ed. Baltimore: Williams & Wilkins, 1998.- P. 577-578, 627-628.

7. Rubin P.C, Rutherford J.M. Drag therapy in pregnant and breastfeeding women. - Clinical Pharmacology *II* New York: Melmon & Morellis, 2000.- P. 1117-1141.

Горячева М.В. - доцент, кандидат биологических наук,
Шумахер Г.И. - профессор, доктор медицинских наук,
Маликов А.С. - доцент, доктор медицинских наук,
Костюченко Л.А. - доцент, кандидат медицинских наук,
ГБОУ ВПО Алтайский государственный медицинский университет
goryachevamarina@mail.ru

ХАРАКТЕРИСТИКА ЛОКАЛЬНОГО КРОВОТОКА И ПРИЗНАКИ СИСТЕМНОГО ВОСПАЛЕНИЯ У БОЛЬНЫХ С ПОЯСНИЧНО-КРЕСТЦОВЫМИ РАДИКУЛОПАТИЯМИ

Одним из важнейших патогенетических факторов формировании пояснично-крестцовых радикулопатий (ПКР) в стадии обострения является локальная ишемия вертеброгенного происхождения [1,22]. Дисциркуляторные явления проявляются в зоне пораженных позвоночно-двигательных сегментов (ПДС) и в сопряженных сегментах снижением локального кровотока в системе эпидуральных венозных сплетений, что приводит к явлениям венозного стаза и локального эпидурита [1, 23; 3,78].

Цель настоящего исследования определить характер локального кровотока в области пораженных позвоночно-двигательных сегментов у больных с пояснично-крестцовыми радикулопатиями в стадии обострения и выявить маркеры воспаления в периферическом сосудистом русле у больных с ПКР в стадии обострения.

Исследование проведено на базе неврологического отделения Отделенческой клинической больницы станции г. Барнаул. Для проведения исследования было получено разрешение локального этического комитета. Обследовано 146 человек - больные с различными неврологическими синдромами ПОХ, из них мужчин - 94 (64 %), женщин - 52 (36 %), в возрасте от 20 до 54 лет (средний возраст – 41,1 $\pm$ 9, 7 года). Всем больным проводилось стандартное неврологическое и вертеброневрологическое обследование по методикам Я.Ю. Попелянского и Ф.А. Хабирова [5; 6]. Из дополнительных методов обследования применялись: классическая рентгенография пояснично-крестцового отдела позвоночника, КТ/ МРТ поясничного отдела позвоночника.

В соответствии с целью исследования больные с неврологическими синдромами поясничного остеохондроза (ПОХ) были разделены на 3 сопоставимые по возрасту, полу и однородности клинической симптоматики группы. Первую группу составили 77 больных (52 %) с пояснично-крестцовыми радикулопатиями (ПКР). Среди них компрессия корешка L 4 определялась у 3 больных (4 %), L 5 - у 13 больных (17 %), S 1 – у 27 больных (35 %), бирадикулярный синдром (L 5, S 1) выявлялся у 34 больных (44%). Вторую группу - 34 больных (23 %) с синдромом люмбалгии, третью группу - 35 (24 %) с синдромом люмбоишиалгии.

Контролем служили показатели 32 человек (четвертая группа) без неврологических проявлений ПОХ, сопоставимых по возрасту и полу с основными группами.

Маркерами системного воспалительного процесса были выбраны фибриноген и один из белков острой фазы воспаления - С-реактивный белок (СРБ), занимающий особое место среди широкого спектра биохимических и иммунологических маркеров (и медиаторов) воспаления, использующихся для оценки активности воспалительного процесса в клинической практике [4,61]. Концентрацию фибриногена в плазме крови человека определяли стандартным лабораторно-клиническим методом по Клаусу (Klaus), с использованием наборов «Фибриноген – тест» НПО «Фенам». Концентрацию СРБ в сыворотке крови определяли высокочувствительным количественным методом (определение в интервале от 0,1 г/л) (hs-СРБ), основанным на реакции иммунопреципитации с использованием наборов реактивов (фирма «Thermoscientific», США). Калибровочная кривая, построенная по стандартам с антисывороткой к СРБ, во всем интервале исследуемых значений имела линейный характер.

Структуры пораженных ПДС и локальный кровоток исследовали у всех пациентов по методике А.Ю. Кинзерского [2]. Ультразвуковое исследование (УЗ) поясничного отдела позвоночника было проведено передним и заднебоковым доступами на ультразвуковом сканере Logiq Book (General Electrik, 2006г.) с использованием энергетического допплера. Применялся мультичастотный конвексный датчик (2,0-6,0 МГц) с базовой частотой 4,0 МГц. Передний доступ осуществлялся в положении пациента лежа на спине с согнутыми в коленных суставах ногами. При заднебоковом сканировании пациент сидел на кушетке спиной к исследователю, максимально наклонившись вперед.

Статистическую обработку полученных данных проводили с применением непараметрических методов анализа (после проверки распределения установленных величин на нормальность). Различия средних величин количественных параметров между группами больных определяли по U – критерию Манна - Уитни. Критерием статистической достоверности получаемых результатов мы считали общепринятую в медицине величину: $p < 0,05$. Результаты представлены графически в виде гистограмм или в таблице в форме соответствующего значения медианы (М) для каждой группы обследованных, с указанием доверительного интервала для каждого случая. Статистический анализ проводили с применением пакета программ Statistica, версии 6,1.Корреляцию переменных изучали методом ранговой корреляции Спирмена.

Только у больных с синдромом ПКР в стадии обострения выявлено нарушение локального регионального кровотока, выражающееся в статистически достоверном ($p < 0,05$) снижении скоростных показателей кровотока в системе эпидуральных венозных сплетений, корешковых вен в области пораженных ПДС.

Сравнение концентрации фибриногена в плазме крови пациентов контрольной группы и групп больных с неврологическими синдромами ПОХ не выявило достоверных различий (р > 0,05). Из этого следует, что фибриноген плазмы крови не может быть выбран в качестве дополнительного биохимического показателя для дифференциальной диагностики различных неврологических синдромов ПОХ, даже при исключении большого объема сопутствующей патологии.

Увеличение концентрации hs-СРБ на «субклиническом» уровне у больных с ПКР в стадии обострения до 6, 26 $\pm$ г/л соответствует уровню СРБ, характерному для поражения стенки периферических сосудов и является свидетельством проявления системного воспалительного процесса. Установлена высокая отрицательная корреляционная связь между скоростными показателями локального кровотока в системе эпидуральных сосудов и корешковых вен и повышением концентрации hs-СРБ в сыворотке периферической крови у больных с ПКР в стадии обострения (р < 0,01, r = - 0, 02642).

Таким образом, дисциркуляторные явления в зоне пораженных позвоночно-двигательных сегментов у больных с пояснично-крестцовыми радикулопатиями в стадии обострения сопровождаются проявлениями воспалительных реакций не только местного, но и системного характера.

ЛИТЕРАТУРА:
1. Беляков В.В., Ситтель А.П., Шарапов, И.Н., Елисеев Н.П., Гуров З.Р. Новый взгляд на формирование рефлекторных и компрессионных синдромов остеохондроза позвоночника/ Беляков В.В. //Мануальная терапия. - 2002. №3 (7) — С. 20 — 25.

2. Кинзерский А.Ю. Ультразвуковая диагностика остеохондроза позвоночника / Кинзерский А.Ю. - Челябинск, 2007. - 125 с.

3. Новосельцев, С.В. Патогенетические механизмы формирования поясничных спондилогенных неврологических синдромов у пациентов с грыжами поясничных дисков / Новосельцев, С.В. // Мануальная терапия. - 2010. № 3(39) — С. 77 – 82.

4. Насонов, Е.Л.. Панюкова, Е.В., Александрова, Е.Н.С – реактивный белок – маркер воспаления при атеросклерозе (новые данные) / Насонов, Е.Л., Панюкова, Е.В., Александрова, Е.Н. // Кардиология. - 2002. № 7 — С. 53 – 62.

5. Попелянский, Я.Ю. Ортопедическая неврология (вертеброневрология): руководство для врачей / Я.Ю. Попелянский – М.: МЕДпресс-информ, 2003. - 670 с.

6. Хабиров, Ф.А. Клиническая неврология позвоночника /Ф.А. Хабиров. - Казань, 2001. - 472 с.

Эверт Л.С. (д.м.н., ФГБУ «Научно-исследовательский институт медицинских проблем Севера» СО РАМН, lidiya_evert@mail.ru;
Паничева Е.С. (ГБОУ ВПО «Красноярский государственный медицинский университет им. проф. В.Ф. Войно-Ясенецкого» МЗ РФ;
Боброва Е.И. (н.с. ФГБУ «Научно-исследовательский институт медицинских проблем Севера» СО РАМН), г. Красноярск, Россия

ПСИХОСОМАТИЧЕСКИЕ РАССТРОЙСТВА У ДЕТЕЙ С ДИСПЛАЗИЕЙ СОЕДИНИТЕЛЬНОЙ ТКАНИ

В настоящее время чрезвычайно актуальной является проблема своевременной диагностики психосоматических расстройств в детском возрасте, в котором профилактические и коррекционные мероприятия наиболее эффективны. Психосоматические расстройства у детей и подростков, в т.ч. у детей с синдромом недифференцированной дисплазии соединительной ткани, являются одними из самых распространенных неинфекционных поводов обращения к врачу первичного звена.

Рецидивирующие головные боли и боли в животе, вазовагальные обмороки, вегетативные расстройства являются самыми частыми жалобами среди детей и подростков. Функциональный характер этих жалоб, по мнению ведущих экспертов, в подавляющем большинстве случае лежит в плоскости психосоматических заболеваний [1,66-68; 2,25-27; 3,69-75]. Сведения о частоте встречаемости, структуре и особенностях клинических проявлений основных психосоматических расстройств у детей с соединительнотканной дисплазией крайне малочисленны.

По определению Г.И. Нечаевой (2008), дисплазия соединительной ткани (ДСТ) – нарушение развития соединительной ткани в эмбриональном и постнатальном периодах, генетически детерминированное состояние, характеризующееся дефектами волокнистых структур и основного вещества соединительной ткани, приводящее к расстройству гомеостаза на тканевом, органном и организменном уровнях в виде различных морфофункциональных нарушений висцеральных и локомоторных органов с прогредиентным течением, определяющее особенности ассоциированной патологии [4;5].

ДСТ - важная медико-социальная проблема, эта патология широко распространена, имеет прогрессирующее течение, полиорганность поражения и нередко неблагоприятный исход. Соединительная ткань определяет морфологическую и функциональную целостность организма. Причины дефектов соединительной ткани различны. В некоторых случаях ДСТ носит наследственный характер, но чаще она является следствием неблагоприятных внешних воздействий на течение беременности или раннее эмбриональное развитие ребенка.

Выделяют две группы ДСТ: *дифференцированные* ДСТ с четко очерченной клинической картиной, установленным типом наследования, хорошо изученными генными и биохимическими дефектами и *недифференцированные* ДСТ - диагностируются в том случае, если набор фенотипических признаков не укладывается ни в одно из известных наследственных заболеваний. В практической деятельности врача-клинициста чаще всего (от 2,0 до 30%) встречается *недифференцированная ДСТ* мультифакториальной природы. [4;5]. Частота патологических состояний, связанных с дисплазией соединительной ткани (в т.ч. различных нарушений висцеральных органов), неуклонно растет. Важнейшее практическое значение приобретают вопросы диагностики недифференцированных ДСТ, их роли в возникновении и развитии различных психосоматических заболеваний.

В настоящее время общепринятых критериев диагностики недифернцированной ДСТ нет. Постановка данного диагноза правомочна при выявлении у пациента 6-8 и более клинико-инструментальных признаков соединительнотканной дисплазии; вовлечения в патологический процесс не менее 2-3 различных органов и систем; лабораторного подтверждения нарушения обмена соединительной ткани. Существенную помощь в постановке этого диагноза может оказать выявление факта семейного накопления признаков соединительнотканной дисплазии у родственников больного, обследованных по той же диагностической программе [4;5] .

Цель исследования: Изучить особенности внешних фенотипических признаков, висцеральных проявлений, психосоматического и метаболического статуса детей с недифференцированной дисплазией соединительной ткани.

Объект и методы исследования: Объектом изучения являлись дети 7-17 лет (мальчики и девочки), всего обследован 1281 человек. Основную группу составили дети с синдромом недифференцированной дисплазии соединительной ткани 1-ой и 2-ой степени. Группой сравнения были дети без дисплазии. Обследование проводилось на базе специализированной школы-интерната для детей с нарушением опорно-двигательного аппарата, а также в условиях дневного стационара детского соматического отделения. Оценка степени выраженности дисплазии проведена по диагностическим критериям Т. Милковска-Димитровой и А. Каркашевой.

Из числа всех обследованных в специализированной школе детей проявления соединительнотканной дисплазии имели 67,9% школьников, из них дисплазия первой (легкой) степени регистрировалась у 44,5%, вторую, умеренно выраженную степень, имели 23,4% детей. Чаще дисплазия отмечалась у девочек и чаще в старшей возрастной группе. Дети основной группы отличались более частой встречаемостью костно-суставных, краниоцефальных и висцеральных проявлений дисплазии, а также аномалий зубочелюстного аппарата.

Характерными фенотипическими признаками дисплазии у обследованных детей были: астенический тип телосложения, сутулость, воронкообразная грудная клетка, кифоз, лордоз, укорочение нижней конечности, О-образное искривление ног, вальгусная и варусная деформация стопы, плоскостопие, перекос таза (чаще вперед/вправо и вперед/влево), варикозное расширение вен нижних конечностей, асимметричное положение надплечий и лопаток, крыловидные лопатки, неправильная форма черепа, долихоцефалия, кривошея, арахнодактилия, гипермобильность суставов рук и ног.

У детей с дисплазией чаще регистрировались нарушения рефракции (в виде миопии, гиперметропии, астигматизма, косоглазия), их отличала большая частота встречаемости грыж, склонность к вывихам и подвывихам, наличие нефроптоза. Типичными изменениями кожи были повышенная гиперэластичность, тонкость и сухость, наличие гемангиом, синяков, рубчиков и пигментных пятен.

Дети с соединительнотканной дисплазией чаще предъявляли жалобы на головную боль затылочной локализации, боли в спине, шейном отделе позвоночника и суставах, у них чаще встречались очаги хронической инфекции, дизартрия, энурез, синдром вегетативной дисфункции, преимущественно ваготонического типа, синкопальные состояния, реже выявлялась артериальная гипертензия и чаще - гипотензия. В группе с дисплазией чаще встречались дети с дефицитом массы тела, физическим развитием «ниже среднего», они отличались меньшими размерами окружности грудной клетки. В структуре аритмий у детей с дисплазией чаще регистрировалась синусовая тахикардия, суправентрикулярная и желудочковая экстрасистолия.

В группе с дисплазией имели место особенности течения беременности (анемия, нефропатия, угроза выкидыша, стрессы), родов (стимуляция родовой деятельности), перинатального периода (асфиксия новорожденного, натальная травма шейного отдела позвоночника), вскармливания (более позднее прикладывание к груди, меньшая длительность естественного вскармливания), семейного анамнеза (профессиональные вредности у матери и отца, злоупотребление отца алкоголем), наследственной отягощенности (сколиоз и/или остеохондроз, аномалии развития зубочелюстного аппарата у ближайших родственников), наличие раннего кариеса зубов у ребенка.

Дети с дисплазией чаще имели аномально-расположенные хорды левого желудочка, пролапсы сердечных клапанов, их миксоматозную дегенерацию. У них была меньше масса миокарда левого желудочка, ниже значения индексированных показателей (ИММЛЖ, ММЛЖ/м^{2,7}, ТМЖП/ТЗСЛЖ), ударного объема и ударного индекса, у этих детей чаще регистрировался гипокинетический тип гемодинамики. Выраженность данных изменений нарастала с увеличением степени тяжести дисплазии.

Особенностью церебральной гемодинамики детей с дисплазией являлась меньшая интенсивность кровоснабжения артериального русла и более низкий тонус артерий. Наиболее выражены данные изменения при дисплазии 2 степени. У детей с дисплазией отмечен более значительный вклад симпатического отдела ВНС в баланс вегетативной регуляции, что подтверждалось направленностью изменений показателей временного и спектрального анализа кардиоритмограммы.

Метаболическими особенностями детей с ДСТ являлась менее выраженная атерогенная направленность липидного спектра сыворотки крови, что подтверждалось более низким уровнем атерогенных фракций (ТГ, ХС-ЛПОНП), АИ и более высокой концентрацией антиатерогенной фракции - ХС-ЛПВП. Жирнокислотный спектр мембран эритроцитов у детей с дисплазией соединительной ткани отличался более высокой концентрацией насыщенных и более низким содержанием полиненасыщенных жирных кислот.

Отличительной особенностью психоэмоциональных состояний у детей с соединительнотканной дисплазией являлось наличие нервно-психического напряжения, сниженного фона настроения, умеренно выраженного уровня тревожности и низкой эмоциональной стабильности. В группе с дисплазией было больше детей интравертов и меньше – экстравертов.

Таким образом, в результате проведенных нами исследований установлена частота встречаемости и структура внешних фенотипических признаков и висцеральных проявлений ДСТ у детей школьного возраста.
 Показано, что психосоматические характеристики у детей с синдромом ДСТ включают комплекс кардиальных проявлений, отклонения вегетативной регуляции и церебральной гемодинамики, особенности метаболизма жирных кислот и психологического профиля.

ЛИТЕРАТУРА:

1. Брязгунов, И.П. Клинико-психологические особенности детей с цефалгиями напряжения / И.П. Брязгунов // Вопр. соврем. педиатрии. – 2005. - Т. 4. – С. 66-68.

2. Воробьева, О.В. Цефалгический синдром – принципы диагностики и лечения / О.В. Воробьева // Русс. мед. журн. – 2004. – Т. 12, № 10. – С. 25-27.

3. Горюнова, А.В. Первичная головная боль у детей / А.В. Горюнова, О.И. Маслова, А.Г. Дыбунов // журн. неврол. и психиатр. – 2004. - № 5. – С. 69-75.

4. Кадурина, Т.И. Дисплазия соединительной ткани. Руководство для врачей / Т.И. Кадурина, В.Н. Горбунова. – СПб.: Элби-СПб, 2009. - 704 с.

5. Нечаева, Г.И. Дисплазия соединительной ткани : основные клинические синдромы, формулировка диагноза, лечение / Г.И. Нечаева, В.М. Яковлев, В.П. Конев [и др.] // Лечащий врач. - 2008.- № 2. - С. 22-25.

Немцева Г.В. – ассистент каф. акушерства и гинекологии № 2 ГБОУ ВПО АГМУ Минздрава России, к.м.н.

Гальченко А.И. – и.о. зав. каф. акушерства и гинекологии № 2 ГБОУ ВПО АГМУ Минздрава России, к.м.н.

Прокопьев В.В. – ассистент каф. микробиологии и вирусологии ГБОУ ВПО АГМУ Минздрава России, к.м.н.

Таранина Т.С. – доцент каф. патологической анатомии ГБОУ ВПО АГМУ Минздрава России, к.м.н.

Михайлова К.А. – кл. ординатор каф. акушерства и гинекологии № 2 ГБОУ ВПО АГМУ Минздрава России

РОЛЬ МИКРОБНОГО ФАКТОРА В ФОРМИРОВАНИИ РЕПРОДУКТИВНЫХ ПОТЕРЬ НА РАННИХ СРОКАХ БЕРЕМЕННОСТИ

Проблема неразвивающейся беременности (НБ) продолжает оставаться актуальной и социально значимой в практике акушера-гинеколога. В структуре репродуктивных потерь частота этой патологии составляет 10-20% [1, 500] и тенденции к уменьшению частоты не наблюдается. Причины неразвивающейся беременности многочисленны и нередко комплексны. В повседневной практике часто бывает трудно установить конкретный фактор, приведший к данной патологии, так как этому мешает мацерация тканей после смерти плода, что затрудняет их микробиологическое исследование. Среди ведущих этиологических факторов НБ следует прежде всего отметить инфекционный. Доминирующим этиопатогенетическим механизмом инфекционного заболевания является воспалительный процесс. Одной из главных причин возникновения неразвивающейся беременности является наличие генитальной инфекции [3, 376; 4, 75]. Пациентки с этой патологией входят в группу риска развития гнойно-септической патологии в постабортном периоде. Некоторые исследователи связывают неразвивающуюся беременность с хламидиозом, токсоплазмозом, вирусными заболеваниями, которые могут протекать без клинической манифестации. Длительное персистирование инфекции в эндометрии приводит к повреждению его рецепторного аппарата, что способствует аномальной инвазии и повреждению трофобласта на ранних сроках беременности [2, 22]. Одним из перспективных методов диагностики внутриматочной инфекции остается бактериологический.

Цель исследования: выявить роль микробного фактора в формировании неразвивающейся беременности.

Материалы и методы: под нашим наблюдением находилось 30 пациенток с неразвивающейся беременностью в сроке от 5 до 12 нед. В основном это были первобеременные женщины – 60%. В 40% – повторнобеременные, которые в анамнезе имели эпизоды прерывания беременности

(20% – самопроизвольные аборты и 20% – искусственное прерывание беременности). Забор материала производился во время удаления остатков плодного яйца: из цервикального канала; из полости матки; элементы плодного яйца (их аспирировали шприцем в асептических условиях).

Для исключения контаминации содержимого полости матки содержимым цервикального канала, стенки последнего изолировали 2-х просветным стерильным катетером до внутреннего зева и через него в полость матки вводили стерильный одноразовый катетер.

В основном инфекция была представлена *Ureaplasma urealyticum* – 61,5%. В 80% случаев уреаплазма была выделена из содержимого плодного яйца и соскоба из полости матки.

Другая микрофлора составила: *Chlamidia trachomatis* – 7,7%; *Gardnerella vaginalis* – 19,2; *Mycoplasma hominis* и *Mycoplasma genitalium* по 3,8%; цитомегаловирус – 11,5%. При гистологическом исследовании обнаружены признаки воспаления в париетальном эндометрии, в децидуальной оболочке и в стенке плодного мешка. Наблюдалась очаговая и диффузная воспалительная инфильтрация указанных структур. Воспалительный инфильтрат представлен преимущественно скоплениями лимфоцитов с единичными плазмоцитами. При длительном нахождении эмбриона в полости матки в базальной пластине из плацентарного ложа кроме воспалительного лимфоцитарного инфильтрата обнаруживался эозинофильный лейкоцитоз.

Полученные данные позволяют предположить, что основной причиной гибели плодного яйца явилось инфицирование полости матки инфектом (в 80% случаев это была уреаплазма).

Таким образом, роль инфекционного фактора до настоящего времени занимает одну из главенствующих позиций в инициации патологических механизмов, приводящих к нарушению адекватного развития плодного яйца и остановки его развития на определенном этапе и способствующими прерыванию беременности. Данное исследование в очередной раз подчеркивает необходимость обследования и санации инфекций, передающимся половым путем. Это касается и инфекций, протекающих бессимптомно.

Литература

1. Рамазанова, И.В. Роль перинатальных инфекций в невынашивании беременности / И.В. Рамазанова, Ш.А. Ахмедова, Д.М. Магомедханова // Материалы IV Российского форума «Мать и дитя», Москва, 21-25 октября 2002 г. – М., 2002. – Ч. 1. – С. 500-501.

2. Серова, О.Ф. Основные патоморфологические причины неразвивающейся беременности и обоснование прегравидарной терапии женщин /

О.Ф. Серова, А.П. Милованов // Акушерство и гинекология. – 2001. – № 1. – С. 19-23.

3. Старостина Т.А. Роль микст вирусно-бактериальной инфекции эндометрия в генезе невынашивания беременности / И.С. Сидорова, Н.А. Шешукова, Е.И. Боровкова // материалы IV Российского форума «Мать и дитя», Москва, 21-25 октября 2002 г. – М., 2002. – Ч. 2. – С. 375-376.

4. How should success be defined when attempting medical resolution of first trimester missed abortion? / A. Reynolds [et al.] // Eur. J. Obstet. Gynecol. Reprod. Biol. – 2005. N 118 (1). – P. 71-76.

Гальченко А.И. – зав. каф. акушерства и гинекологии № 2 ГБОУ ВПО АГМУ Минздрава России, к.м.н.,

Хорева Л.А. – доцент каф. акушерства и гинекологии № 2 ГБОУ ВПО АГМУ Минздрава России, к.м.н.

ХАРАКТЕРИСТИКА ПОКАЗАТЕЛЕЙ ГЕМОСТАЗА У ЖЕНЩИН С ХИРУРГИЧЕСКОЙ И ЕСТЕСТВЕННОЙ МЕНОПАУЗОЙ

Актуальной и малоизученной проблемой в современной медицине является состояние системы гемостаза у женщин с менопаузальным синдромом [2, 440]. Как возраст и гипоэстрогения, естественная или искусственная, влияют на активность и концентрацию свертывающих и противосвертывающих гемостазиологических показателей? Изменения в системе гемостаза, тесно связаны с сердечно-сосудистыми заболеваниями, занимающими особое место среди патологии, обусловленной эстрогенной недостаточностью [3, 2972]. В настоящее время доказано, что ряд параметров системы гемостаза наряду с атерогенезом являются одними из ведущих факторов риска ИБС и предикторами «коронарных инцидентов» [1, 48]. В этой связи вопрос об особенностях функционирования системы гемостаза на фоне дефицита половых гормонов продолжает оставаться актуальным.

Цель исследования: выявить изменения состояния системы гемостаза у женщин с хирургическим выключением яичников и с естественной менопаузой.

Материалы и методы: определение показателей гемостаза проведено у 1000 пациенток после овариоэктомии (I клиническая группа) - средний возраст 48,8±1,3; 1000 женщин с естественной менопаузой (II клиническая группа) – средний возраст 47,9±1,1 и 200 женщин с сохранной менструальной функцией (контрольная группа) средний возраст 49,2±1,12. На момент обследования больные I и II клинических групп находились в состоянии менопаузы продолжительностью от 1 года до 5 лет, средняя продолжительность хирургической менопаузы – 2,5±0,27 года, естественной – 2,1 года. Исследование системы гемостаза включало ряд основных стандартизированных тестов, обладающих наиболее высокой информативностью в плане диагностики внутрисосудистого свертывания крови.

Определяли: активированное парциальное тромбопластиновое время (АПТВ) с реагентами фирмы «Технология-Стандарт» по Gaen J. et al. (1968); протромбиновое время (ПВ) по Quick A.J. (1935) с тромбопластинами фирмы «Технология-Стандарт», стандартизированными по международному индексу чувствительности (ISI); концентрацию фибриногена по Р.А. Рутберг (1961); количество тромбоцитов путем подсчета в камере Горяева световой микроскопией. Спонтанную и АДФ-индуцированную агрегацию тромбоцитов оценивали на коагулометре. Количественное определение растворимых фибрин-мономерных комплексов (РФМК) осуществляли ортофенантролиновым тестом (ОФТ) по В.А. Елыкомову, А.П. Момоту (1987); XII-а зависимый фибринолиз по Г.Ф. Еремину, А.Г. Архипову (1982); активность антитромбина III (АТ III) оценивали по уровню снижения активности тромбина в обработанной сорбентом плазме по U. Abilgaard и др. (1970) в модификации К.М. Бишевского (1983). Взятие крови производили из локтевой вены с минимальной венозной окклюзией в силиконовый вакутейнер с 3,8% раствором цитрата натрия в соотношении 9:1.

Результаты исследования. Ретроспективно в исследуемых группах был проведен анализ наиболее часто встречаемых факторов риска развития тромбофилии. Из них лидирующее положение занимали дислипидемия – 64,9%, артериальная гипертензия – 59,3%, хронические инфекции – 42,9%. Следует отметить, что ни у одной из обследованных не выявлено более 3 факторов риска одновременно. Проведенное исследование показало, что у обследованных контрольной группы устойчивый гемостатический гомеостаз, характеризующийся показателями прокоагулянтного, тромбоцитарного, антикоагулянтного и фибринолитического звеньев данной системы, соответствующими общепринятым лабораторным нормам.

У 886 (88,6%) пациенток после хирургического удаления яичников и у 533 (53,3%) женщин с естественной менопаузой имели место некоторые патологические сдвиги в данной системе (табл.1).

Прежде всего, это выражалось в достоверном увеличении растворимых фибрин-мономерных комплексов (РФМК) в плазме крови у больных I и II клинических групп, превышающем в 2,1 и 1,4 раза соответственно показатель контрольной группы. РФМК образуются в организме в ответ на гиперфибриногенемию в процессе фибринолиза и являются продуктом реакции плазмин-фибриноген-фибрин. Повышение их концентрации является результатом интенсификации внутрисосудистого тромбообразования. Уровень фибриногена зафиксирован в пределах физиологической нормы, но был достоверно выше у женщин с хирургической и естественной менопаузой, чем в контрольной группе. Показатели прокоагулянтного звена – активированное тромбопластиновое время (АПТВ) и протромбиновое время (ПВ) были в пределах нормы и от показателей контрольной группы достоверно не отличались. По данным ряда авторов, уже в перименопаузе, наряду с тенденцией к увеличению числа тромбоцитов, значительно возрастает их адгезивно-агрегационная активность. Анализ показателей тромбоцитарного звена в нашем исследовании также выявил его активацию. Она характеризовалась увеличением числа тромбоцитов в крови у больных, подвергшихся оперативному лечению. Кроме того, у женщин с хирургической и естественной менопаузой достоверно отличимым был уровень спонтанной и АДФ стимулированной агрегацией тромбоцитов. Показатели превышали контрольные на 92% и 29,1% соответственно в I группе на 72% и на 10,1% во II группе. Оценка фибринолитической системы обнаружила значительное угнетение активности этого звена гемостаза, что подтверждалось удлинением показателя XIIa-зависимого фибринолиза в 2,1 раза в I группе и 1,8 раза во II-й. Заслуживает внимания и факт достоверного снижения уровня антитромбина III (AT III) на 10,2% в I группе и на 4,2% во II группе, свидетельствующий о снижении активности антикоагулянтного звена системы гемостаза. Проводя анализ сроков возникновения вышеописанных изменений мы обнаружили, что возникают они уже в первый год менопаузы, а в последующие годы достоверно не изменяются. При сравнивнении показателей гемостаза у женщин с наличием постовариоэктомического синдрома (ПОЭС) и климактерического синдрома (КС) и при их отсутствии, а так же у обследуемых с различной степенью тяжести данных синдромов статистически достоверной разницы выявлено не было.

Таблица 1

Некоторые показатели системы гемостаза у больных с хирургической и естественной менопаузой и контрольной группы

Показатели	Первая группа (n=1000)	Вторая группа (n =1000)	Контрольная группа (n =200)
АПТВ, сек	38,61±0,59	39,48±0,45	39,57±0,57
ПВ, сек	15,13±0,08	15,34±0,08	15,07±0,12
ОФТ, г/л 10^2, РФМК	9,56±0,54* **	6,32±0,79*	4,44±0,39
XII a -зависимый фибринолиз, мин	21,45±0,71* **	17,44±0,88*	9,80±0,48
Антитромбин III, %	94,37±0,73* **	100,82±1,05*	105,10±1,09
Тромбоциты, х 10^9/л	269,29±4,45* **	224,60±5,32	233,08±4,41
Спонтанная агрегация тромбоцитов, %	5,49±0,63*	4,92±0,79*	2,86±0,25
Стимулированная агрегация тромбоцитов, 5 мкмоль АДФ,%	83,24±1,42* **	72,21±1,01*	64,48±2,70
Фибриноген, г/л.	3,30±0,05*	3,29±0,07*	2,52±0,13

*- показатели, достоверно отличающиеся от одноимённых в контрольной группе (p<0,05); **- показатели, достоверно отличающиеся от одноимённых в группе сравнения (p<0,05).

Таким образом, у пациенток после тотальной двусторонней овариэктомии и у женщин с естественной менопаузой выявлены нарушения системы гемостаза, характеризующиеся повышением тромбогенного потенциала крови т.е. умеренной гиперкоагуляцией с угнетением антикоагулянтного и фибринолитического звеньев. Наиболее выражены и наблюдались чаще данные нарушения у оперированных женщин (I группа). Выявленные изменения в системе гемостаза возникали они уже в первый год менопаузы и не зависели от наличия или отсутствия клинических проявлений эстрогенного дефицита т.е. от степени тяжести ПОЭС и КС.

Литература:

1. Макацария А.Д., Бицадзе В.О. Тромбофилии и противотромботическая терапии в акушерской практике. — М.:Триада-X, 2003.

2. Руководство по климактерию: Руководство для врачей / Под ред. В.П. Сметник, В.И. Кулакова. – М.: Медицинское информационное агентство, 2001. – 685 с.

3. Schuit S.C.E., Oei H.H., Witteman J.C.M. et al. Estrogen Gene Polymorphisms and Risk of Myocardial Infarction. —2004. — Receptor. – JAMA. — Vol. 291, № 24. — P. 2969—2977.

Изтлеуов М.К., Изтлеуов Е.М.

д.м.н., профессор кафедры естественнонаучных дисциплин Западно-Казахстанского государственного медицинского университета имени Марата Оспанова, Республика Казахстан;

к.м.н., и.о.доцента кафедры акушерства и гинекологии Западно-Казахстанского государственного медицинского университета имени Марата Оспанова, Республика Казахстан

ermar80@mail.ru

ВЛИЯНИЕ МАСЛЯНОГО ЭКСТРАКТА ИЗ КОРНЕЙ СОЛОДКИ НА СТРЕСС – ИНДУЦИРОВАННЫЕ ПОВРЕЖДЕНИЯ ОРГАНОВ И СИСТЕМ КРЫС

В настоящее время проблема повышения сопротивляемости организма приобрела особую актуальность в связи с прогрессирующим распространением психоэмоциональных нагрузок, хронического стресса у практически здоровых людей, вследствие расширения сфер профессиональной деятельности, загрязнения окружающей среды и отхода от традиционных условий быта.

Одним из путей решения проблемы повышения неспецифической резистентности организма является использование фармакологических средств – адаптогенов. Предпочтение отдается растительным препаратам ввиду их высокой эффективности, отсутствия токсичности и развития негативных реакций при длительном применении. Особое место среди них занимают масляные экстракты из лекарственного сырья, имеющие ряд преимуществ по сравнению с гидрофильными препаратами: легче проникают через мембраны клеток, обладают более высокой активностью и специфичностью действия, стабильны и в течение длительного времени сохраняют фармакологическую активность [1,2]. Одним из них является фитопрепарат (масляный экстракт из корней солодки) «Солодки масло» (РК–ЛС–5–№011042).

Целью настоящего исследования явилось изучение влияния «Солодки масло» на соматические проявления стресс – реакции, перекисное окисление липидов и антиоксидантную защиту (АОЗ), ряд биохимических показателей крови и морфофункциональные изменения надпочечников, селезенки, тимуса и желудка при иммобилизационном стрессе.

Материалы и методы. Эксперименты выполнены на белых крысах – самцах массой 170–220 г. Животных содержали в стандартных условиях в виварии Научно-клинического центра вуза при одинаковом уходе и питании со свободным доступом к воде. Перед началом эксперимента все животные в течение 10 дней находились в карантине. Исследования проведены в соответствии с требованиями Всемирного общества защиты животных (WSPA) и Европейской конвенции по защите позвоночных животных, используемых для экспериментальных и других целей (г. Страсбург, 1985, статья 5).

Модель иммобилизационного стресса (ИМС) воспроизводили общепринятым методом путем фиксации животных в положении лежа на спине в течение 18 часов [3]. Фитопрепарат «Солодки масло» вводили внутрижелудочно в объеме 2,5 мл/кг в течение 14 дней 1 раз в день. Животным контрольной группы вводили в эквивалентном объеме подсолнечное масло «Олейна» по аналогичной схеме. На 15-е сутки эксперимента крыс подвергали ИМС, после чего животных декапитировали под легких эфирным наркозом и определяли выраженность деструктурных повреждений в слизистой оболочке желудка (СОЖ). Для этого желудок разрезали по большой кривизне и подсчитывали количество деструкций, которые подразделяли на точечные кровоизлияния и эрозии, определяли общую площадь поражения, подсчитывали «индекс Паулса». Для оценки морфофункционального состояния надпочечников, селезенки, тимуса и желудка использовали ряд морфологических, биохимических и гистологических методов, вычисляли массовый индекс органов. Органы для исследования извлекали сразу после стрессорного воздействия. Ткани тимуса, селезенки, надпочечника, желудка фиксировали в 10%-ном растворе нейтрального формалина с последующей стандартной проводкой и заливкой в парафин по общепринятой методике. Из парафиновых блоков готовили гистологические слезы толщиной 4–6 мкм, которые окрашивали гематоксилином – эозином. Ткани миокарда, легких использовали для подготовки гомогенатов, где определяли маркер перекисного окисления липидов (ПОЛ) малоновый диальдегид (МДА) с использованием тиобарбитуровой кислоты [4,5]. В собранной крови отделяли сыворотку от форменных элементов. В сыворотке крови определяли активность антиоксидантных ферментов каталазы (КАТ) и супероксиддисмутазы (СОД) по методу Чевари и соавт. [6], а уровень глюкозы, кальция и неорганического фосфора общепринятыми методами.

Для статистической обработки результатов использовали стандартный пакет программ SAS. Полученные результаты считали достоверными при $p \leq 0,05$.

Результаты исследования. Анализ результатов соматических проявлении стресс – реакций показали, что в результате 18 часового ИМС происходит уменьшение массового индекса (МИ) тимуса на 39%, селезенки 46%, свидетельствующие об инволюций тимико–лимфатической системы. Об этом свидетельствует и морфологическая картина тимуса и селезенки. МИ надпочечников имеет тенденцию к увеличению ($p > 0,05$). При этом морфологически наблюдалась гипертрофия пучковой и сетчатой зоны коры надпочечника, о чем свидетельствует увеличение этих зон соответственно на 25 и 20% по сравнению с данными интактной группой животных. При ИМС в 100% случаев формируются выраженные и множественные геморрагические поражения СОЖ: количество эрозий на животного 9,6±2,4 шт., общая площадь поражения – 0,189±0,009см². Гистологические исследования гастробиоптатов подтверждает наличие острых эрозий (микроповреждений слизистой) и геморрагий.

ИМС сопровождается усилением ПОЛ: содержание МДА в миокарде увеличивается на 179 % , в легких – на 72%, в сыворотке крови – на 187%. Изменение активности ферментов АОЗ разнонаправлено: активность СОД в сыворотке крови достоверно повышается на 12% (p≤0,05), каталазы, наоборот, снижается на 23%. Исследование уровня глюкозы, кальция и фосфора в сыворотке крови как критериев адаптивных возможностей организма показало, что под влиянием стресса происходит увеличение концентрации глюкозы на 71%, фосфора на 50% на фоне гипокальциемии (1,5±0,03 ммоль, p≤0,05) – уровень кальция уменьшена на 37,5%.

Превентивное введение «Солодки масло» на фоне 18 часового иммобилизации снижало выраженность стрессорных повреждений тимуса, селезенки надпочечников, что выражалось в достоверном повышении массовых индексов тимуса, селезенки и надпочечников соответственно на 27, 43 и 25% в сравнении с показателями стрессированных животных. Морфологические изменения изучаемых органов отличались меньшей степенью интенсивности по сравнению с аналогичними контрольной группы. Подчеркивая особую роль надпочечников в развитии стресс – реакции хочется отметить, при профилактическом введении фитопрепарата у стрессированных крыс не были отмечены выраженных структурных изменений в зонах коры надпочечников, а явления полнокровия и умеренной липидной насыщенности свидетельствовали о сохранившихся функциях коркового вещества. Изложенное свидетельствует о повышении стрессоустойчивости животных при профилактическом введении фитопрепарата, что сопровождается торможением стресс – реакции органов и уменьшением выраженности морфологических нарушений в исследуемых органах тимико–лимфатической системы.

Анализ состояния перекисного гомеостаза у животных, получавших профилактически «Солодки масло» до стресса показывает, что наблюдается уменьшение интенсивности ПОЛ и активизация ферментного звена антиоксидантной системы (АОС): уровень МДА снижается в миокарде на 35%, в легких на 44%, в сыворотке крови на 48% на фоне увеличения активности СОД и КАТ соответственно на 10 (p>0,05) и 29% (p<0,01) по сравнению с контролем. Следовательно, можно заключить, что превентивное введение фитопрепарата оказывало выраженное антиоксидантное действие. Таким образом, полученные данные свидетельствует, что превентивное применение фитопрепарата «Солодки масло» в дозе 2,5 мл/кг в течение 14 дней на фоне 18-часового

ИМС оказывает выраженное антистрессорное действие, уменьшая выраженность дегенеративных катаболических изменений во внутренних органах животных, что выражались в увеличении их МИ в сравнении с контролем. Кроме того, испытуемый фитопрепарат уменьшает интенсивность ПОЛ и предупреждает истощение ферментного звена АОС. Можно полагать, что протекторное действие фитопрепарата «Солодки масло» связано с наличием в его составе глицирризиновой кислоты, обладающей кортикоидным действием [7] и флавоноидами, обеспечивающей совместно с глицирризином, глицирретовой кислотой и их производными антиоксидантную и мембраностабилизирующую активность [9,10,11].

Изучение влияния превентивного введения «Солодки масло» на уровень глюкозы, кальция и неорганического фосфора в сыворотке крови при ИМС свидетельствует, что концентрация глюкозы в крови уменьшается на 21,4%, фосфора на 9% на фоне возрастания содержания кальция на 47% по сравнению с контролем, т.е. превентивное применение фитопрепарата тормозит развитие гипергликемии, гипокальциемии, гиперфосфатемии, что, по-видимому, связано с влиянием на гормональный статус и нивелированием степени адаптивного напряжения. Вероятно, взаимодействиее гормональных систем включают систему кальций-регулирующих механизмов, которые могут, служит точками приложения для компонентов «Солодки масло».

Таким образом, полученные данные свидетельствует о том, что иммобилизационный стресс вызывает нарушения морфофункционального состояния надпочечников, тимуса, селезенки и желудка, что выражается в изменении структуры вышеперечисленных органов, в снижении МИ их, активизации процессов ПОЛ и разнонаправленном изменении активности ферментного звена антиоксидантной системы.

Профилактическое курсовое введение фитопрепарата «Солодки масло» предупреждает снижение МИ исследуемых органов, а также развитие патологических изменений во внутренних органах и тканях животных при ИМС, что связано, повидимому, с оптимизацией баланса стресс – реализующих и стресс – лимитирующих систем организма.

Фитопрепарат «Солодки масло» в дозе 2,5мл/кг тормозит активизацию ПОЛ и стимулирует АОС, т.е ограничивает окислительный стресс, ведущего к деструкции мембран структур клеток, проявляя мембраностабилизирующее и антиоксидантное действие. Наряду с этим фитопрепарат снижает гипергликемию, гиперфосфатемии и нормализует содержание кальция в крови, тем самым способствует оптимизации энергетического обмена, поддерживая на более высоком уровне процессы энергообеспечения структур [12,13], ответственных за реализацию адаптивных реакций организма. В целом выявленные свойства «Солодки масло» можно обозначить как антистрессорные.

Литература:

1. Кузденбаева Р.С. Перспективы применения фитопрепаратов на основе местного растительного сырья // Медицинский журнал Западного Казахстана. – 2004. – №1. – с. 22-24.

2. Павелковская Г.П. Фитофармация – одно из направлений биоинформационной медицины // Фармация Казахстана. – 2005. – №7. – с. 12-14.

3. Юматов Е.А., Скоцеляс Ю.Г. Сравнительный анализ устойчивости функций ССС у крыс разных линий при иммобилизации // Журн. высшей нервн. деят. – 1979. – №2. – с. 345-350.

4. Коробейникова Э.Н. Модификация определения продуктов перекисного окисления липидов в реакции с тиобарбитуровой кислотой // Лабораторное дело. – 1989. – №7. – с. 8-10.

5. Стальная И.Д., Гаришвили Т.Г. Метод определения малонового диальдегида с помощью тиобарбитуровой кислоты // Современные методы биохимии. – М.: «Медицина», 1977. – №3. - с. 66-68.

6. Чевари С., Андял Т., Штренгер Я. Определение антиоксидантных параметров крови и их диагностическое значение в пожилом возрасте // Лабораторное дело . – 1991. – №10. – с. 9-13.

7. Павлова С.И., Утешев Б.С., Сергеев А.В. Корень солодки. Возможные механизмы антитоксических, антиканцерогенных и противоопухолевых свойств (обзор) // Химико-фармацевтический журнал. – 2003. – №37(6). – с. 36-39.

8. Толстиков Г.А., Мышкин В.А., Балтина Л.А. Антидотная и антирадикальная терапия комплексов β-глицирризиновой кислоты с производными пиримидина // Химико-фармацевтический журнал.–1996. – №5. – с. 36-38

9. Толстиков Г.А., Шульц Э.Э., Балтина Л.А. и соавт. Солодка. Неиспользуемые возможности здравоохранения России // Химия в интересах устойчивого развития. – Новосибирск, 1997. – №5(1). – с. 57-73.

10. Космагамбетов А.Ж., Кузденбаева Р.С. Антиоксидантные свойства «Масло солодки» // Медицина. – 2000. – №4. – с. 65-67.

11. Nose M., Ito M., Kamimura K. et al. A comparison of the antihepototoxic activity between glycyrrhizin and glycyrrhetinic acid // Planta Med. – 1994. – Vol 60, №2. – P.136-139.

12. Саханова С.К. Изучение ноотропной активности фитопрепарата «Солодки масло» в эксперименте // Актуальные проблемы современной науки. – Москва. – 2010. – №6. – с. 235-236.

13. Саханова С.К. Влияние масляных фитопрепаратов на показатели энергетического обмена при экспериментальной амнезии // Медицинские науки. – Москва. –2010. – №6. – с. 47-49.

Сойер В.Г.

ст. научный сотрудник, канд.хим.наук, Институт аридных зон ЮНЦ РАН,

soier@ssc-ras.ru

Харьковский В.М.

ст. научный сотрудник, канд.хим.наук, Южный научный центр РАН,

9045033145@mail.ru

НЕФТЯНОЕ ЗАГРЯЗНЕНИЕ ВОД РЕКИ ДОН И АЗОВСКОГО МОРЯ

Азовское море, относящееся к наиболее продуктивным в системе Мирового океана и богатое запасами ценных пород рыбы, испытывало в 80–90-е годы наивысшую нагрузку среди морей СССР действием комплекса загрязняющих веществ: суммарное поступление сточных вод в акваторию моря достигало 3,5 км^3 при общем объёме моря 323 км^3 [1,144]. В последние 15–20 лет объём сточных вод значительно снизился, а главное, изменился компонентный состав приоритетных загрязняющих веществ; преобладающим типом загрязнения стало не промышленное, а хозяйственно-бытовое [2,57]. Как следствие, в водах р.Дон и Азовского моря стали отмечаться тенденции снижения концентрации загрязняющих веществ как в воде, так и в донных отложениях (см. например, диаграммы в [3,77]).

При изменении хозяйственных отношений в стране и закрытии нерентабельных промышленных предприятий основными химическими компонентами, продолжающими активно использоваться, остались нефть и нефтепродукты. По нашим данным [4,86], в водах нижнего течения р. Дон в 1990–1995 гг. превышение предельно-допустимой концентрации нефтепродуктов наблюдалось повсеместно и достигало почти 10-кратного уровня. В дальнейшем было отмечено определённое поэтапное снижение их концентрации в водах р.Дон и Азовского моря [3,64].

В задачу настоящей работы входила оценка загрязнённости вод нефтепродуктами в современный период в районах с наибольшей активностью транспортных потоков – Нижний Дон, включая дельту и авандельту, а также Керченский пролив. Фоновым участком служил район р. Маныч с минимальными плотностью населения и хозяйственного использования.

Определение нефтепродуктов проводили стандартным методом с экстракцией тетрахлорметаном, хроматографическим выделением углеводородных фракций и ИК-регистрацией на концентратомере КН-2м [5,22].

Измерения в р.Дон и притоках проводили в зимний период 2012 г., когда из-за низких температур скорость бактериальной деградации нефтепродуктов была значительно понижена и с большей уверенностью могли регистрироваться наиболее загрязнённые участки акватории. Кроме того, пониженная в зимний период скорость вегетации микроводорослей значительно уменьшала погрешность результатов измерений из-за прижизненного выделения биогенных углеводородов. По полученным результатам, в водах фоновых точек (озеро Маныч-Гудило и Весёловское водохранилище на р. Маныч) концентрация нефтяных углеводородов варьировала от аналитического нуля (менее 0,02 мг/дм^3) до 0,04 мг/дм^3 при предельно-допустимом уровне – 0,05 мг/дм^3. В водах р. Дон вдали от населённых пунктов регистрировались концентрации в пределах 0,03–0,04 мг/дм^3. Вблизи крупных населённых пунктов концентрации нефтепродуктов в воде возрастали до 0,05–0,10 мг/дм^3. В районе порта Усть-Донецк отмечались повышенные концентрации – до 0,122 мг/дм^3 (2,5-кратное превышение ПДК).

В дельте р. Дон в районе скопления транзитных судов при ежечасном режиме наблюдений также отмечены повышенные концентрации нефтепродуктов – от 0,058 до 0,120 мг/дм^3 при среднем значении 0,085 мг/дм^3, что свидетельствует о неоднородном поле загрязнения и важности организации регулярных наблюдений. У края дельты концентрация повышалась до 0,115 и 0,134 мг/дм^3, а после выхода в залив наступал спад концентраций вследствие смешения и разбавления водами залива, достигая в среднем 0,075 мг/дм^3, что расценивается как весьма умеренное загрязнение.

Район Керченского пролива и предпроливья характеризуется наиболее интенсивным развитием судоходства и активной хозяйственной деятельностью непосредственно в акватории (перевалка грузов, рыболовство) и в прибрежной зоне с крупными портами и их инфраструктурой по обоим берегам. Загрязнённость вод нефтепродуктами в этом регионе до катастрофы судов 2007 года, по данным НАН Украины [6,36], варьировала в среднем в диапазоне 0,02–0,12 мг/дм^3, максимальная – 0,29 мг/дм^3 – была зарегистрирована однократно в 2002 г. в зоне судового хода.

В связи с аварией танкеров в ноябре 2007 г. Южным научным центром РАН были оперативно проведены экспедиционные обследования акватории пролива по обширной сетке станций. По данным анализа проб, отобранных в первые дни в зоне катастрофы, концентрация нефтепродуктов в поверхностном горизонте достигала 2,5 мг/дм^3, что соответствует 50-кратному превышению ПДК. Распределение загрязнения весьма неоднородно: в подповерхностном горизонте здесь зарегистрировано 0,22 мг/дм^3. Сходные данные были отмечены И.А. Немировской в случае аналогичного разлива нефти в районе Клайпеды – концентрации в поверхностном горизонте достигали 1,5–2,5 мг/дм^3 [7,21].

Через 7 дней после разлива нефти произошло снижение концентраций и их перераспределение по глубине – 0,94 мг/дм^3 у дна и 0,20 мг/дм^3 в поверхностном слое. Значительная часть нефти попала также в мелководный Таманский залив – до 0,41 мг/дм^3, где одновременно наблюдались и весьма низкие концентрации (~ 0,2–0,03 мг/дм^3). Спустя месяц – в декабре 2007 г. загрязнённость вод существенно снизилась и в среднем составляла 0,10 мг/дм^3 при диапазоне варьирования 0,05–0,24 мг/дм^3.

Следует отметить важность усилий ЮНЦ РАН и местных органов управления по организации оперативных мер ликвидации загрязнения: сбор мазута на берегу и в прибрежной зоне, вывоз замазученного грунта и морских трав, большого количества погибших птиц (собрано более 5 тысяч особей), организация мест захоронения. Гибели рыбы не обнаружено.

В последующем годичном цикле наблюдений состояния вод Азовского моря и Керченского пролива (в зимний период – на ледоколе «Капитан Демидов», после распаления льда – на научно-исследовательском судне ЮНЦ РАН «Денеб») отмечено неуклонное снижение загрязнённости вод и донных отложений в районе катастрофы. По существу за неполный годовой период концентрация нефтепродуктов снизилась до довольно низкого уровня 0,05–0,10 мг/дм^3, наблюдавшегося до катастрофы.

Полученные одновременно данные по состоянию вод Таганрогского залива и в целом Азовского моря свидетельствуют, что загрязнённость вод нефтепродуктами на большей части акватории моря невелика – 0,08–0,10 мг/дм^3 и соответствует наблюдениям последних лет. На этом фоне весьма неблагополучным представляется район Мариупольского промузла, где концентрация нефтепродуктов в апреле 2008г. достигала 0,86 мг/дм^3.

Литература
1. Обзор экологического состояния морей СССР и отдельных районов Мирового океана за 1990 год. С-Пб. Гидрометеоиздат, 1992, 144 с.
2. Экологический вестник Дона «О состоянии окружающей среды и природных ресурсов Ростовской области в 2011 г.». Ростов-на-Дону, 2012. 360 с.
3. *Клёнкин А.А., Корпакова И.Г., Павленко Л.Ф., Темердашев З.А.* Экосистема Азовского моря: антропогенное загрязнение. – Краснодар. 2007. 324с.
4. *Семёнов А.Д., Харьковский В.М., Сойер В.Г., Павленко Л.Ф., Александрова З.В.* Особенности загрязнения Нижнего Дона // Тез. докл. Второго Международного конгресса "Вода: экология, технология" (ЭКВАТЭК-96). Москва, 17-21 сент. 1996 г. - М., 1996. С. 86-87.
5. Количественный химический анализ вод. Методика выполнения измерений массовой концентрации нефтепродуктов в питьевых, природных и очищенных сточных водах методом ИК-спектофотометрии на концентратомере КН-2м. ПНД Ф 14.1:2:4.168-2000. М. 2000. 22 с.
6. *Еремеев В.Н., Иванов В.А., Ильин Ю.П.* Океанографические условия и экологические проблемы Керченского пролива // Морський екологічний журнал. №3, Т.II. 2003. С 27-40.
7. *Немировская И.А.* Нефтяные углеводороды в океане // Природа. №3, 2008. С. 17-27.

Саволайнен Г.С.
кандидат педагогических наук, доцент, заведующий кафедрой педагогики
и управления образованием
Института дополнительного образования и повышения квалификации
Красноярского государственного педагогического университета им. В.П.
Астафьева, г. Красноярск e-mail savolainengs@mail.ru

МОДЕЛЬ СОЦИОКУЛЬТУРНОЙ КОМПЕТЕНТНОСТИ ПЕДАГОГА

Сегодня непрерывное образование (life long learning) становится неотъемлемым элементом общей культуры человека. Эта идея нашла отражение в трудах как отечественных (В.А. Адольф, В.И. Андреев, И. Арановская, А.Г. Асмолов, В.А. Болотов, Е.В. Бондаревская, В.П. Борисенков И.Е. Видт, А.С. Запесоцкий,. И.А. Зимняя, И.Ф. Исаев, В.Н. Руденко, В.В. Сериков, А.П. Тряпицына, Л.В. Шкерина и другие), так и зарубежных (R. Ammer, B.Bell, P.Broadfoot, B. Brock-Utne, P. Crall., T. Elwyn, J. Gilbert, D.H. Hargreaves, B. Jaworski, D. J.Kealy, B.D. Ruben, etc) исследователей. Школа является критически важным элементом в этом процессе. Как отмечается в Национальной образовательной инициативе «Наша новая школа» - главные задачи современной школы - раскрытие способностей каждого ученика, воспитание порядочного и патриотичного человека, личности, готовой к жизни в высокотехнологичном, конкурентном мире. Школьное обучение должно быть построено так, чтобы выпускники могли самостоятельно ставить и достигать серьёзных целей, умело реагировать на разные жизненные ситуации [1].

Поиск путей, обеспечивающих такую подготовку подрастающего поколения – одна из важнейших задач современной педагогической науки и практики. Подготовка и переподготовка специалиста в системе высшего и дополнительного профессионального педагогического образования должны быть ориентированы на обеспечение его субъектности, самостоятельности, инициативы, толерантности, готовности и умений взаимодействовать с другими людьми и, в случае необходимости, прийти им на помощь, оказать адекватную психолого-педагогическую помощь и поддержку, т.е. всего того, что направлено на успешное и культуроориентированное вхождение молодого человека в социум, его личностное и профессиональное становление.

Одним из таких путей мы рассматриваем разработку модели профессиональной компетентности педагога, то есть определение и обоснование тех структурных компонентов, из которых должна состоять профессиональная компетентность педагога. Принципиальным отличием данного исследования является то, что профессиональная компетентность педагога рассматривается в дискурсе социокультурного взаимодействия, которое мы рассматриваем как непосредственно или опосредовано взаимообусловленную деятельность субъектов образовательного процесса, обеспечивающую их ценностное и сознательное развитие и саморазвитие, основанное на диагностично поставленных целях и перспективах деятельности и реализуемое в процессе общения, интеракции, рефлексии, анализа, исследования, при условии психолого-педагогической помощи и поддержки (фасилитации) обучающихся [2].

Подготовка и профессиональная переподготовка учителя (настоящего и будущего) к социокультурному взаимодействию с учащимися рассматривается нами в качестве одной из ведущих целей профессионального педагогического образования вне зависимости от его уровня. Результатом такой подготовки должна стать социокультурная компетентность педагога.

Методологической основой исследования являются культурологический, синергетический, цивилизационный и компетентностный подходы, которые в совокупности позволяют не только разносторонне проанализировать исследуемую проблему, но и предложить обоснованные и выверенные пути ее решения. Заявленные подходы, как принципы проектирования образования и методологический регулятив инновационной деятельности, ориентируют на разработку модели профессиональной компетентности педагога, обеспечивающей реализацию в образовательном процессе субъект-субъектных отношений и на рассмотрение образовательного процесса как процесса достижения самостоятельно поставленной цели (достижение ситуации успеха при решении педагогической задачи, анализе ситуации, в процессе личностного и профессионального становления, развития и совершенствования).

Подчеркнем, что культурологический, цивилизационный, синергетический и компетентностный подходы к профессиональному педагогическому образованию в целом, и к разработке модели его результата - профессиональной компетентности педагога, позволяют обеспечить переход от знаниевой, узкопредметной парадигмы к парадигме достижений, предполагающей становление целостной компетентной личности. Выделенные подходы позволяют обеспечить в единстве разностороннее развитие и самосовершенствование личности учителя, основанное на интериоризации гуманистических ценностей и переводу их в цели педагогического взаимодействия; готовность к продуктивной педагогической деятельности, важнейшей характеристикой которой является направленность на «другого», помощь ему в овладении способами деятельности, готовность и способность видеть в ученике личность и человека. Данные подходы не «отменяют» других значимых подходов к организации профессионального педагогического образования: личностного, деятельностного, системного, антропологического и т.д., а определенным образом позволяют интегрировать их базовые характеристики, значимые для подготовки компетентного, а значит и конкурентоспособного учителя.

Результаты проведенного контент-анализа с целью исследования поля мнений ученых по проблеме структуры профессиональной компетентности педагога, позволяют констатировать, что большинство исследователей выделяют следующие компоненты, которые мы определили как инвариантные: прогностический (проектировочный), исследовательский (гностический или познавательный), конструктивный, коммуникативный, организаторский, диагностический. Без сомнения они должны присутствовать и в структуре социокультурной компетентности. Внесем лишь некоторые уточнения. С нашей точки зрения, организаторский и конструктивный компоненты целесообразно объединить под общим названием - интерактивный, так как данный термин отражает обоюдную направленность активности, взаимное действие, сотрудничество. Интерактивный компонент отражает умения сотрудничать с другими людьми, принимать совместные решения и реализовать их в групповой (командной работе).

Данные инвариантные компоненты являются необходимыми, но недостаточными, в том случае, когда идет речь о социокультурном взаимодействии. И, прежде всего, мы имеем ввиду, аксиологический компонент. Мы считаем необходимым включение в структуру педагогической компетентности данного компонента, так как именно аксиологический компонент в структуре педагогической деятельности ориентирует учителя, преподавателя, педагога на ценностное отношение к ребенку, к профессии, к совместной деятельности.

С социокультурных позиций мы считаем необходимым подчеркнуть то, что ценности производны от соотношения культуры и общества, мира и человека, выражая то, что в мире, включая и то, что создает человек в процессе истории, значимо для человека [3,369]. Культура и социум – это то, что, прежде всего, создает человек, а, следовательно, и то, что, прежде всего, выступает или должно выступать для него в качестве ценности. Аналогичный подход мы находим у А.Г. Здравомыслова, отмечающего, что содержание ценностей обусловлено культурными достижениями общества. Мир ценностей – это, прежде всего, мир культуры в широком смысле слова, это сфера духовной деятельности человека, его нравственного сознания, его привязанностей – тех оценок, в которых выражается мера духовного богатства личности [4].

Обосновав необходимость выделения в структуре педагогической деятельности интерактивного компонента, как способности и умений организации совместной деятельности, мы считаем необходимым выделение для самостоятельного анализа в ее структуре фасилитационного компонента, обеспечивающего адресную помощь и психолого-педагогическую поддержку ученику в его личностном развитии.

Кроме того, в качестве необходимых компонентов в структуре педагогической компетентности выступают аналитический и рефлексивный, направленные на сознательное участие во взаимодействии всех его участников. Аналитический компонент представлен умениями анализировать процесс и результат деятельности и взаимодействия, объективно их оценивать, своевременно получать необходимую информацию и устанавливать обратную связь. Рефлексивный компонент направлен на познание себя, собственного отношения к деятельности и взаимодействию, на восприятие себя глазами других участников образовательного процесса. В образовательном процессе педагогическую рефлексию мы рассматриваем как необходимое условие обеспечения «внутренней» связи субъектов

Приняв культурологический подход к образовательному процессу как базовый, считаем необходимым выделить еще один компонент в структуре педагогической деятельности – акмеологический, связанный с самообразованием личности и ее стремлением достичь максимально возможного уровня развития своих способностей и личностных качеств. Любое влияние на человека в любом сознательном возрасте будет успешным и повлечет за собой действительное внутреннее, сущностное изменение, личностный рост (когнитивный, эмоциональный, профессиональный и т.д.) только в том случае, если человек хочет измениться, если у него есть внутренняя потребность. «На самообразование должны опираться все виды образования», - подчеркивает В.П. Зинченко [5,77] и с ним нельзя не согласиться

Подводя итог вышеизложенному, приведем основные компоненты модели профессиональной компетентности педагога: диагностический, аксиологический, прогностический, коммуникативный, интерактивный, фасилитационный, аналитический, рефлексивный, акмеологический, исследовательский.

Литература
1. Национальная образовательная инициатива "Наша новая школа" http://nasha-novaya-shkola.ru/?q=node/4.

2. Саволайнен Г.С. Развитие социокультурной компетентности учителя в системе непрерывного педагогического образования //Психология обучения, № 11, 2010.

3. Руденко В.Н., Гукаленко О.В. Цивилизационно-культурологическая парадигма развития университетского образования // Педагогика. - 2003. - № 6.

4. Здравомыслов А.Г. Потребности. Интересы. Ценности. – М., 1986.

5. Зинченко В.П. Посох Мандельштама и трубка Мамардашвили. К началам органической психологии. – М, 1997.

Савотина Н.А.
доктор педагогических наук, заведующий лабораторией социально-педагогических технологий воспитания Института семьи и воспитания РАО, г. Москва.
E-mail: nasa-amigo@rambler.ru

ТЕХНОЛОГИИ ВОСПИТАНИЯ: ПОТЕНЦИАЛ РАЗВИТИЯ НА ПЕРСПЕКТИВУ

Воспитание - особо деликатная сфера применения технологий. Педагогическая практика накопила множество форм, средств и методов воспитания, но результаты их применения не всегда однозначны. Сегодня путь оптимизации педагогического процесса за счет совершенствования методов и средств, является необходимым, но не достаточным условием. *Перспективность развития технологий воспитания определяется рядом объективных причин:*

- противоречивость и изменчивость современной социокультурной ситуации позволяют ставить вопрос о возможности перевода технологического подхода из методологии науки в практику воспитания с целью формирования новых механизмов решения проблем социальной и воспитательной практики; ситуация выбора концептуальных идей, вариативности новых средств и организационных форм воспитания требует технологических решений типичных воспитательных проблем;

- смена традиционной парадигмы воспитания: от идеи авторитарного воздействия (императивной и манипулятивной стратегии) к гуманистической идее сотрудничества, провозглашение курса на демократизацию учебно-воспитательного процесса предопределяет изменение функций учителя: он становится консультантом-координатором, расширяющим возможности дифференциации и индивидуализации воспитательной деятельности;

- появление новых подходов и взглядов на организацию процесса воспитания, опытно - экспериментальная работа школ, создание авторских концепций и авторских школ, коллективный характер педагогических инноваций требует перехода с отдельных методик на педагогические технологии.

Педагогическая теория и практика сегодня уже при знает статус таких воспитательных технологий, как технология коллективного воспитания А.С. Макаренко, технология коллективной творческой деятельности И.П. Иванова, технология гуманного коллективного воспитания В.А. Сухомлинского, технология воспитания на основе системного подхода (В.А. Караковский, Л.И. Новикова, Н.Л. Селиванова), модель (технология) педагогической поддержки (О.С. Газман), технология тьюторского сопровождения индивидуальных образовательных программ

(Т.М. Ковалева), технология организации самовоспитания по А.И. Кочетову, Л.И. Рувинскому и др.

Несмотря на свою общность с технологиями обучения *воспитательные технологии имеют свою специфику*, которую нельзя игнорировать при создании технологии воспитания:

• Воспитательная технология не так жестко детерминирована по сравнению с обучающей, она предусматривает вариативность условий, обладает способностью к корректировке отдельных методик, из которых состоит технологический процесс.

• Большую роль в воспитательной технологии играет обратная связь, возможность повторения отдельных частей процесса, доработки с отдельными участниками процесса.

• При определении алгоритма необходимо учитывать многофакторность влияния внешних условий; предугадать эффект влияния и гарантии достижения поставленных целей в воспитании трудно, поэтому необходимо ставить реально достижимые в данных условиях цели и тщательно продумывать критерии результативности и диагностические процедуры.

• Воспитательная технология алгоритмизирует процесс, при котором происходит качественное влияние на воспитуемого, но нельзя абсолютизировать инструментальную функцию воспитательной технологии: степень влияния на воспитуемого с помощью воспитательной технологии необходимо оценивать не через набор определенных качеств личности, подвергаемых сравнению с другими детьми, а через отслеживание динамики личностного роста по отношению к самому воспитуемому.

• Владение отдельной воспитательной технологией не гарантирует обязательного успеха в развитии личности конкретного ученика, поскольку отдельная технология ("уединенное средство", по Макаренко А.С.) не обеспечивает многогранного влияния на воспитанника, поскольку таким свойством обладает только воспитательная система.

В воспитательной технологии содержательный компонент так же значим для ее успешности, как и диагностируемая цель, и от него зависит, будет ли технология информационной или развивающей, традиционной или личностно - ориентированной, продуктивной или малоэффективной. Эффективность технологии воспитания зависит от того, насколько концептуально увязаны между собой цели и содержание деятельности.

Не бесспорны сегодня различия между методикой и технологией. Несомненно, что технология связана с методикой, но их зависимость может определяться по-разному. Так, Л.И. Маленкова видит разницу между ними в расстановке акцентов: в технологии более представлена целевая, процессуальная, количественная и расчетная компоненты; в методике - содержательная, качественная и вариативная. Признаком приближения системы либо к технологии, либо к методике ученый видит в степени инструментальности. На наш взгляд, чем совершеннее методика воспитания, тем отчетливее в ней проявляется опора на научную концепцию, парадигму воспитания. Чем совершеннее технология, тем полноценнее в ней представлена совокупность методических находок, способствующих решению воспитательной проблемы. Можно предположить, что это является отчасти причиной (а не данью моде) того, что многие известные методики сегодня приобретают статус технологии (технологии Макаренко, Сухомлинского, Шацкого). Чем дальше во времени методика удаляется от своего создателя, тем больше у нее шансов стать технологией в силу «обрастания» дополнительной точкой зрения на ее ценность и качество решения воспитательной проблемы.

Мы приходим к выводу о допустимости толкования понятия «воспитательная технология» (на формально-описательном уровне) как продуманной во всех деталях модели совместной деятельности, содержащей приемы и методики, способствующие установлению таких отношений между воспитателем и воспитанниками, при которых оптимально достигаются конкретные воспитательные цели. Технология воспитания (на процессуально-действенном уровне), на наш взгляд, должна представлять организационно - процессуальный комплекс (проект), обеспечивающий эмоциональную, ценностно-деятельностную организацию воспитательного процесса, включающий совокупность методико-организационных действий, условий и средств (личностные, инструментально-диагностические и методические) в процессе пошагового (алгоритмичного) решения актуальной воспитательной проблемы. Данные определения проясняют картину соотношения рядоположенных с технологией понятий (модель, проект), связывают понимание воспитательной технологии с решением фундаментальной задачи - достижением большей эффективности воспитания через комплекс средств, подчеркивают специфическое отличие воспитательной технологии - наличие эмоциональной и ценностно-деятельностной составляющей.

Успешность процесса развития технологий воспитания связана с выполнением важных требований:

- перспективность любой воспитательной технологии определяется качеством результатов, работающих на решение актуальных проблем воспитания, приобретающих характер тенденции (детский суицид, наркомания, жестокость, национальная нетерпимость, общественная пассивность и др.);

- нельзя использовать технологии, взаимоисключающие друг друга, нельзя наполнять содержательное поле воспитательной технологии противоречивыми установками и требованиями;

- как нет универсальных технологий обучения, так и любая технология воспитания может эффективно функционировать и развиваться только в позитивной образовательной среде, в которой организуется воспитательный процесс и функционирует образовательное учреждение;

- при оценке эффективности воспитательных технологий необходимо тщательно продумывать набор оценочных критериев и показателей результативности воспитательной технологии, характеризующихся не уровнем соответствия стандарту, а только по отношению к воспитаннику (вчерашнему, сегодняшнему, завтрашнему), его собственным усилиям, уровню этических знаний и их проявлению в поведении.

Таким образом, перспективность и эффективность воспитательных технологий связана с созданием определенных условий и соблюдением важных требований в ходе решения актуальной воспитательной проблемы. Приоритетной задачей воспитания в новых условиях становится развитие у человека качеств и способностей, позволяющих ему не просто адаптироваться к меняющейся жизни, но и создавать самому качественно новое социальное пространство.

Тимербаева Н.В.
к.п.н., доцент, Казанский (Приволжский) федеральный университет,
timnell@yandex.ru
Садыкова Е.Р.
к.п.н., доцент, Казанский (Приволжский) федеральный университет,
sadikova_er@mail.ru

ПЕДАГОГИЧЕСКАЯ ПРАКТИКА БУДУЩИХ УЧИТЕЛЕЙ В УСЛОВИЯХ МОДЕРНИЗАЦИИ ОБРАЗОВАНИЯ

Образование, вступившее в новый этап своего развития – модернизацию, нацелено на создание механизма устойчивого развития системы образования в соответствии с требованиями XXI века, социальными и экономическими потребностями общества, запросами личности. Сложившаяся ситуация коренным образом меняет требования к современному учителю. Это требует принципиального обновления системы подготовки будущего учителя и ее ориентации на развитие личности педагога, усвоение способов педагогической деятельности, овладение культурой и технологиями педагогической работы. Поэтому важным этапом в профессиональном становлении будущих учителей является педагогическая практика.

Педагогическая практика направлена на решение ряда важнейших задач в подготовке учителя и совершенствовании его мастерства: углубить и закрепить полученные в вузе теоретические знания и научить применять их на практике в учебно-воспитательной работе с учащимися; вооружить умением наблюдать и анализировать учебно-воспитательную деятельность, проводимую с детьми и подростками; научить, опираясь на знания по психологии, педагогике и физиологии школьников, проводить учебно-воспитательную работу с детьми с учетом их возрастных и индивидуальных особенностей; подготовить к проведению различного типа уроков с применением разнообразных методов, активизирующих познавательную деятельность учащихся; научить выполнять функции классного руководителя, работать с коллективами школьников, а также проводить индивидуальную воспитательную работу с детьми; развивать и закреплять у студентов любовь к педагогической профессии, стимулировать стремление к изучению специальных и педагогических дисциплин и совершенствованию своих педагогических способностей с целью подготовки к творческому решению задач воспитания и образования; прививать навыки внимательного отношения к охране здоровья школьников.

В результате решения всего комплекса указанных задач студенты овладевают умениями: изучать личность школьника и коллектива учащихся с целью диагностики и проектирования их развития и воспитания; определять конкретные учебно-воспитательные задачи исходя из общих целей воспитания, с учетом возрастных и индивидуально-типологических различий учеников и социально-психологических особенностей коллектива; осуществлять перспективное и текущее планирование педагогической деятельности; использовать разнообразные формы, методы, средства и приемы руководства учебно-познавательной деятельностью учащихся (ставить и решать образовательно-воспитательные задачи, обоснованно выбирать и применять организационные формы и методы обучения, использовать различные средства обучения, устанавливать разнообразные межпредметные и внутрипредметные связи и т.д.); готовить и проводить различного типа уроки, а также факультативные и внеклассные занятия по предмету, кружковую работу, организовывать тематические вечера; проводить воспитательную работу с учащимися и направлять процесс их самовоспитания (выдвигать и решать воспитательные задачи с позиций комплексного подхода, использовать разнообразные виды деятельности школьников, методы и приемы педагогического воздействия в их единстве и т.д.); проводить работу по профессиональной ориентации учащихся; проводить общественно-педагогическую работу среди родителей.

Вся деятельность студентов в период педагогической практики подчинена формированию перечисленных профессионально-педагогических умений, а уровень овладения ими является главным критерием оценки результатов работы каждого студента в школе.

Подготовка к педагогической практике осуществляется в процессе всей учебной деятельности студентов. Курсы по педагогике, психологии, элементарной математике, теории и методике обучения математике направлены непосредственно на подготовку к деятельности учителя.

На отделении педагогического образования института математики и механики имени Н.И. Лобачевского Казанского (Приволжского) Федерального университета педпрактику будущие учителя математики традиционно проходит на IV курсе с начала февраля по март до конца третьей четверти в 5-9 классах, на V курсе – во время второй четверти в 10-11 классах.

В качестве базовых школ для проведения педпрактики выбираются те, которые имеют достаточное материально-техническое и учебно-методическое обеспечение. Особые требования предъявляются учителям, курирующим педпрактику. Стараемся, чтобы это были творческие, влюбленные в свою профессию специалисты.

Со стороны вуза руководство педпрактикой осуществляют методисты кафедры теорий и технологий преподавания математики и информатики. На кафедре сложилась четкая система организации педагогической практики, а именно: проведение установочных и отчетных конференций, консультаций по практике, поддержание мобильной связи практикантов с методистами, посещение методистами, старшими методистами, начальником отдела педпрактики уроков по математике, информатике, английскому языку, внеклассных мероприятий.

На установочных конференциях определяются цели и задачи практики. Познакомившись с задачами, содержанием и организацией педагогической практики в школе, студенты заблаговременно готовятся к ней. Эта подготовка предполагает участие в организуемых при кафедре спецсеминарах; работу по самообразованию и самовоспитанию; предварительное посещение школы, где предстоит проходить практику (беседа с директором, завучем, организатором внеклассной и внешкольной воспитательной работы). Все это помогает студентам уяснить этапы выполнения программы педагогической практики.

На отчетных конференциях обсуждаются вопросы об условиях прохождения практики в школах, об учителях-наставниках, предлагаются меры по совершенствованию ее проведения. Эти конференции проводятся с приглашением начальника отдела практик, методистов по математике, английскому языку, преподавателей кафедр педагогики и психологии.

В каждой школе выбирается староста из числа практикантов, в обязанности которого входит поддержание связи с методистами кафедр, сообщение им расписания пробных и зачетных уроков, наблюдение за посещаемостью студентов в школе. В течение всей практики методистами различных кафедр проводятся консультации, инструктажи, круглые столы по анализам уроков и внеклассных мероприятий. Связь между практикантами и методистами поддерживается также с помощью электронной почты.

Учителя математики отмечают, что студенты показывают хороший уровень теоретической подготовки по математике и информатике, методике преподавания этих предметов; методически грамотно используют на уроках методы, приемы, способствующие повышению мотивации обучения школьников; в качестве классных руководителей студенты организовывают и проводят тематические классные часы, беседы, праздники, способствующие формированию коллектива, конкурентоспособной личности.

По окончании практики в установленный срок студенты сдают отчетную документацию.

В помощь студентам разработаны новые дневники педпрактики, рассчитанные на 2 года с полезными приложениями. Это - самоанализ студентов по итогам педпрактики, способствующий росту профессиональной подготовки; анализ методической системы учителя; схемы поурочных планов и воспитательных мероприятий, а также психологические характеристики учащихся и классных коллективов. Осуществляя эту деятельность, студенты овладевают умениями проводить самоанализ, обобщать передовой педагогический опыт. Для студентов V курса предусмотрено выполнение творческих заданий.

Одним из новшеств является обязательная тетрадь – ежедневник, где студенты фиксируют каждый час своей работы в школе. Здесь и планы – конспекты уроков с допуском учителя, самоанализы, анализы всех посещенных уроков, школьные мероприятия.

В период прохождения практики на V курсе стало традиционном проведения конкурсов на лучшее внеклассное мероприятие по педагогике «Год учителя», «Учительские династии», на лучшее творческое задание по математике, на лучшую презентацию от школы. Все это, на наш взгляд, способствует формированию творческой деятельности студентов.

Посещение уроков, наблюдение за ходом педпрактики, беседы с методистами, учителями и руководителями школ дает возможность сделать выводы о проблемах по организации педпрактики. Совершенствование организации практики, на наш взгляд, заключается в следующем: с учетом новых стандартов проводим учебную практику уже на первом, втором курсах, не распределяем студентов из-за ГИА, ЕГЭ в 9, 11 классы; советуем проводить один и тот же урок в параллельных классах для сравнения; на занятиях по методике обучения математике включаем темы, которые студенты будут преподавать во время педпрактики; на теоретических и практических занятиях больше времени уделять методике применения информационных технологий на уроках математики.

Бессонова А. А.
студентка института психологии и педагогики Алтайской государственной
педагогической академии (АлтГПА)
Дарвиш О. Б.
канд. психол. наук, доцент кафедры психологии АлтГПА
e-mail: psheptenko@yandex.ru

ПСИХОЛОГО-ПЕДАГОГИЧЕСКОЕ СОПРОВОЖДЕНИЕ РАЗВИТИЯ ПСИХОЛОГИЧЕСКОЙ УСТОЙЧИВОСТИ ВОСПИТАННИКОВ ДЕТСКОГО ДОМА СЕМЕЙНОГО ТИПА

В современных условиях актуальным является проблема социального сиротства, адаптации и социализации детей-сирот и детей социальных-сирот. Сиротство как фактор разрушает эмоциональные связи с миром, социальной средой, сверстниками и наносит глубокие вторичные нарушения физического, психического и социального развития.

В России функционируют детские дома семейного типа, которые способствуют успешной социализации личности воспитанников. Детский дом семейного типа - форма воспитательного учреждения, являющаяся промежуточной между приемной семьей и детским домом (интернатом). Основной задачей детского дома семейного типа является создание благоприятных условий для воспитания, обучения, оздоровления и подготовки к самостоятельной жизни детей-сирот и детей, оставшихся без попечения родителей, в условиях семьи.

Детские дома семейного типа выполняют не только образовательно-воспитательную функцию, но и способствуют успешной социализации личности, обеспечивают правовую и психологическую защищенность, а самое главное готовят воспитанников к самостоятельной, взрослой жизни, принятию соответствующих решений в трудных жизненных ситуациях [3].

Особо актуальна проблема развития психологической устойчивости детей и подростков, воспитывающихся в условиях детского дома семейного типа. Психологическая устойчивость личности детей и подростков является интегральным показателем, в котором отражаются результаты их обучения и воспитания, а также опыта взаимодействия с окружающей средой.

Наше исследование проводилось на базе «Барнаульского детского дома № 6» семейного типа. Целью нашего исследования явилось выявление содержания социально-педагогической работы педагогического коллектива по развитию психологической устойчивости воспитанников детского дома.

В основу деятельности детского дома положен принцип замещающей семьи, то есть организация проживания детей в максимально приближенной к семейной. Содержание работы детского дома направлено на адаптацию и социализацию детей, на их подготовку к самостоятельной жизни, а также на помощь детям, начавшим самостоятельную жизнь. Осуществляется патронаж таких детей, помощь в обустройстве личной жизни, забота о них [1].

Особое место по развитию психологической устойчивости воспитанников детского дома отводится мероприятиям по социальной помощи и поддержке, которую осуществляет социальный педагог совместно с другими специалистами. Наиболее значимые из них:

- социально-правовая помощь - направлена на соблюдение прав человека и прав ребенка, содействие в реализации правовых гарантий различных категорий детей, правовое воспитание детей по жилищным, семейно-брачным, трудовым, гражданским вопросам;
- социально-реабилитационная помощь - направлена на оказание реабилитационных услуг по восстановлению психологического, морального, эмоционального состояния и здоровья нуждающихся в ней детей;
- социально-информационная помощь - направлена на обеспечение детей информацией по вопросам социальной защиты, помощи и поддержки, а также деятельности социальных служб по оказанию услуг;
- социально-экономическая помощь - направлена на оказание содействия в получении пособий, компенсаций, единовременных выплат, адресной помощи детям, на материальную поддержку детей-сирот, выпускников детских домов;
- медико-социальная помощь - направлена на уход за больными детьми и профилактику их здоровья, профилактику алкоголизма, наркомании несовершеннолетних, медико-социальный патронаж детей из группы риска;
- социально-бытовая помощь - направлена на содействие в улучшении бытовых условий детей;
- социально-педагогическая помощь - направлена на создание необходимых условий для воспитания детей, их эмоциональное развитие;
- социально-психологическая помощь - направлена на создание благоприятного микроклимата в созданных семьях и микросоциуме, в которых развивается ребенок, устранение негативных воздействий, затруднений во взаимоотношениях с окружающими, в профессиональном и личном самоопределении.

С целью повышения психологической устойчивости воспитанников детского дома успешно реализуется идея самоуправления воспитанников, реализация которой дает возможность детям освоить различные социальные роли, воспитывает у них инициативу и ответственность. Наряду с педагогами воспитанники выступают как равноправные партнеры, имеющие право принимать самостоятельные и ответственные решения, что является основой их психологической устойчивости.

Наиболее эффективным является использование в работе с детьми и подростками детского дома практических, тренинговых занятий, занятий по арт-терапии, игротерапии, музыкотерапии. Проведенные занятия оказывают влияние на снятие стрессовых ситуаций, преодоление травмирующих переживаний. В процессе организации совместной деятельности педагогов и воспитанников происходит становление их социально-ответственного поведения.

Таким образом, использование разнообразных форм и методов работы с воспитанниками детского дома семейного типа позволило нам сделать вывод о том, что целенаправленная социально-педагогическая работа педагогического коллектива с детьми способствует повышению уровня их психологической устойчивости.

В процессе исследования мы пришли к выводу о том, что развитие психологической устойчивости воспитанников требует объединения усилий социальных педагогов, психологов, педагогов - воспитателей.

Литература:

1. Дарвиш О.Б. Социально-педагогическая работа по социализации детей в детском доме семейного типа / О.Б. Дарвиш, Т.В. Горбовская// Проблемы социализации детей, нуждающихся в поддержке государства, и опыт их преодоления: материалы всероссийской научно-практической конференции, г. Кемерово, 20-21 октября 2010 года: в 2 ч./ сост.: Е.Л. Руднева, Г.А. Вержицкий, Н.Э. Касаткина и др.; ред. коллежа: Е. Л. Руднева, Н.Э.Касаткина, О.Б. Лысых и др.- Кемерово: Изд-во КРИПКиПРО, 2010.- 2ч.- С.38-40.
2. Постановление правительства РФ от 19.03.2001 № 195 (ред. от 18.08.2008) О ДЕТСКОМ ДОМЕ СЕМЕЙНОГО ТИПА *(http://www.jurisconsult.info/index.php?option=com_dbase&task=view_doc&id =2329)*
3. Шептенко, П.А. Технология работы социального педагога общеобразовательного учреждения: учеб. пособие для студ. высш. учеб. заведений / П. А. Шептенко, Е.Н. Дронова, Л.Н. Гиенко.- Барнаул : АлтГПА, 2011.-166с.

Тюков А.А.
кандидат психологических наук, профессор, кафедра психологии развития
и инноваций Института психологии, социологии и социальных отношений
ГБОУ ВПО МГПУ
tjukov@mail.ru

ПСИХОЛОГИЧЕСКАЯ НАУКА И ИННОВАЦИОННАЯ ДЕЯТЕЛЬНОСТЬ В СФЕРЕ ОБРАЗОВАНИЯ

1. Современная методология эпохи постнеклассической науки утверждает определяющее значение исходной онтологии, или иными словами модели «первичного идеального объекта» для анализа и понимания раздела любой науки [3]. Особое значение ясное и схематически точное представление исходной онтологии (представление об объекте изучения) имеет для комплекса наук о человеке – антропологии. При рассмотрении актуальных проблем функционирования и развития сферы образования необходимо детально рассмотреть связи и отношения сферы образования и сферы науки, из которых, прежде всего, выделить связи образования с психологией, социологией и политологией. Именно в этих науках вырабатываются фундаментальные знания о законах развития человека, механизмах существования образовательных систем в общественном целом и организации функционирования и развития образовательных систем и всей сферы образования в целом [4].

Каждая из выделенных благодаря историческому анализу общественных профессиональных сфер представляет собой социотехническую систему деятельности. Социотехническая система деятельности – это отношение управляющей системы к управляемой. Управляемая система специфицирует особенности деятельности отдельной сферы по виду этой деятельности. Например, для сферы политики – это управление общественным развитием, а для науки – исследование. Для сферы образования видом деятельности управляемой системы является образование человека от его телесного рождения до телесной смерти [6]. Управляющая система каждой сферы организована тождественно в структуре отношений и связи двух подсистем: подсистемы руководства и подсистемы экспертного управленческого обеспечения. Политологический анализ требует рассматривать структуры этих подсистем как принципиально различные. Если в подсистеме руководства – это иерархическая структура власти-подчинения, то в подсистеме управленческого обеспечения – это структура кооперации представителей других сфер. В управляющей системе каждой сферы должны быть представители управляемых систем деятельности всех сфер конкретного социума [4].

2. Сфера образования в процессах воспроизводства жизни человечества в его настоящих формах общественного взаимодействия имеет со-

вершенно особую функцию. Так как, именно, нормальная организация управления развитием сферы образования, организация, обеспечивающая каждому человеку полноценное образование в течение всей его жизни, оказывается главным условием устойчивой передачи богатства человеческой культуры новым поколениям живущих на земле людей. В настоящее время мы переживаем мировой кризис сферы образования. Главной причиной этого кризиса является повсеместная реализация в образовательной деятельности принципов и практики «объяснительно иллюстративной дидактики» и «классно-урочной организации» образования, основанных на педагогических и психологических знаниях двухсотлетней давности, то есть фактически на донаучных «научных» представлениях [6; 2].

3. С точки зрения политологии и социологии сфера образования принадлежит к наиболее консервативным сферам. Это свойство необходимо для нормального общественного развития, так как всякая необоснованная, волюнтаристская новация может привести к катастрофическим последствиям, трудно предсказуемым в историческом времени.

Мы предлагаем в качестве научного обеспечения инновационной деятельности в сфере образования фундаментальные законы образования человека, выведенные в концепции комплексной психологии развития. Исходная онтология новой психологии постулирует пространство развития субъективности человека как картезианское пространство, образованное развитием личности, сознания и деятельности. В отличие от традиционной психологии эти категории полагаются как независимые и все вместе задающие комплекс трех базовых предметов новой психологии: психологию развития личности, психологию развития сознания и психологию развития деятельности (способностей). На основании этой онтологии могут быть сформулированы законы образования человека[1; 5].

3. Формулировку основного закона образования предложил В.В.Давыдов в 1986 году, определив образование как всеобщую общественную форму развития человека в его онтогенезе [1,231]. В свою очередь основной закон образования человека включает закон воспитания, закон формирования сознания и закон обучения, которые составляют фундамент современной педагогической психологии. Согласно этим законам необходимо различать воспитание, формирование сознания и обучение как различные виды педагогической деятельности в комплексе пространства образовательной деятельности.

Закон периодизации психического развития как второй фундаментальный закон образования требует содержание образования, методы образования и организационные формы образования на каждой ступени образования определять в строгом соответствии с возрастными нормами и особенностями психического развития в каждом его периоде.

Третий закон требует рассматривать национальные системы образования как общественные профессиональные сферы деятельности в целом общественной и политической системы конкретного государства.

Следование трем фундаментальным законам образования человека становится неукоснительным требованием фундаментального научного обоснования всякой новации в системах образования. Как показывает психологический анализ, на каждой ступени образование система нуждается в значительных обновлениях. В первую очередь, должно быть радикально пересмотрено содержание образования на ступенях дошкольного образования, начального школьного, среднего школьного и старшего школьного образования. В особенности это касается образования младшего школьника и подростка. Содержанием образования в эпоху отрочества должно стать социальное обучение и методическое обеспечение полноценной социализации детей и подростков. Для этого необходимо перестроить организационные формы образования в начальной и средней школе. Для этого необходимо отказаться от «классно–урочной системы», «объяснительно-иллюстративной дидактики» и «фронтального» обучения в пользу внедрения «проектного», «лабораторного», проблемного» методов и групповой организации решения учебных и «исследовательских» задач.

Таким образом, все новационные технологии в сфере образования, внедряемы новые методы образования и его организационные формы, необходимо привести в соответствие с психологическими фундаментальными законами, установленными современной психологией развития. Только такая политическая работа позволит приблизить начало выхода из мирового кризиса образования

1. Давыдов. Проблемы развивающего обучения. - М., Педагогика, 1986.
2. Кумбс Р. Мировой кризис образования. - М., "Прогресс", 1968.
3. Липкин А.И. Основания современного естествознания.- М., 2000. –230 с.
4. Тюков А.А. Образование и дизайн: пространство взаимодействия. // Журнал "техническая эстетика" - М., 1994, №1, с.32-38.
5. Тюков А.А. Фундаментальные законы образования человека // Рига, "Эксперимент", 1998.- 32 с.
6. Тюков А.А. Основы новой психологии - Калининград, КВШУ, 1995.
7. Ярошевский М.Г. Психология в XX столетии. - М., Политиздат, 1971. – 367 с.

Блащицына Ю.А. -студент факультета социальной работы и клинической психологии,
Болучевская В.В. - кандидат психологических наук, доцент
(Волгоградский государственный медицинский университет)
julia-blashicina@yandex.ru

ЭМОЦИОНАЛЬНОЕ ВЫГОРАНИЕ У СПЕЦИАЛИСТОВ ПОЖАРНО-СПАСАТЕЛЬНЫХ ФОРМИРОВАНИЙ: ПСИХОДИАГНОСТИКА И ПСИХОПРОФИЛАКТИКА

Актуальность проблемы заключается в том, что профессиональная деятельность специалистов пожарно-спасательных служб, обеспечивающих ликвидацию последствий чрезвычайных ситуаций, протекает в особых условиях и характеризуется воздействием значительного числа стрессогенных факторов, что может привести к снижению эффективности выполнения деятельности, профессиональному выгоранию, различного рода эмоциональным нарушениям [2].

В январе-марте 2013 года в 3 пожарных частях 7 ОФПС МЧС России по Волгоградской области было проведено исследование, общей целью которого явилось выявление индивидуальных особенностей специалистов пожарно-спасательных формирований для разработки психокоррекционной программы. Всего в исследовании приняли участие 108 пожарных.

Предполагалось, что личностные особенности приводят к возникновению синдрома эмоционального выгорания, поэтому необходимо осуществлять психологическую профилактику эмоционального выгорания с учетом выявленных особенностей.

В данном исследовании были использованы следующие методики: клинический опросник для выявления и оценки невротических состояний (К. К. Яхин, Д. М. Менделевич), методика для диагностики эмоционального выгорания В. В. Бойко, методика «Уровень социальной фрустрированности» (УСФ) Л.И.Вассермана, модифицированная экспресс-методика по изучению психологического климата в трудовом коллективе О. С. Михалюка и А. Ю. Шалыто, методика диагностики показателей и форм агрессии А. Басса и А. Дарки (адаптация А. К. Осницкого).

В процессе анализа результатов методики, направленной на диагностику эмоционального выгорания, были получены данные о том, что у большинства пожарных синдром эмоционального выгорания не сформирован. Но, анализируя результаты по отдельным фазам синдрома, можно сделать вывод, что, более чем у четверти опрошенных специалистов-пожарных фаза резистенции находится в процессе формирования, а у 3% респондентов дана фаза уже сформировалась. Это может выражаться в неадекватном избирательном эмоциональном реагировании, в эмоционально-нравственной дезориентации, в расширении сферы экономии эмоций и в редукции профессиональных обязанностей. Если анализировать данные по фазам напряжения и истощения, лишь у 4% опрошенных данные фазы находятся в процессе формирования, у преобладающего большинства же они не сформированы.

У большей части респондентов выявлен средний уровень показателей агрессии по методике Басса-Дарки. При этом, исходя из полученных результатов, наименее присущи пожарным проявления негативизма (39%), а наиболее присущи – раздражение (22%) и чувство вины (23%); что говорит о тенденции проявления в поведении вспыльчивости, грубости и аутоагрессии. Практически все опрошенные специалисты пожарно-спасательных формирований испытывают удовлетворенность своей жизнью (97%); подавляющее большинство из них (82%) оценивает психологический климат в коллективе как благоприятный.

После анализа результатов производился корреляционный анализ по критерию Пирсона с целью выявления индивидуальных особенностей, взаимосвязанных с эмоциональным выгоранием, для разработки программы психологической профилактики и коррекции.

В результате корреляционного анализа было выяснено, что специалистам пожарно-спасательных формирований с высоким уровнем выгорания присущи такие проявления агрессивности как чувство вины, раздражение, негативизм, обида и подозрительность. Такие пожарные часто проявляют вспыльчивость, они бывают грубыми, предпочитают находиться в оппозиции к руководству, склонны к протесту против существующих правил и законов, они могут относиться к окружающим с завистью и ненавистью, часто бывают недоверчивы и осторожны по отношению к людям, могут быть убеждены, что окружающие намерены причинить вред; зачастую они не удовлетворены какими-либо сферами своей жизни и оценивают психологический климат в своем коллективе как неудовлетворительный. Но таким пожарным в основном не присущи невротические расстройства: они не склонны к патологической тревоге, переживанию невротической депрессии, аффективным припадкам и навязчивым опасениям, страхам мыслям, действиям, представлениям.

По результатам данного исследования психологическое состояние опрошенных пожарных можно охарактеризовать как положительное, как состояние здоровья. Но у 4% респондентов сформировалась фаза резистенции синдрома эмоционального выгорания, а у 27% она находится на стадии формирования.

Таким образом, представляется необходимым проведение психопрофилактических мероприятий для предупреждения формирования эмоционального выгорания. Нами была разработана программа с целью профилактики эмоционального выгорания. Для достижения поставленной цели намечены следующие задачи: определение своего отношения к профессии, вычленение проблемности, «перекосов» в распределении психической энергии; обучение навыкам саморегуляции и конструктивного поведения в экстремальных ситуациях; формирование позитивного отношения к действительности через рефлексию и когнитивную переоценку основных жизненных ценностей, развитие профессионально важных качеств в различных ситуациях взаимодействиях; формирование групповой сплоченности, навыков эмпатии.

Программа предполагает работу с пожарными и состоит из 5 блоков.

Первый блок направлен на определение проблем, выделение отношения к профессии, снятие напряжения и тревожности. Второй блок направлен на формирование групповой сплоченности, обучение эффективному взаимодействию в коллективе, обучение навыкам эмпатии. Третий блок направлен на формирование позитивного отношения к себе и к окружающему миру, вербализацию эмоций. Четвертый блок направлен на обучение навыкам саморегуляции и релаксации с использованием телесно-ориентированных техник. Пятый блок направлен на диагностику изменений, возможных после тренинга.

Предполагаются также индивидуальные консультации по запросу от пожарных.

В завершении психопрофилактической программы участникам предлагаются методические рекомендации, в которых описаны методики и техники саморегуляции и саморелаксации. В данных рекомендациях также прописаны техники аутогенной тренировки и самостоятельной работы с агрессией, которые пожарные могут применять самостоятельно как индивидуально, так и в группе [5;6].

Литература:

1. Болучевская, В.В, Будников, М. Эмоциональное выгорание врачей как актуальная психологическая и медицинская проблема // Вестник ВолгГМУ.2012. №2(42)

2. Гуренкова, Т.Н., Елисеева, И.Н., Кузнецова, Т.Ю.Психология экстремальных ситуаций. Учеб. пособ. для студ.вузов/ Под общ. ред. Ю.С. Шойгу. – Academia,2009. – 320 с.

3. Малкина-Пых, И.Г. Экстремальные ситуации. Справочник практического психолога. – М.: ЭКСМО, 2005. – 960 с.

4. Психология экстремальных ситуаций для спасателей и пожарных /Под общей ред. Ю.С. Шойгу. – М.: Смысл, 2007. – 319 с.

5. Черникова, Т. В., Болучевская, В. В. Эмоциональное выгорание: диагностика и психопрофилактика: учеб.-метод. пособие/ Под ред. Черниковой Т. В. – Волгоград., Изд-во ВолгГМУ, 2012. – 272 с.

6. Черникова, Т. В., Болучевская, В. В., Волчанский, М.Е. Психопрофилактика эмоционального выгорания у специалистов помогающих профессий системы здравоохранения в процессе непрерывной профессиональной подготовки // Вестник ВолгГМУ.2012. №3(43)

Гера Т.И.
старший преподаватель кафедры психологии Дрогобычского
государственного педагогического университета имени Ивана Франко

ПУТИ ВНЕДРЕНИЯ ПРОФЕССИОНАЛЬНО ОРИЕНТИРОВАННОГО ТРЕНИНГА В СИСТЕМУ ПСИХОЛОГИЧЕСКОГО СОПРОВОЖДЕНИЯ БУДУЩИХ ИНЖЕНЕРОВ-ПЕДАГОГОВ

Современное образование, к сожалению, не столь динамично, как рынок труда. Поэтому профессиональная подготовка будущих специалистов зачастую не соответствует новым требованиям быстро изменяющихся профессий и является не достаточной для психологической состоятельности конкурентно способного работника предоставить качественные и необходимые обществу в конкретной социально-экономической ситуации услуги. Иннертность образовательной системы инициирует поиск новых путей формирования профессиональной готовности человека работать на определенном рабочем месте в динамичных условиях рынка труда. Среди таких путей – психологическое сопровождение будущих профессионалов на этапе их обучения в вузе. Одним из действенных средств психологического сопровождения будущих инженеров-педагогов является профессионально сориентированный тренинг. Внедрение последнего в образовательную систему является результатом такого алгоритма научно-психологических исследований.

Во-первых, пилотажное изучение психологических запросов инженеров-педагогов с разным стажем работы показало, что эти запросы можно сгруппировать на четыре больших типа проблем: утомляемости и возобновления физических сил и стрессостойкости; эмоциональной выгораемости и оптимизации познавательных рессурсов; личностно-профессиональной стагнации и направленной самомотивации; духовной истощаемости и активизации творческого потенциала. [3; 6]

Во-вторых, исходя из профессиограммного анализа психотипов инженера и педагога, а также учитывая трудности и потребности современных инженеров-педагогов, мы определили предметную направленность их психологического сопровождения на этапе вузовской подготовки – личностно-профессиональную самоконгруэнтность. Содержанием этого введенного нами понятия является интегральная характеристика специалиста и особый режим его взаимодействия с профессией (с трудовой деятельностью и карьерной лестницей, со всеми участниками профессионально-технологического процесса, с рынком труда, с динамичной структурой самой профессии, со своим «Я-профессиональным») как необходимое и достаточное условие здоровой личностной и профессиональной самореализации человека. Личностно-профессиональная самоконгруэнтность (как высший уровень индивидуально-личностной компетентности, объединенной с адекватной профессиональной идентичностью выпускника вуза) является предметным внедрением ожидаемого результата (цели) психологического сопровождения будущих инженеров-педагогов – это опредмеченная психологическая культура личности, представленная профессиональной и собственно личностной компетентностью. Личностно-профессиональную самоконгруэнтность можно определить как состояние социо-духовной гармонии личности, вызванное пересечением личностной и профессиональной идентичностей будущего специалиста в контексте его психологической культуры работы над собственной личностью. Достичь этого состояния и, одновременно, оптимального для вхождения в профессию уровня личностного и профессионального развития можно путем обеспечения психологических условий становления нового профессионального мышления – результата перманентного профессионального методологизирования. [1; 8].

В-третьих, проанализировав современные средства технологического подхода в образовании и сынтегрировав их с психотехническими средствами (психокоррекции, психотерапии, психостимуляции и т.п.), а также определив личностно-профессиональную самоконгруэнтность как предмет психологического и образовательного влияния на будущих инженеров-педагогов, мы выделили профессионально сориентированный тренинг в качестве оптимального средства психологического сопровождения студентов вуза.

В-четвертых, с целью содержательного обеспечения профессионально сориентированного тренинга нами создана его структурная модель, включающая четыре компонента (соответственно к индивидной и субъектной компетентности, личностно-профессиональной идентичности и индивидуальной креативности как составляющих личностно-профессиональной самоконгруэнтности): тренинг базисной трудоспособности, тренинг профессионально-ролевого поведения, тренинг личностно-профессиональной идентичности, тренинг креативности [9].

В-пятых, процедуру тренинга процессуально мы смоделировали вариативно в двух направлениях: одновременное (тактика) объединение заданий-упражнений каждого из четырех тренингов в одном (каждом) занятии (четыре этапа занятия – это упражнения на базисную трудоспособность, на субъектно-профессиональную компетентность, на личностно-профессиональную идентичность и на индивидуальную креативность); последовательное (стратегическое) соединение четырех тренингов как соответствующих этапов девятимесячной (рассчитаной на учебный год) тренинговой программы [5].

В-шестых, формирующий эксперимент показал эффективность предложенного тренинга личностно-профессиональной самоконгруэнтности будущих инженеров-педагогов [7; 4].

В-седьмых, элементы профессионально ориентированного тренинга нами апробированы в контексте оптимизации учебных занятий по психологическим дисциплинам: разработана методика тренингового преподавания – изучения психологии, тренинговое обеспечение лабораторных, семинарских и практических занятий [2].

В-восьмых, в процессе организации дистанционной формы обучения нами введены элементы профессионально ориентированного тренинга в веб-страницу отдела психопрофилактики психологической службы вуза.

Общая концепция внедрения психологического сопровождения будущих инженеров-педагогов посредством профессионально ориентированного тренинга предусматривает три пути: программу тренинга личностно-профессиональной самоконгруэнтности, проводимую психологической службой вуза; использование преподавателями психологических дисциплин элементов профессионально ориентированного тренинга с целью организации психологической работы каждого студента над собственной личностью; дистанционную форму психологической помощи студентам в их личностно-профессиональном саморазвитии через веб-страницу психологической службы вуза.

1. Gera T. The idea of systematization psychological mechanisms of person' s professional development / T. Gera // European Science and Technology [Text] : materials of the international research and practice conference, Wiesbaden, January 31st, 2012 г. / publishing office «Bildungszentrum Rodnik e. V.». – с. Wiesbaden, Germany, 2012. – 776 p. – P.606-616.;

2. Гера Т. И. Преподавание – изучение психологии в вузе как этапы целостного образовательного процесса // Perspektywy rozwoju nauki. Zbior raportow naukowych. (28.11.2012 - 30.11.2012). – Czesc 8. – Sekcja 15. Nauk psychologicznych. – Gdansk: Diamond trading tour, 2012. – 92str. – S.35-40.;

3. Гера Т. И. Психологическое сопровождение личностного и профессионального развития будущих инженеров-педагогов [Текст] / Татьяна Игоревна Гера // Психология и педагогика: методика и проблемы практического применения: сборник материалов XVIII Международной научно-практической конференции /Под общ.ред. С.С.Чернова. – Новосибирск: Издательство НГТУ, 2011. – 510c. – С.50-55.;

4. Гера Т. І. Оцінка ефективності формування особистісно-професійної ідентичності майбутніх інженерів-педагогів // Materialy Miedzynarodowej Naukowi-Praktycznej Konferencji. Rozwyj nauk humanistycznych. Problemy i perstektywy. / 28.09.2012 - 30.09.2012. – Czesc 2. – Sekcja 15. Nauk psychologicznych. – Katowice: Diamond trading tour, 2012. – 80str. – S.47-51.

5. Гера Т. І. Психотерапевтичні засади організації професійно зорієнтованого тренінгу майбутніх інженерів-педагогів [Текст] / Т. І. Гера // Інноваційні підходи до науки XXI сторіччя: зб. наук. праць і матеріалів Міжнар. наук.-практ. конф. (23-27 квітня 2012 р.) /год. ред. В. С. Рижиков. - Кіровоград: Науково-дослідний центр інноваційних технологій, 2012. – 400c. – С.267-282.

6. Гера Татьяна. Диагностический инструментарий в обеспечении профессионально ориентированного тренинга будущих инженеров-педагогов [Текст]/ Татьяна Игоревна Гера // Материалы второй Международной заочной научно-практической конференции «Научная дискуссия: вопросы педагогики и психологии» (г.Москва, 13 июня 2012). – Москва: Международный центр науки и образования, 2012. – 176 с. – С.138-160.

7. Гера Тетяна. Активізація творчих ресурсів педагога у процесі його професіоналізації [Текст] / Т. І. Гера // Психологія і суспільство. – 2012. - №2 (квітень). – С.112-124.

8. Гера Тетяна. Професійна самоконгруентність майбутнього інженера-педагога в контексті психологічної культури фахівця [Текст] / Т. І. Гера // Історичний досвід, стан та перспективи підготовки педагогічних і соціально-педагогічних кадрів до роботи з різними соціальними групами: Матеріали Міжнар.наук.-практ.конф. (Чернівці, 3-5 листопада 2011р.). – Чернівці: Чернівецький нац. ун-т, 2011. – 532c. – С.59-61.

9. Гера Тетяна. Тренінг базової працездатності майбутніх інженерів-педагогів [Текст] / Тетяна Ігорівна Гера // Сучасна психологія і педагогіка: дослідження та розробки. Матеріали науково-практичної конференції (м.Харків, Україна, 18-19 травня 2012 року). - Харків: Східноукраїнська організація «Центр педагогічних досліджень», 2012. – 80c. – С.68-71.

Андриянов В.В.
аспирант, Северный (Арктический) Федеральный Университет им. М.В. Ломоносова
Цветков В.Ф.
заслуженный лесовод России, доктор сельскохозяйственных наук, Северный (Арктический) Федеральный Университет им. М.В. Ломоносова

К ПРОБЛЕМАМ ПОЗНАНИЯ И ОЦЕНКИ АНТРОПОГЕННОЙ ТРАСФОРМАЦИИ ЛЕСОВ НА ЕВРОПЕЙСКОМ СЕВЕРЕ РОССИИ

АННОТАЦИЯ

Обоснована актуальность, представлена программа-методика исследований по выявлению масштабов и глубины антропогенной трансформации лесов Брин-Наволоцкого и Ракульского участковых лесничеств (180 тыс. га левобережья части бассейна реки Северная Двина) за последние полтора столетия. Основу методологии составляет систематизация насаждений, сложившихся к началу 21 столетия с учетом их происхождения (возникновения после воздействий на исходные условно коренные экосистемы: прежде всего разных способов рубок, технологий лесозаготовок, последствий истощительной лесоэксплуатации советского периода).

Выровненные по материалам последнего лесоустройства (с выборочной проверкой в натуре) представительные возрастные ряды постстрессовой динамики насаждений наиболее представленных категорий происхождения выводят исследователя на надежное обоснованное прогнозирование лесовыращивания на ближайшее столетие в условиях одного из наиболее представленных типов лесорастительных условий (ТЛУ) в масштабе крупного лесного хозяйства (север средней подзоны тайги Архангельской области).

КЛЮЧЕВЫЕ СЛОВА

Формация сосновых лесов, сосняки черничные, условно коренные, производные разного происхождения, гомогенные динамические ряды, ландшафтные закономерности формирования насаждений разного генезиса, динамические ряды онтогенеза насаждений.

Сохраняет актуальность изучение закономерностей и последствий антропогенной трансформации лесов Европейского Севера России за последнее полтора столетия. Известно, что освоение лесов района имеет более чем трехсотлетнюю историю, но наибольший пресс со стороны человека они претерпели за советский период, когда была развернута широкомасштабная лесоэксплуатация с применением условно сплошных, промышленно выборочных и сплошных концентрированных рубок.

Существенно, что развернутая истощительная эксплуатация в течении многих десятилетий осуществлялась без обеспечения мер по воспроизводству лесных ресурсов. Безусловно, именно последствия этих грубых отступлений от правил «доброго хозяйствования», в т.ч. отказ от воспроизводства лесов после рубок, вызвали широкую и глубокую (на столетия вперед) разбалансированность лесного фонда региона и многоуровневую трансформацию структуры и свойств лесов. Нет сомнений, что факты грубого пренебрежения спецификой лесохозяйственной отрасли, несоблюдение законов постоянства и равномерности пользования на пространствах европейской тайги послужили основной причиной глубокого кризиса лесного дела, начавшегося в последней четверти XX столетия и наглядно проявляющегося в начале второго десятилетия XXI столетия.

Известно, освоение лесных ресурсов региона сопровождалось расширением разнообразия воздействий на природу лесов. Помимо широкомасштабных рубок осуществлялись меры по регулированию речной сети и систем озер, используемых для сплава. При дорожном строительстве часто нарушался режим естественного стока речек, ручьев, следствием чего оказывались, в одном случае, заболачивание, в другом, ненужное осушение. Сплошнолесосечные рубки повсеместно сопровождались повышением горимости лесов, наибольший пресс которых приходился на леса сосновой формации.

В итоге исследователь, решающий задачи выявления направлений трансформации насаждений за столь длительный период, сталкивается с большим разнообразием глубины и направлений воздействии на лесные экосистемы и их последующее развитие. Задача усложняется в связи с известной изменчивостью природных свойств насаждений в предстрессовом (в исходном) положении.

Целью исследований в обозначенном клубке весьма серьезных проблем и неопределенностей следует признать систематизацию измененных в результате антропогенеза лесных насаждений, выявление факторов, обуславливающих их возникновение и прогнозирование направлений последующего развития. Среди представленных в лесном фонде рассматриваемого района насаждений (подсказывает опыт руководителя проекта) могут быть экосистемы следующих категорий генезиса: коренные и условно коренные (климаксового и квазиклимаксового типов (УК).

Отдельную совокупность представляют насаждения бывших коренных (условно коренных) насаждений, претерпевших воздействие извне, не вызвавшие, однако, радикальных изменений существа коренного биогеоценоза, а лишь некоторое расширение биологической структуры, либо усложнение возрастного строения древостоев. Эту категорию достаточно распространенных в освоенных лесах региона экосистем авторы предлагают считать категорией «Смешанного генезиса» (СМ).

На пространствах европейского Севера насаждения этой категории образуются либо после низовых пожаров (экосистемы сосновой формации), либо после разного рода выборочных рубок невысокой интенсивности. Природную разновидность насаждений этой категории в сосняках образуют те же низовые пожары, в еловом хозяйстве - возникновение новых поколений ели или березы на месте отмирающих пятен ели, пораженных грибными болезнями или выборочных рубок невысокой интенсивности, очаги грибной патологии, низовые пожары. Преобладающей группой биогеоценозов на давно осваиваемых землях является большая группа производных насаждений разного происхождения.

Несколько совокупностей генезиса образуют так называемые производные насаждения, представляющие в лесоинвентаризационных материалах экосистемы, образующиеся на участках сплошнолесосечных рубок, на участках паловых вырубок или на участках сплошных ветровальников.

Объектами исследований выбраны ключевые участки экосистем (насаждений), отобранные на ландшафтной основе, т.е. с учетом представительного участия местообитаний лесов сосновой формации в структуре лесфонда вообще и с разным представительством сосновых экосистем среди урочищ других формаций.

Выявленная на материалах лесоустройства и уточненная, посредством выборочных обследований насаждений разного генезиса в нескольких местностях, структура насаждений может рассматриваться как надежная основа для разработки эффективных мер по упорядочению, прежде всего, лесоэксплуатации текущего периода. Но, одновременно, встает задача разработки эффективных систем мероприятий по повышению эффективности лесовыращивания насаждений разных категорий производных и смешанного генезиса насаждений. Использование потенциалов наиболее результативных выстраивающихся динамических рядов формирования новых насаждений составляют добротные предпосылки для интенсификации лесного дела в регионе.

В основе разработки методики исследования лежат работы М.Е.Ткаченко, А.В.Тюрина, Б.П. Колесникова, И.С. Мелехова, Л.П. Рысина, А.П. Корчагина, В.И. Левина, Н.Е. Декатова, С.В.Алексеева, А.А. Молчанова, Е.Г. Тюрина, А.В. Побединского, С.В. Залесова, В.Г. Атрохина, Н.А. Луганского, Н.И. Казимирова, С.С. Зябченко, А.Д. Волкова, Е.Л. Маслакова. Особое внимание следует уделить работам И.С. Мелехова [4-6], Б.П. Колесникова [1-3],С.Н. Сеннова [7], Е.П.Смолоногова [8], В.Г. Чертовского [14], позволяющим определиться с основными направлениями лесообразовательных процессов в лесах сосновой формации при разных условиях хозяйствования. За основу исследования принимаются разработки по систематизации лесовосстановительных процессов и типов формирования производных насаждений профессора В.Ф. Цветкова [9-13].

Теоретической предпосылкой выстраивания методики исследований принят закон эргодичности, интерпретацию которого можно представить следующим образом: «объекты, составляющие в пространстве закономерный ряд последовательных событий, могут характеризовать также возрастную динамику экосистем. Производные насаждения, расположенные в ряд по увеличению давности рубки в коренных лесах, будут представлять возрастные ряды насаждений».

Исследование начинается с анализа материалов последнего лесоустройства, разделения покрытых лесом участков по формациям преобладающих пород. Следующий шаг – дифференциация насаждений реально и предположительно представляющих исходные экосистемы сосняков по генетическим категориям за послерубочный период. На основе анализа литературных источников предполагается выделение следующих генетические категории насаждений:

- Условно коренные - спелые и перестойные (климаксового типа) сосновые насаждения;
- Квазикоренные - спелые и перестойные насаждения сосны, в разное время испытавшие слабые воздействия антропогенного происхождения, но восстановившие признаки климаксового биогеоценоза;
- Производные насаждения I типа – ряд молодых, средневозрастных и приспевающих насаждений с преобладанием сосны в условиях ТЛУ. В возрасте приспевания доля сосны должна быть не ниже 60 %;
- Производные насаждения II типа – ряд лиственных молодняков и средневозрастных насаждения с участием сосны (3-4 единицы), приспевающие сосновые насаждение с участием главной породы (5 и выше единиц) в исходном ТЛУ;
- Производные насаждения III типа – ряд молодых, средневозрастных и приспевающих лиственных насаждений с участием 3-4 единиц ели, а также средневозрастные ельники с приспевающей и спелой березой (осиной) с явными признаками местообитания исходного ТЛУ;
- Производные насаждения IV типа - ряд лиственных насаждений всех возрастов без подроста хвойных, включая молодняки лиственных пород с редким подростом ели, средневозрастные березняки и осинники с редким и умеренной густоты подростом ели, а также приспевающие лиственные с подростом ели умеренной густоты;
- Насаждения смешанного генезиса - представляющие разные возрастные этапы формирования производных древостоев на участках условно-сплошных (промышленно-выборочных) и выборочных санитарных рубок.

Обоснованная актуальность и представленная программа-методика исследований по выявлению масштабов и глубины антропогенной трансформации лесов Брин-Наволоцкого и Ракульского участковых лесничеств (180 тыс. га левобережья средней части бассейна реки Северная Двина) за последние полтора столетия. Основу методологии составляет систематизация насаждений, сложившихся к началу 21 столетия с учетом их происхождения (возникающих после разных воздействий на исходные условно коренные экосистемы, прежде всего разных способов рубок, разных технологий лесозаготовок истощительной лесоэксплуатации советского периода).

В результате, учет типов породного состава и возрастной структуры насаждений на землях исходной сосновой совокупности насаждений разделяется на пять-шесть категорий генезиса (условно коренные, смешанного генезиса и несколько производных).

Выровненные по материалам лесоустройства представительные возрастные ряды постстрессовой динамики насаждений наиболее представленных категорий происхождения выводят исследователя на надежно обоснованное прогнозирование лесовыращивания на ближайшее столетие в условиях одного из наиболее представленных ТЛУ в масштабе крупного лесного хозяйства (северной подзоны тайги Архангельской области). Открывается возможность для предложений лесному ведомству района обоснованной системы лесохозяйственных мероприятий по повышению эффективности лесохозяйственного производства на ближайшую перспективу.

Литература

1. Колесников Б.П. Состояние советской лесной типологии и проблемы генетической классификации типов леса//[текст] // Изв. СО АН СССР.1958. С.- 109-122.
2. Колесников Б.П., Фильрозе Е.М. Применение таксационно-статистического метода и генетической классификации типов леса для изучения продуктивности лесов// [текст]// Лесоведение 1967. №4 - С. 16-25.
3. Колесников Б.П. Генетический этап в лесной типологии его задачи. [текст] //Б.П. Колесников //Лесоведение. 1974. №.2.- С.3-20.
4. Мелехов И.С. Рубки и возобновление леса на Севере //[текст]// Архангельск. 1960.- 200 с
5. Мелехов И.С. Динамическая типология леса //[текст]/ И.С. Мелехов.//Лесное хозяйства 1968. 3- С 15-21.
6. Мелехов И.С. Лесоводство// [монография]/И.С. Мелехов. М.- 1989 - 302 с
7. Сеннов С.Н. Рубки ухода за лесом //[монография] // С.Н. Сеннов. //М. - 1977 - 160 с.

8. Смолоногов Е.П. Естественное возобновление на концентрированных вырубках в сосновых лесах восточного склона Ср Урала//[текст]// Е.П. Смолоногов.//Тр. Ин-та биол. УФАН СССР.Свердловск.1960 Вып.16–С.53-61.

9 Цветков В.Ф. Динамические ряды лесообразования в связи со сплошными рубками на Европейском Севере [текст] //Научные труды МГУЛ. № 274. М. 1995. - С. 50-57.

10. Цветков В.Ф. Классификация вырубок и потенциал формирования насаждений в ельнике черничном//[текст]//Леснойжурнал.1997. - №5.-30-36.

11. Цветков В.Ф. Формирование насаждений как генетико-динамические ряды лесообразования и развития лесных биогеоценозов //[текст] Проблемы лесоведения и лесоводства/ Материалы третьих Мелеховских чтений. Архангельск, АГТУ. 2005. - С.36-41.

12. Цветков В.Ф. Лесовозобновление: природа, закономерности оценка прогноз. //[монография]// В.Ф. Цветков./ Архангельск: АГТУ. 2008.- 212 с.

13. Цветков В.Ф. Формирование производных насаждений в свете динамической типологии леса.//[текст] // В.Ф. Цветков //Проблемы таежного лесоводства/ Сб. научн. трудов Архангельск: СевНИИЛХ. 2010. С- 69-83.

14. Чертовской В.Г.Динамика типа леса//[текст]//В.Г. Чертовской.// Изучение и охрана природы на Севере. Сыктывкар.1984. С - 43-52.

Беляева Е.А.

доцент, к. филос. н., проректор по международным связям Университета управления «ТИСБИ», Казань, Российская Федерация

ebelyaeva@tisbi.ru

ВЗАИМОДЕЙСТВИЕ СЕТЕВЫХ ПРОЕКТОВ ЮНЕСКО КАК ЭФФЕКТИВНЫЙ ИНСТРУМЕНТ ОБРАЗОВАНИЯ В ИНТЕРЕСАХ УСТОЙЧИВОГО РАЗВИТИЯ

Прогрессивные педагоги, ученые, философы и чиновники от образования давно пришли к выводу, что перспективная система образования должна создаваться на основе сочетания новейших естественнонаучных и гуманитарных знаний, одной из своих приоритетных целей иметь формирование у людей таких качеств, которые позволят им успешно адаптироваться, жить и работать в условиях наступающего века. Среди этих качеств можно выделить:

- системное научное мышление;
- экологическую культуру;
- информационную культуру;
- творческую активность, толерантность;
- высокую нравственность.

Именно эти качества людей должны обеспечить выживание и дальнейшее устойчивое развитие цивилизации. Однако подобные актуальные установки не появляются у человека в одночасье, а являются результатом планомерного и высокопрофессионального педагогического воздействия. Поэтому именно они и должны быть приоритетными целями для системы опережающего образования для устойчивого развития, обеспечивающего прогресс в социальном и экономическом развитии в гармонии с окружающей средой.

В 2014 году Организация Объединенных Наций отмечает завершение Десятилетия образования в интересах устойчивого развития (ДОУР) - вехи в международной социально-гуманитарной политике, задающей вектор развития как сфере глобального образования, так и определяющей нравственно-этические ориентиры во многих других областях общественной жизни. Самые разные организации и учреждения, общественные объединения, правительства, частный сектор, местные сообщества во всем мире делают свой вклад в образование для решения мировых проблем устойчивого развития: низкий уровень жизни и грамотности в отдельных регионах, проявление гендерного неравенства и нарушение прав человека, возрастание экологической опасности, усиление национализма и фундаментализма, тенденция к унификации культур и проблема сохранения культурного разнообразия. Таким образом, главная идея десятилетия – имеет не только естественнонаучное, экономическое, политическое, но и культурное значение и признает тесную взаимосвязь потребностей человека и окружающей среды.

План международной декады (десятилетия) предполагает взаимодействие правительств, обучающих и обучаемых в стремлении объединить свои усилия на всех уровнях. Принципы устойчивого развития представлены в образовании детей, в высшей школе, профессиональном образовании. Закономерно, что ЮНЕСКО (Организация Объединенных Наций по вопросам образования, науки и культуры) продвигает идеи образования в интересах устойчивого развития в рамках образовательных проектов на ступени начального и среднего школьного обучения, а также начального, среднего и высшего профессионального образования:

• Ассоциированные школы ЮНЕСКО (UNESCO ASPnet);

• ЮНЕСКО-ЮНЕВОК/Центры по профессионально-техническому образованию и подготовке;

• ЮНЕСКО-УНИТВИН/Кафедры ЮНЕСКО;

Международное сотрудничество с зарубежными вузами и организациями всегда являлось приоритетом развития нашего вуза, а социальная ответственность, гуманистические образовательные ценности и качество образования – идеологией университетской политики.

Университет управления «ТИСБИ» является единственным в России вузом, при котором созданы и успешно функционируют Международная кафедра ЮНЕСКО и Ассоциированная школа ЮНЕСКО (на базе Факультета среднего профессионального образования – ФСПО), а также Национальный Координационный центр Проекта «Ассоциированные школы ЮНЕСКО» в Российской Федерации, что позволяет ему осуществлять деятельность ЮНЕСКО как на ступени высшего профессионального, так и среднего профессионального и общего среднего образования. Таким образом, многолетний опыт взаимодействия (с 2003 года Координационный центр Ассоциированных школ ЮНЕСКО региона «Волга», а с 2010 – Национальный Координационный центр ПАШ ЮНЕСКО в РФ) и наличие одновременно двух институтов ЮНЕСКО способствует осуществлению принципа непрерывности образования, все ступени которого успешно функционируют: школа - колледж - вуз – аспирантура – дополнительное образование. В планах вуза расширить проектную деятельность за счет открытия Центра ЮНЕСКО по профессионально-техническому образованию (сеть ЮНЕСКО-ЮНЕВОК) на базе научно-образовательного кластера с НПО-СПО Республики Татарстан.

В рамках международного научного сотрудничества Международная кафедра ЮНЕСКО Университета управления «ТИСБИ» проводит активный обмен лучшими практиками и результатами научно-технической работы, выступая организатором международных форумов, научно-практических конференциях, «круглых столах». Так, проблематика и подходы в современном образовании в интересах устойчивого развития широко рассматривались на масштабной Международной конференции ЮНЕСКО «Совершенствование механизмов взаимодействия Ассоциированных школ, Кафедр ЮНЕСКО и Центров ЮНЕВОК в интересах устойчивого развития: проблемы, проекты, перспективы» 13-14 мая 2013 года на базе вуза. Причем непосредственно роли взаимодействия сетевых проектов ЮНЕСКО на основе применения информационно-коммуникационных технологий в образовании придавалось первостепенное значение при обсуждении.

Международный форум в Казани, приуроченный 60-летию проекта «Ассоциированные школы ЮНЕСКО», в качестве коммуникационной площадки для представителей 14 стран СНГ и дальнего зарубежья, а также представителей Национальных Комиссий по делам ЮНЕСКО, Национальных министерств образования, представителей Ассоциированных школ и Кафедр ЮНЕСКО, Центров ЮНЕВОК, способствовал достижению следующих целей:

Определение эффективных механизмов и путей развития партнерства глобальных сетей ЮНЕСКО для решения актуальных проблем устойчивого развития инклюзивных обществ знаний и модернизации национальных систем профессионального образования с учетом изменения глобального контекста на основе обобщения передового опыта применения ИКТ в образовании и сетевого взаимодействия Ассоциированных школ ЮНЕСКО в рамках пилотного проекта ИИТО «Обучение для Будущего»;

Поддержка процессов взаимодействия глобальных сетей и партнеров ЮНЕСКО в рамках Международного года сотрудничества в области водных ресурсов (2013), провозглашенного ООН, как одного из направлений обеспечения устойчивого развития стран и регионов с учетом проблем климатических изменений, продовольственной безопасности и гендерного равенства.

Литература (источники):

1) Наше общее будущее. Доклад международной комиссии по окружающей среде и развитию / Пер. с англ.; Под ред. и с послесл. С. А. Евтеева и Р. А. Перелета. М.: Прогресс, 1989.

2) «Образование в интересах устойчивого развития + Техническое и профессиональное образование и подготовка. Развитие навыков в интересах устойчивого развития». ЮНЕСКО, 2012 http://unesdoc.unesco.org/images/0021/002162/216269r.pdf

3) Повестка дня на XXI век. Принята Конференцией ООН по окружающей среде и развитию, Рио-де-Жанейро, 3–14 июня 1992 г. Официальный сайт ООН. http://www.un.org/ru/documents/decl_conv/conventions/agenda21.shtml

4) Рио +20 Конференция Организации Объединённых Наций по устойчивому развитию. НП «ЮНЕПКОМ» Российский национальный комитет содействия Программе ООН по окружающей среде. Russian National Committee for UNEP.http://www.unepcom.ru/development/rio20m.html

5) Первый мультирегиональный агрегатор новостей "BezFormata.Ru" - "В Казани открылась крупная Международная конференция по развитию сотрудничества трех ключевых сетевых образовательных проектов ЮНЕСКО с участием представителей 14 стран" (13.05.2013) Kazan.BezFormata.ru/listnews/setevih…yunesko

М.Н. Ахметов, Н.Д. Ахметов - доцент, к.т.н., **М.М. Гимадеев** - к.т.н., **В.А. Кривошеев** - к.т.н., **Т.В. Рзаева**

Набережночелнинский институт (филиал)
Казанского (Приволжского) федерального университета,
кафедра конструирования и инженерной графики, г. Набережные Челны

СОВЕРШЕНСТВОВАНИЕ ТЕХНОЛОГИИ ОЧИСТКИ ИЗДЕЛИЙ НА ОСНОВЕ ПРИМЕНЕНИЯ ЭЛЕКТРОГИДРАВЛИЧЕСКОГО УДАРА

В связи с необходимостью производства конкурентоспособных изделий возросли требования к качеству выпускаемой продукции при наименьших затратах, которые не всегда могут быть реализованы традиционными приёмами и инструментами. Поэтому технология машиностроения нуждается в новых методах обработки материалов. К таким прогрессивным технологиям относится и разрядно-импульсная технология, основанная на использовании высоковольтного электрического разряда в жидкости (или электрогидравлического удара).

Одним из наиболее перспективных и разработанных направлений является использование электрогидравлического удара для разрушения твёрдых веществ и очистки поверхностей изделий от различных загрязнений. Эффективность процесса очистки связана с выбором такого оптимального режима разряда, при котором обеспечивается максимальное механическое воздействие на объект обработки. Мерой такого воздействия служат параметры ударной волны.

Используемые на практике методы расчёта параметров ударной волны при высоковольтном электрическом разряде в воде во многом аналогичны случаю взрыва взрывчатых веществ (ВВ). Однако гидродинамика электровзрыва в жидкости существенно отличается от гидродинамики взрыва ВВ. Если начальные параметры ударной волны при взрыве ВВ определяются на поверхности заряда, то при электрическом разряде в воде ударная волна достигает максимальной интенсивности не на поверхности канала разряда, а на некотором расстоянии от неё.

В качестве силового критерия разрушения часто выбирают значение пикового давления на фронте ударной волны. Некоторые авторы для этого предлагают использовать комбинацию из двух параметров, значения пикового давления и величины импульса положительной фазы сжатия: $p_m \cdot I_+$, так как максимальный эффект от действия ударной волны на объект обработки зависит не только от давления на фронте волны, но и от энергии в импульсе сжатия. С учётом этого авторами для комплексной оценки энергетики ударных волн при электрогидравлическом ударе была предложена [1,2] величина E – поверхностная плотность энергии, которая пропорциональна произведению давления на фронте ударной волны на её скорость, то есть

$$E = k\, p_m N, \tag{1}$$

где для случая гомогенной и изотропной среды $k = 3/4$.

Используя данную зависимость, можно определить момент времени и положение ударной волны, когда поверхностная плотность энергии E на ней максимальна, что можно интерпретировать как окончательное формирование ударной волны. В качестве примера можно привести данные из [3] для одного из проверенных экспериментально режимов разряда со следующими параметрами: напряжение разрядного контура $U = 23$ *кВ*; емкость батареи конденсаторов $C = 4$ *мкФ*; индуктивность разрядного контура $L = 1.65$ *мкГн*; длина межэлектродного промежутка $\ell_p = 20$ мм. Из расчётов было получено, что E_{max} достигается примерно при $t = 12.6$ мкс на расстоянии $r = 54.1$ мм от оси канала электрического разряда.

Одним из способов повышения эффективности работы электрогидравлических установок при очистке изделий является применение отражателей акустической энергии, которые могут иметь форму цилиндра, полусферы, усеченного конуса. Однако их недостатком является то, что они рассеивают энергию ударной волны и не создают на выходе из камеры равномерное поле давления. В связи с этим для повышения эффективности воздействия ударных волн авторами предлагается камеру-отражатель выполнить в виде параболического цилиндра с осью, совпадающей с геометрической осью канала электрического разряда [4]. Наличие отражателя такой формы позволяет равномерно распределить давление ударной волны на поверхности изделия и устанавливать оптимальное значение межэлектродного расстояния вне зависимости от расстояния от оси канала до обрабатываемого изделия.

Таким образом, объективными оценками эффективности процесса очистки могут служить величина энергии, падающей на поверхность изделия от прямой и отражённой ударных волн, и возникающие при этом напряжения на поверхности изделия.

Учитывая, что при решении практических задач часто вводится ряд упрощающих предположений, и выбор оптимальных условий в технологическом процессе электрогидравлической очистки изделий осуществляется, в основном, экспериментальным путём, авторами предлагается методика, согласно которой вначале, исходя из прочностных характеристик обрабатываемого изделия, выбирается максимально возможное значение давления на его поверхности и устанавливается необходимое безопасное расстояние r от канала разряда до изделия, чтобы предотвратить электрический разряд на изделие. Затем из условия достижения ударной волной на поверхности изделия максимальной интенсивности определяются параметры разрядного контура, и устанавливается оптимальное значение межэлектродного расстояния в зависимости от электрических параметров согласно [5]:

$$\ell_{p,onm} = 0.28 \sqrt{\frac{Ur}{A^{1/2}}} \sqrt[8]{LC} \ , \qquad (2)$$

где *r* – расстояние от оси канала разряда до объекта обработки.

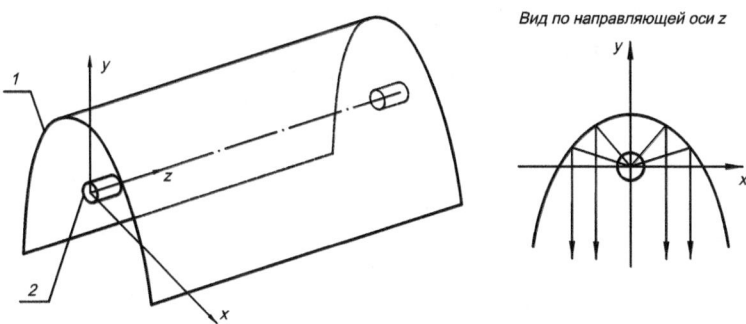

Рис. Изображение разрядной камеры-отражателя в виде параболического цилиндра:
1 - отражатель; 2 - электроды.

СПИСОК ЛИТЕРАТУРЫ

1. Ахметов Н.Д., Друлис В.Н. Нетрадиционный подход к математическому описанию процесса распространения ударных волн в сплошной среде.//Вестник КГТУ им. А.Н. Туполева. 2011. №2.– С.100-103.

2. Ахметов Н.Д., Гимадеев М.М., Друлис В.Н., Кривошеев В.А., Рзаева Т.В. Расчёт энергетических параметров ударной волны при высоковольтном электрическом разряде в воде для переходной области. // Изв. вузов. Авиационная техника. 2011. № 1. С. 77–80.

3. Ахметов М.Н., Ахметов Н.Д., Гимадеев М.М., Кривошеев В.А., Рзаева Т.В. К вопросу об окончании формирования ударной волны при высоковольтном электрическом разряде в воде. // Научно-технический вестник Поволжья. № 6, 2012 г. – Казань: Научно-технический вестник Поволжья, 2012. – С. 124-127.

4. Ахметов Н.Д., Гимадеев М.М., Друлис В.Н., Кривошеев В.А., Летягин В.Г. Устройство для электрогидравлической очистки изделий. // Патент на изобретение РФ № 2223831, кл. В 08 В 3/10, 26.08.2002.

5. Гулый Г.А. Научные основы разрядно-импульсных технологий. – Киев: Наук. думка, 1990. – 208 с.

Земерев Е.С. - аспирант, **Федоровцев П.И.** - аспирант,
Русинов Г.В. - аспирант, **Болховских Д.А.** - аспирант,
В. И. Малинин - д.т.н, проф., **Шатров А.В.** - соискатель
e-mail: e.zemerev@labnt.su

Пермский национальный исследовательский политехнический
университет

ПЕРСПЕКТИВНАЯ РАЗРАБОТКА – ТЕХНОЛОГИЯ ПРОМЫШЛЕННОГО ПОЛУЧЕНИЯ ДИСПЕРСНЫХ НАНООКСИДОВ МЕТОДОМ СЖИГАНИЯ ГАЗОВЗВЕСЕЙ ПОРОШКА АЛЮМИНИЯ

Для исследования процесса синтеза дисперсных оксидов методом сжигания аэровзвесей порошков алюминия в ОКБ «Темп» при ПНИПУ была разработана и испытана экспериментальная установка. На данной установке проводились исследования воспламенения и горения алюминия и синтез оксида, с улавливанием конденсированной фазы из потока продуктов сгорания [1, 525]. Установка состоит из системы подачи, форкамеры (ФК), камеры сгорания (КС), устройства отбора дисперсных продуктов (УО).

Данная работа посвящена описанию конструктивных решений принятых для увеличения продолжительности работы установки, повышению чистоты и качества целевого продукта и совершенствованию технологического процесса получения нанооксида алюминия.

На рисунке 1 представлена схема модернизированной авторами экспериментальной установки получения дисперсных нанооксидов. Установка включает в себя несколько ключевых узлов и элементов: устройство подачи порошка 3, форкамеру (ФК) 5, воспламенитель 4, камеру сгорания (КС) 6, узел подвода воды в КС 10.

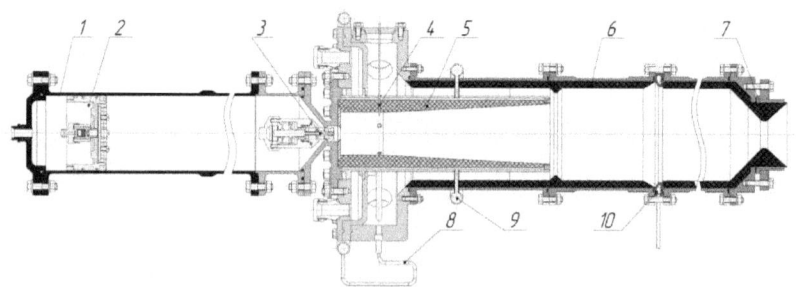

Рис.1. Модернизированная установка синтеза нанооксида алюминия:
1 – бак для исходного порошка алюминия, 2 – газопроницаемый поршень,
3 – устройство подачи порошка, 4 – воспламенитель, 5 – форкамера, 6 – КС, 7 – сопло,
8 – подвод кислорода, 9 – подвод аргона в ФК, 10 – узел подвода воды в КС

В [1, 525] представлены исследования по получению оксида алюминия в экспериментальной установке, с применением в ФК смеси *Al*+воздух. В [2, 109] выявлены следующие недостатки данной смеси: высокая температура продуктов первичного горения (>2500 К); образование большой доли конденсированной фазы (>15%); недостаточное количество газообразной фазы алюминия попадает в КС.

Предложено заменить смесь *Al*+воздух другими компонентами – $Al+O_2+Ar$ [2, 109]. Данная замена позволяет решить ряд проблем: уменьшение доли конденсированной фазы; увеличение количества газообразного алюминия поступающего в КС для дальнейшего синтеза; осуществление возможности транспирационного охлаждения пористой оболочки с помощью инертного газа, с целью замены абляционного материала и повышения чистоты конечного продукта.

Результаты исследования приведены в таблице, которая отображает основные характеристики металлогазовых смесей.

Таблица. Параметры металлогазовых смесей

Компоненты	$\alpha_{опт}$	$G_{охл}/G_{Al}$	Z_Σ, %	T, K	K_{AlRf}, %
Al+O₂+вода	0,20...0,40	0,10...0,15	15...40	2600...2900	11...30
Al+O₂+Ar	0,34...0,35	0,25...0,5	6...7	2450...2500	5...5.5
Al+воздух	0,40...0,50	1,5...1,9	14...20	2650...2900	20...30
Al+возд.+вода	0,3...0,6	0,15...0,2	25...30	2600...2650	28...33

Сравнивая результаты, отображенные в таблице стоит отметить, что при использовании металлогазовой смеси $Al+O_2+Ar$ суммарная массовая доля конденсированной фазы ниже в 2,7 раз, доля алюминия в конденсированной фазе в 3,6 раз и температура продуктов сгорания меньше на 200...400 К, чем у двух других смесей.

Использование данной смеси позволяет решить поставленные в работе задачи, а также обеспечить непрерывное функционирование ФК установки за счет решения проблемы охлаждения стенок форкамеры. Дополнительно подчеркнем экономическую эффективность применения данной смеси, экологическую и взрывопожарную безопасность. Также выделим то, что использование смеси $Al+O_2+Ar$ способствует повышению чистоты конечного продукта.

Следующим модернизированным узлом установки является УО, которое предназначено для выделения конденсированных продуктов сгорания из высокотемпературного потока, истекающего из сопла.

Из недостатков устройства, описанного в [1, 525], можно выделить следующие: устройство не обеспечивает продолжительного цикла работы; низкий коэффициент улавливания (отношение массы синтезированного продукта к целевому, составляет менее 50%); низкий уровень экологической безопасности.

С целью устранения описанных выше недостатков устройство отбора переработано. На рисунке 2 представлена схема устройства, включающего в себя несколько основных элементов: винтовой шнек 2, узел диспергирования воды 3, охладитель 5, циркуляционный насос 6, линии слива суспензии 8 и подпитки чистой воды 9.

В передней зоне устройства улавливания преобладают процессы испарения подаваемой воды за счёт тепла, поступающего с продуктами сгорания. По мере движения потока продуктов сгорания внутри устройства и смешивания его с испаряющейся водой температура смеси падает до температуры конденсации воды. Конденсация начинается, прежде всего, на частицах к-фазы, даже очень малого размера, на чём и основан механизм улавливания. При достаточной концентрации водяного пара в газовой среде и существенном времени пребывания частиц в устройстве капли вырастают до большого размера, при этом действующие на них со стороны газового потока аэродинамические силы становятся меньше сил инерции. Поскольку траектория движения потока в устройстве винтовая, капли неминуемо отбрасываются на внешнюю стенку улавливателя и под действием силы тяжести стекают в его нижнюю часть.

Для эффективной работы устройства улавливания требуется увеличение времени пребывания в нём продуктов сгорания, истекающих из установки для сжигания металлических порошков, что реализовано за счёт: первичного торможения потока за счет передней расширяющейся части устройства улавливания; аэродинамического торможения потока газа на большом количестве водяных капель, поступающих в устройство улавливания через форсунки узла диспергирования воды 3; торможения потока за счёт резкого снижения его температуры при охлаждении испаряющихся водяных капель; движения потока по винтовой траектории за счёт введения в конструкцию винтового шнека 2.

Поток, проходя сквозь распыленную воду (вода подается и распыляется через узел диспергирования 3) тормозится, охлаждается за счет испарения воды и очищается от конденсированной фазы. Проходя через винтовой шнек 2 внутри устройства поток двухфазной смеси несколько раз проходит через воду 4 и, таким образом, происходит процесс интенсивного барботирования, т.е. перемешивания двухфазного потока и воды. Частицы конденсированной фазы в результате смешивания с водой образуют суспензию.

Во избежание перегрева постоянно циркулирующей через устройство жидкости предусмотрен охладитель 5. Суспензия, проходя через данный теплообменник, отдает излишнюю теплоту вторичному контуру технологической воды, тем самым охлаждаясь да требуемой температуры.

Посредством введения в устройство отбора дисперсных продуктов сгорания линий слива суспензии 8 и подпитки чистой воды 9 осуществляется поддерживание заданной концентрации конденсированной фазы в воде, которая не должна превышать 10% по массе, чтобы избежать значительного увеличения износа насоса и арматуры, а так же увеличения вязкости циркулирующей суспензии.

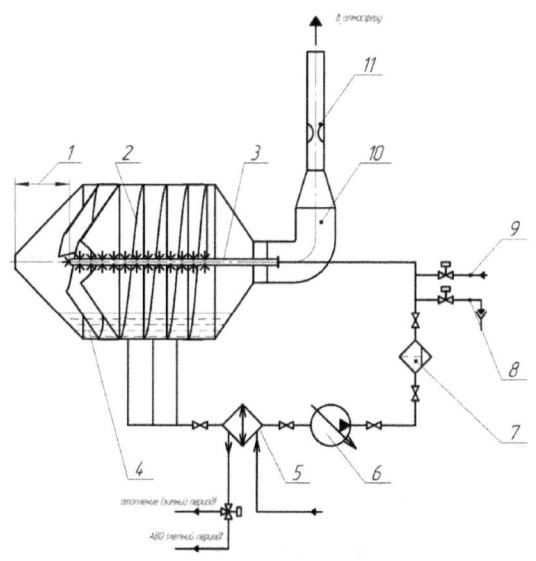

Рис.2. Схема устройства отбора конденсированной фазы:
1 – варьируемое расстояние, 2 – винтовой шнек, 3 – узел диспергирования воды,
4 – поддерживаемый уровень воды, 5 – охладитель, 6 – циркуляционный насос,
7 – фильтров, 8 – линия отбора суспензии, 9 – линия подпитки чистой воды, 10 – труба
выхода пара от улавливателя, 11 – расходная шайба

Обеспечение замкнутого цикла работы осуществляется за счет циркуляционного насоса 6. Жидкость из устройства отбора попадает в насос, где нагнетается и снова попадает через узел диспергирования в устройство. Таким образом, осуществляется процесс рециркуляции жидкости, что позволяет экономить дистиллированную воду и значительно увеличит время работы устройства.

Для избегания выноса частиц целевого продукта вместе с образовывающимся паром предусмотрена труба выхода пара 10 и расходной шайбы 11 установленной в данной трубе. Пар, поднимаясь по трубе, и проходя через расходную шайбу, ускоряется, охлаждается и конденсируется на стенках трубы. Данное техническое решение обеспечит увеличение коэффициента улавливания, повышение давления в устройстве улавливания до требуемого значения и вывод неконденсированного пара и водорода, образовавшегося в камере сгорания за пределы помещения установки.

Модернизация установки была проведена с целью отработки решений принятых для увеличения продолжительности и качества технологического процесса получения дисперсных нанооксидов методом сжигания газовзвесей и является первым этапом к разработке опытно-промышленной установки синтеза. Применяя все вышеописанные изменения, можно будет осуществлять синтез нанооксида алюминия в промышленных масштабах (>500 кг/ч). Внешний вид модернизированной установки синтеза представлен на рисунке 3.

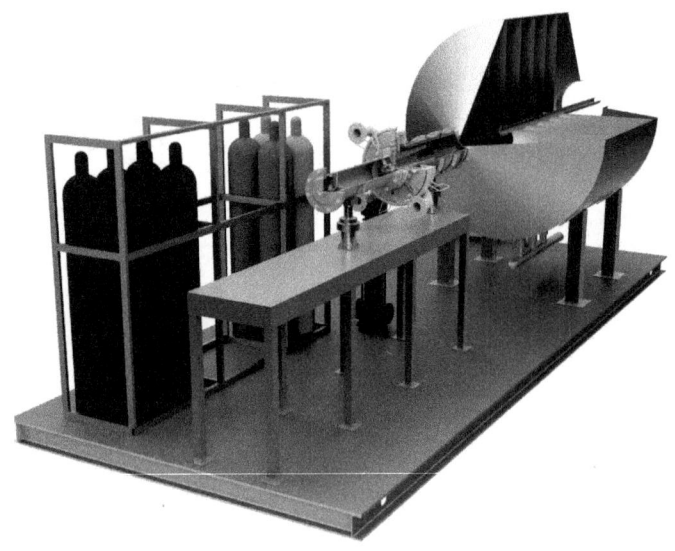

Рис.3. Комплекс оборудования синтеза и отбора дисперсных нанооксидов

Список литературы

1. Malinin V.I., Kolomin Ye.I., and Antipin I.S. Ignition and Combustion of Aluminum – Air Suspensions in a Reactor for High-Temperature Synthesis of Alumina Powder // Combustion, Explosion, and Shock Waves, Vol. 38, No. 5, pp. 525-534, 2002.
2. Болховских Д.А., Малинин В.И., Бульбович Р.В. Исследование составов металлогазовых смесей для получения нанодисперсного оксида алюминия // Вестник ПНИПУ. Аэрокосмическая техника. 2012. № 33. С. 109-123.

Обросов А.А. - соискатель, e-mail: a.obrosov@mail.ru
Малинин В.И. - д.т.н., профессор, e-mail: malininvi@mail.ru
Земерев Е.С. - аспирант

Пермский национальный исследовательский политехнический
университет

ИССЛЕДОВАНИЕ ИСТЕЧЕНИЯ ПОРОШКА АЛЮМИНИЯ ИЗ СТРУЙНОЙ ФОРСУНКИ УСТАНОВКИ СИНТЕЗА НАНООКСИДА

Для получения нанооксида методом сжигания газовзвеси частиц алюминия в установке синтеза [1,105] требуется устойчивая подача исходного порошка металла в камеру сгорания с необходимой скоростью истечения. Скорость частиц алюминия на входе в форкамеру установки синтеза в значительной степени влияет на воспламенения частиц и возможный срыв пламени. В монографии [1,118] показано, что устойчивая стабилизация пламени в рабочем объеме форкамеры происходит если скорость частиц не превышает 12 м/с (порошок АСД-1) и 40 м/с (АСД-4).

Подача порошковых материалов достаточно хорошо разработана и применяется в промышленности [2,3]. Однако в научно-технической литературе нет достаточно полной и подробной информации о исследованиях скорости истечения порошка из струйной форсунки.

Для определения скоростей частиц был разработан и применен датчик, принцип действия которого основан на измерении количества движения потока двухфазной среды. Количество движения газа в потоке не превышает 2...3 % от количества движения частиц и им можно пренебречь. Принцип действия датчика поясняет конструктивная схема (рисунок 1).

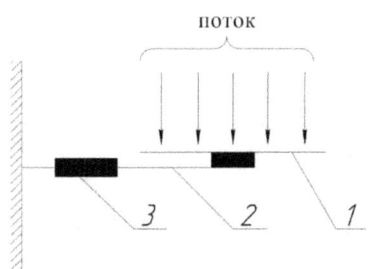

Рис. 1. Конструктивная схема датчика:
1 – диск, 2 – упругая пластина, 3 – тензорезистор

Диск 1, воспринимающий силовое воздействие потока, жестко закреплен на конце упругой пластины 2, которая является чувствительным элементом датчика. На пластине с двух сторон наклеены четыре тензорезистора 3, соединенные в мостовую схему. Поток порошка воздействует на диск с силой F. Под действием этой силы происходит прогиб и упругая деформация пластины. Величина деформации (измеряется тензометрическим мостом) пропорциональна силе F, действующей со стороны потока порошка на диск и её можно определить, предварительно протарировав датчик. С другой стороны эту силу можно определить по формуле, вытекающей из закона сохранения количества движения потока частиц:

$$F = K \cdot G_\text{п} \cdot v_\text{п},$$

где K – коэффициент, учитывающий характер удара, $G_\text{п}$ – расход порошка, $v_\text{п}$ – средняя скорость истечения частиц порошка из форсунки.

Коэффициент K наиболее вероятно близок к единице, т.к. упругий отскок частицы от диска практически невозможен из-за плотного потока. Расход порошка в экспериментальных исследованиях поддерживался постоянным в процессе одного испытания и определялся весовым способом, при котором измерялась масса вытесненного порошка за время его истечения.

Исследования проводились на порошках АСД-1 и АСД-4 при различных давлениях газа перед выпускным отверстием. На основе результатов испытаний определялись скорости истечения частиц порошка из струйной форсунки (рисунок 2).

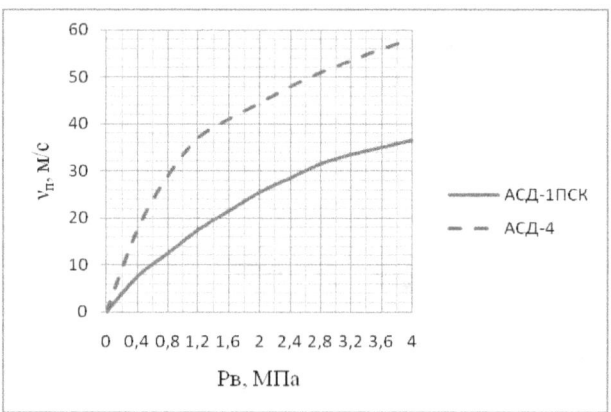

Рис. 2. Скорости истечения частиц порошка АСД-1 и АСД-4 в зависимости от давления газа на входе в форсунку

Из результатов испытаний следует, что скорость частиц порошка на выходе из форсунки зависит не только от давления перед выпускным отверстием, но и от дисперсного состава порошка. Среднеобъемный массовый размер частиц порошка АСД-1 составляет 35 мкм, а АСД-4 – 10 мкм [1,73]. Чем меньше среднеобъемный размер частиц, тем выше скорость их истечения из форсунки.

Анализ рисунка 2 показывает, что скорость частиц значительно превышает предельно допустимую скорость для условий стабилизации пламени в форкамере [1,118]. Поэтому с целью увеличения эффективности процесса воспламенения и сжигания необходимо увеличивать время пребывания частиц в форкамере за счет торможения потока на ее входе.

При экспериментальном исследовании характеристик истечения порошка алюминия выяснено также, что поток частиц, истекающих из выпускного отверстия, имеет форму узкой и сплошной струи, с малым углом раскрытия ($6...8^0$). Поэтому процесс смешения порошка с потоком кислорода в форкамере происходит неэффективно. Образуется большая неравномерность коэффициента избытка окислителя по объёму форкамеры. Это является одной из причин низкой эффективности рабочего процесса воспламенения порошка.

Наиболее эффективным способом торможения частиц порошка с одновременным равномерным распределением их по сечению форкамеры является способ, включающий сталкивание двух и более равных потоков порошка в точке, лежащей на оси форкамеры [1,84].

Проведены экспериментальные исследования с целью определения скоростей и корневых углов раскрытия результирующих потоков при сталкивании нескольких струй в одной точке при разных углах сталкивания. Испытания проводили с порошками АСД-1ПСК и АСД-4. На рисунке 3 приведена конструктивная схема узла регулирования расхода порошка с торможением и распределением частиц по сечению форкамеры.

Клапан запорно-регулирующий (КЗР) 3 управляется приводом 1 и имеет четыре продольных паза переменного сечения по длине. Через эти пазы при открытии клапана истекает порошок. Конусная гайка 4 направляет потоки порошка в камеру, где потоки, проходя конус 5, снова меняют направление и сталкиваются на оси форкамеры 6 под углом, тормозятся и распыливаются по ее сечению под углом θ до смешения с кислородом.

Результаты испытаний показали (рисунок 4), что изменяя углы сталкивания ψ исходных потоков порошка можно управлять скоростью истечения $v_\text{п}$ и корневым углом раскрытия θ результирующего потока. Результаты (рисунок 4) были получены при столкновении четырех струй, исходная скорость которых была 34 м/с и 53 м/с, соответственно для порошков АСД-1 и АСД-4.

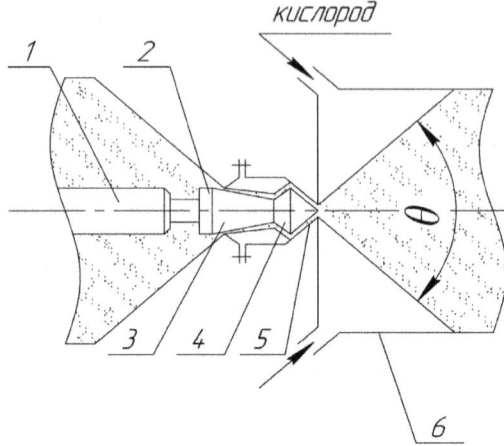

Рис. 3. Схема узла регулирования расхода порошка с торможением и распределение
частиц по сечению форкамеры:
1 – привод запорно-регулирующего клапана, 2 – запорный буртик клапана,
3 – клапан запорно-регулирующий, 4 – конус, разводящий потоки,
5 – камера, сводящая потоки, 6 – форкамера

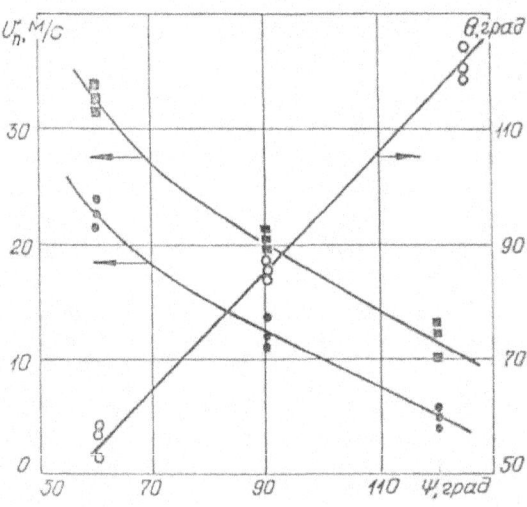

Рис. 4. Зависимость скорости ($v_г$) и корневого угла раскрытия (θ) регулирующего
потока топлива от угла сталкивания 4-х струй:
$P_В$ = 3,2 МПа, • – АСД-1ПСК, ■ – АСД-4

Выводы:

1. Разработан и опробован датчик, позволяющий определять скорости частиц истекающих с газом из выпускного отверстия системы подачи.
2. Скорость частиц порошка значительно превышает предельно допустимую скорость для условий стабилизации пламени в форкамере установки синтеза.
3. Разработан и экспериментально исследован эффективный способ торможения частиц порошка с одновременным равномерным распределением их по сечению форкамеры.

Список литературы

1. Малинин В.И. Внутрикамерные процессы в установках на порошкообразных металлических горючих. – Екатеринбург-Пермь: УрО РАН, 2006, 262 с.
2. Островский Г.М. Пневматический транспорт сыпучих материалов в химической промышленности. – Л: Химия, 1984, 104 с.

А.И. Сойко, Р.Н. Каратаев, А.И. Хрунина

Сойко Алексей Игорьевич, кандидат технических наук, доцент кафедры стандартизации, сертификации и технологического менеджмента Казанс-кого национального исследовательского технического университета им. А.Н. Туполева

Каратаев Робиндар Николаевич, доктор технических наук, профессор кафедры стандартизации, сертификации и технологического менеджмента Казанского национального исследовательского технического университета им. А.Н. Туполева

Хрунина Александра Игоревна, аспирантка кафедры стандартизации, сертификации и технологического менеджмента Казанского национально-го исследовательского технического университета им. А.Н. Туполева

e-mail: alezzzka@yandex.ru, alexsoiko@rambler.ru

ПРИМЕНЕНИЕ КОМПЛЕКТНОГО ПОДХОДА К ПОВЕРКЕ НЕИНВАЗИВНЫХ СФИГМОМАНОМЕТРОВ С ИСПОЛЬЗОВАНИЕМ МЕТОДОВ ГЕНЕРАЦИИ ПУЛЬСИРУЮЩИХ ПОТОКОВ ЖИДКОСТИ

Неинвазивные сфигмоманометры (на практике – измерители артериального давления) нашли широкое применение в повседневной жизни, однако точность их измерений оставляет много вопросов.

Используемые в метрологической практике установки для поверки таких приборов ориентированы, как правило, на поэлементную поверку – поверку, при которой их метрологические характеристики определяются обособленно по каналам артериального давления и частоты пульса [1, 37]. Однако состояние человеческого организма при использовании таких приборов оценивается одновременно сразу двумя параметрами: давлением (систолическим и диастолическим) и частотой пульса.

В этой связи авторами были разработаны универсальные установки для комплектной автоматизированной поверки неинвазивных сфигмо-манометров как с плечевыми, так и запястными манжетами.

Комплектный подход к поверке приборов для измерения артериального давления позволяет получить ряд преимуществ, среди которых увеличение производительности поверочных работ, определение их метрологических характеристик, присущих как единому целому и т.д. [1, 43; 2, 32]. Разработанные установки позволяют воспроизводить значе-ния сразу трех измеряемых величин: систолического P_{B0} и диастолического P_{H0} давления, а также частоты сердечных сокращений f_0, при этом сокращается время самой поверки.

В поверочных установках реализованы методы генерации пульсирующих потоков жидкости, заключающиеся в выработке измерительных сигналов различных форм и амплитуд в замкнутых колебательных контурах и основанные на использовании:

- специальных профилей выходных окон пульсатора расхода;

- двух пульсаторов расхода;

- регулятора проходного сечения потока с вращательным движением поршня;

- регулятора проходного сечения потока с возвратно-поступательным и вращательным движением поршня.

Создание пульсирующих потоков жидкости в замкнутом гидравлическом контуре осуществляется источником пульсаций давления 1, представляющим собой насос 3 и пульсатор расхода 2 [3, 5]. Частота пульсаций обуславливается скоростью вращения ротора пульсатора расхода 2, а амплитуды – величиной расхода. В качестве примера рассмотрим установку для комплектной поверки неинвазивных сфигмоманометров с двумя измерительными модулями (рис. 1).

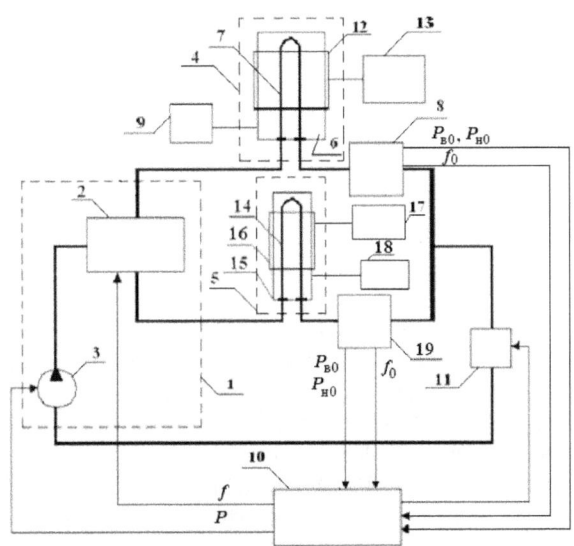

Рис. 1. Установки для комплектной поверки неинвазивных сфигмоманометров

На параллельных участках гидравлического тракта колебательного контура параллельно установлены два измерительного модуля 4 и 5, которые представляют собой сенсорные участки в виде двух эластичных цилиндров 6 и 15, в которых размещены эластичные трубки, имитирующие артерии руки человека 7 и 14 соответственно [4, 5]. Контроль давления в измерительных модулях осуществляется рабочими эталонами давления и частоты 8 и 19, представляющими собой датчики избыточного давления МИДА с верхним пределом измерений 40 кПа и погрешностью 0,15% и частотомеры Ч3-63/1 с погрешностью $\pm 5 \cdot 10^{-7}$. Поддержание стабильных параметров давления в измерительных модулях 4 и 5 осуществляются регуляторами давления 9 и 18 соответственно, а во всей измерительной системе – регулятором 11.

Измерительный модуль 4 используется для поверки цифровых ИАД 13 с манжетами на плечо 12, измерительный модуль 5 – для поверки цифровых ИАД 17 с манжетами на запястье 16. Рассматриваемые поверочные установки позволяют за одну операцию поверки сличить в точке показания поверяемого ИАД с манжетой на плечо ($P_{в1}, P_{н1}, f_1$) и/или ИАД с манжетой на запястье ($P_{в2}, P_{н2}, f_2$) с эталонными значениями, воспроизведенными поверочными установками ($P_{в0}, P_{н0}, f_0$).

Как показали проведенные исследования, погрешность разрабатываемых установок, использующих методы генерации пульсирующих потоков жидкости, соответствуют погрешности третьего разряда, что не противоречит требованиям национальных и международных стандартов.

Литература

1. А.И. Сойко, Р.Н. Каратаев Поверочные установки измерителей артериального давления с использованием генераций пульсирующих потоков – Казань: Изд-во «Отечество», 2009, 132 с.

2. Гогин В.А., Варгин А.А., Каратаев Р.Н. Метрологические аспекты измерений артериального давления и частоты сердечных сокращений – Казань: Изд-во КГТУ им. А.Н. Туполева, 2003, 99 с.

3. Пат. № 2327119, РФ, МПК G01F 25/00, F15B 21/12 Пульсатор расхода / Каратаев Р.Н., Гогин В.А., Сойко А.И. и др.; заявители и патентообладатели ФГУ «Татарстанский ЦСМ», КГТУ им. А.Н. Туполева. – № 2006119763; заявл. 05.06.2006; опубл. 20.06.2008, Бюл. № 17

4. Пат. № 2405423 РФ, МПК А61В 5/02, G09B 23/28, G01L 27/00 Имитационная модель руки человека для поверки измерителей артериального давления и частоты сердечных сокращений / Каратаев Р.Н., Сойко А.И., Синицын И.Н., Галимов Ф.М. и др.; заявитель и патентообладатель КГТУ им. А.Н. Туполева. – № 2009123052; заявл. 16.06.2009; опубл. 10.12.2010, Бюл. № 34.

И.В. Буянова
д.т.н., профессор кафедры, ФГБОУ ВПО «Кемеровский технологический институт пищевой промышленности», г. Кемерово
М.В. Курносова
магистрант, 2 курс, ФГБОУ ВПО «Кемеровский технологический институт пищевой промышленности», г. Кемерово

НЕТРАДИЦИОННЫЕ МЕТОДЫ СГУЩЕНИЯ МОЛОЧНОГО СЫРЬЯ НА БАЗЕ ТЕРМОРАДИАЦИОННОГО ВАКУУМНОГО ОБЕЗВОЖИВАНИЯ

Актуальной и перспективной в данный момент является сушка продуктов питания с применением инфракрасного излучения.

Используется «инфракрасная» сушка пищевых продуктов, в пищевых концентратов быстрого приготовления и применяется в молочной, кондитерской, хлебопекарной сфере промышленности. Инфракрасное облучение, позволяет лучше подготовить продукты для длительного хранения без использования специальной тары. Срок хранения пищевых продуктов после обработки увеличивается в несколько раз, при этом уменьшается вес и объем исходного сырья. Инфракрасная сушка заключается в следующем: под воздействием инфракрасных лучей влага, содержащаяся в продукте, нагревается. Испарение происходит при температуре 40-60°С. Инфракрасное излучение проникает на глубину до 7 мм и оказывает не только термическое воздействие на продукт, но и биологическое, ускоряя биохимические процессы в белках и жирных кислотах. Биологически-активные вещества и полезные витамины после инфракрасной сушки составляют около 90% от их содержания в свежем продукте. При непродолжительном замачивании (10-20 мин.) прошедший инфракрасную сушку продукт восстанавливает все свои натуральные органолептические, физические и химические свойства и может употребляться в свежем виде. Инфракрасная сушка позволяет выпускать продукты не содержащие консервантов и других посторонних веществ [1,2].

С целью изучения особенностей обезвоживания жидких молочных продуктов при инфракрасном энергоподводе в условиях вакуума проводились исследования на экспериментальном стенде кафедры «Теплохладотехника». В качестве объектов исследования было выбрано молочное сырье: обезжиренное молоко, нормализованное молоко, сквашенная смесь и молочная сыворотка (творожная). В результате теплорадиационного выпаривания воды получали подсгущеные образцы молочного сырья с массовой долей сухих веществ от 23,0 до 40,0 %.

Для разработки технического регламента получения концентратов молочного сырья занимались изучением технологических режимных параметров выпаривания воды. В первом блоке исследований устанавливали оптимальные температуры теплорадиационного обезвоживания при толщине слоя объекта 10 мм и мощности нагрева инфракрасных ламп 400 Вт. Интервал режимных параметров нагрева находился в области температур от 35 до 90°С с шагом 12,5°С.

В ходе экспериментов вели наблюдение за поведением объекта, изменением его массы, внешнего вида, а также за температурой в рабочей камере, за температурой на поверхности и в центре продукта и контролировали продолжительность процесса. В таблице 1 сведены все результаты эксперимента получения концентрированных продуктов молочного сырья до содержания сухих веществ 40%.

Таблица 1

Влияние температуры нагрева ИФ- лучами на продолжительность обезвоживания молочного сырья

Наименование молочного сырья	Содержание сухих веществ, %		Продолжительность обезвоживания, мин.			
			Температура нагрева, °С			
			35	45	60	90
	до суш ки	после сушки				
Сквашенная смесь 2,3% жира с персиком	16,7	41,0	136,0±2	125,0±1	112,0±1	87,0±1
Сывороточный напиток	6,5	40,4	113,0±1	92,0±2	85,0±1	71,0±1
Обезжиренное молоко	8,8	40,0	117,0±1	96,0±1	83,0±1	72,0±2
Нормализованное молоко 2,3 % жира	10,9	40,8	134,0±2	128,0±1	111,0±1	86,0±1

Анализ результатов показал очевидную закономерность по сокращению длительности процесса с увеличением температуры нагрева воздуха в рабочей камере для всех видов молочного сырья. Большое влияние на время обезвоживания оказывают формы связи влаги с сухими веществами продукта. Установлено, что продолжительность теплового воздействия и выпаривания воды возрастает с повышением массовой доли сухих веществ в объектах исследования.

Так, при исследовании сквашенной смеси 2,3 % Ж время обезвоживания до концентрации 40 % сухих веществ сократилась на 28 % при использовании температуры нагрева 60°С, по сравнению с температурой 35°С. Для сывороточного напитка длительность процесса сократилась на 33 %, для обезжиренного молока – на 31,2%, для нормализованного молока 2,3 Ж % – на 29,9%. Толщина слоя молочного сырья определяет кинетику обезвоживания, состав и свойства подсгущеного сырья. Следует отметить, что толщина слоя, как технологический фактор, влияет на продолжительность вакуум-радиационного обезвоживания. Графически представлены результаты выпаривания воды из молочного сырья при различной толщине слоя (рис.1). Показано, что прогревание по толщине слоя всех образцов (при наливе слоем 4, 6, 8, 10 мм) осуществлялось в течении 15-17 мин до 35°С. После этого периода идет активное снижение массы образца за счет выпаривания в основном свободной воды. Влияние толщины слоя нормализованного молока 2,3% ж на продолжительность обезвоживания показано на рис 1.

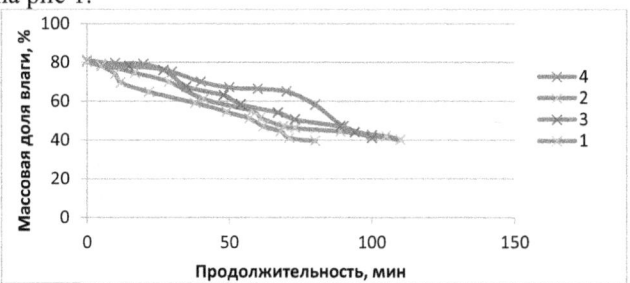

Рис. 1 – Влияние толщины слоя нормализованного молока ж=2,3% на продолжительность процесса вакуумного обезвоживания при 60 °С:
1 – 6 мм; 2 – 8 мм; 3 – 10 мм; 4 – 15 мм.

Продолжительность вакуумного обезвоживания при инфракрасном энергоподводе нормализованного молока до массовой доли влаги 40% составляет 50 мин при толщине слоя 6 мм, 80 мин – при толщине слоя 8 мм, 110 мин – при толщине слоя 10 мм и 152 мин - при толщине слоя 15 мм. Результаты также показывают, что с увеличением толщины слоя от 6 до 15 мм влагосодержание образцов сырья в данный момент времени будет больше, что связано с замедлением динамики испарения свободной воды.

Исходя из сделанных выводов, следует считать рациональной температурой нагрева ИФ-лучами для получения подсгущеного сырья (обезжиренное молоко, нормализованное молоко, сквашенная молочная смесь) до концентрации 23 - 40 % на уровне 60 °С при толщине слоя объекта – 10 мм. В результате исследований обоснованы оптимальные режимы вакуумного терморадиационного обезвоживания.

Библиографический список
1. Гинзбург А.С. Сушка пищевых продуктов: Учебное пособие / А.С. Гинзбург М.: Пищевая промышленность,1960. - 675 с.
2. Чекулаева Л.В. Технология продуктов консервирования молока и молочного сырья / Л.В. Чекулаева, К.К. Полянский, Л.В. Голубева. – М.: ДеЛипринт, 2002 – 249с.

Вершинин И.С.

доцент, канд. техн. наук, ФГБОУ ВПО «Казанский национальный
исследовательский технический университет им. А.Н. Туполева-КАИ»
Vershinin_Igor@rambler.ru

ПОМЕХОУСТОЙЧИВОСТЬ АНАЛИЗА АССОЦИАТИВНО-ЗАЩИЩЕННЫХ КАРТОГРАФИЧЕСКИХ СЦЕН

Введение

При работе с полупроводниковой (оперативной) памятью не исключено возникновение различного рода отказов и сбоев [1]. Как отказы, так и сбои крайне нежелательны, поэтому в большинстве систем оперативной памяти содержатся *схемы*, служащие *для обнаружения и исправления ошибок*. В их основе всегда лежит введение *избыточности*. Это означает, что контролируемые разряды дополняются контрольными разрядами, благодаря которым и возможно детектирование ошибок, а в ряде методов – их коррекция.

При передаче информации по каналам связи данные подвергаются воздействию помех, искажающих содержание информации [2]:

– Флуктуационная
– Гармоническая
– Импульсная

К одному из направлений повышения верности относятся *методы исправления ошибок* в принятых сообщениях. Для этого в передаваемые сообщения должна вводиться *избыточность*, необходимая для исправления ошибок.

В статье рассматриваются вопросы, относящиеся к области, связанной с генерацией и распознаванием замаскированных бинарных изображений с использованием базового АЛГОРИТМА маскирования, предложенного ранее в работе [3].

Основной задачей настоящей статьи является оценка помехоустойчивости распознавания стилизованных бинарных изображений по дихотомальным троичным эталонам при действии случайных помех по сравнению с *известными* методами, а также разработка методов повышения помехоустойчивости.

Вводимое ограничение: в данной работе сравнение осуществляется с (255, 223)-кодом Рида-Соломона [2].

Экспериментальные исследования

В качестве исходной информации, подлежащей хранению или передаче, используется множество стегоконтейнеров (кодовых слов), состоящих из 3 букв в алфавите почтовых индексов, погруженных по маске в случайную последовательность. Размер каждого стегоконтейнера равен

198 байт (при m = 60, где m – количество столбцов любого почтового индекса).

Рассматривается случай, когда в каждом кодовом слове случайные помехи локализованы в пределах 16 байт, что позволит *рассматриваемому* коду Рида-Соломона провести обнаружение и коррекцию *всех* ошибок.

Эксперимент проводился следующим образом.

1. Генерируется множество стегоконтейнеров (10^6).
2. Случайным образом выбирается 16 байтов для каждого стегоконтейнера, в пределах которых будет действовать помеха.
3. В каждом из 16 вышеуказанных байтов всех стегоконтейнеров случайным образом выбирается один искажаемый (инвертируемый) бит.
4. Проводится распознавание искаженного множества стегоконтейнеров.
5. Определяется количество неверных распознаваний.
6. Пункты 3-5 повторяются 8 раз (до полной инверсии всех битов в шестнадцати байтах каждого стегоконтейнера).

Результаты экспериментов приведены на рис. 1. Ось Y –результаты распознавания стегоконтейнеров (в %), ось X – количество искаженных бит. Ряд 1 соответствует количеству правильных распознаваний, ряд 2 – неправильных.

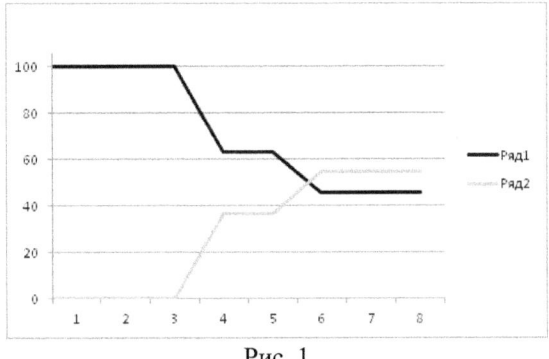

Рис. 1

Из полученных результатов следует, что по сравнению с кодом Рида-Соломона рассматриваемый метод эффективен только при малом количестве помех.

Для повышения помехоустойчивости при проведении маскирования и последующей рандомизации для каждой буквы стегоконтейнера необходимо использовать не один, а несколько наборов масок ($k_m = 7$ – это число было получено ранее при оценке влияния детерминированных помех), сгенерированных по АЛГОРИТМУ. Их совокупность используется в качестве ключа при распознавании.

Процедура распознавания искаженного сообщения проводится по всем наборам масок. Для каждой стегобуквы за результат распознавания принимается эталон, число распознаваний которого

$$k_r \geq (k_m + 1)/2.$$

Если данное условие по результатам распознавания некоторой стегобуквы не выполняется, фиксируется факт ее искажения (отказ от распознавания).

Были получены экспериментальные оценки помехоустойчивости с учетом вводимой избыточности. Эксперимент проводился аналогично рассмотренному выше, однако при генерации и распознавании используется не один, а все семь наборов масок.

Результаты экспериментов приведены на рис. 2. Ряд 1 соответствует количеству правильных распознаваний, ряд 3 – отказам от распознавания. При этом неверные распознавания отсутствуют.

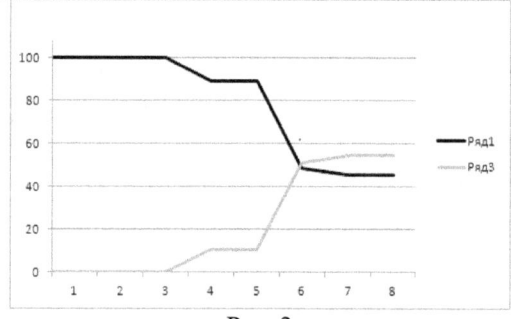

Рис. 2

В целом, указанный подход позволяет свести к нулю количество неверных распознаваний, имеющих место на рис. 1.

Заключение

Возможности предложенного подхода по коррекции ошибок эффективны только в случае искажения малого числа байтов в стегоконтейнере. В противном случае, с учетом вводимой избыточности по количеству масок, можно говорить лишь о детектировании (обнаружении) ошибки, но не о ее исправлении. Однако указанный метод может применяться как *дополнение* к стандартным методам, аппаратно или программно реализованным в рассматриваемых цифровых системах.

Литература

1. Цилькер Б.Я., Орлов С.А. Организация ЭВМ и систем – СПб.: Питер, 2006.
2. Р. Морелос-Сарагоса. Искусство помехоустойчивого кодирования – М.: Техносфера, 2006. – 320 с.
3. Райхлин В.А., Вершинин И.С., Глебов Е.Е. К решению задачи маскирования стилизованных двоичных изображений //Вестник КГТУ им. А.Н. Туполева. №1. 2001. С. 42-47.

Уточкина Е.А.[1], Решетник Е.И.[2]

[1] **к.т.н.**, ассистент кафедры «Общая химия» ФГОУ ВПО «Амурская государственная медицинская академия», г. Благовещенск

[2] д.т.н., профессор, зав. кафедрой «Технологии переработки продукции животноводства» ФГБОУ ВПО «Дальневосточный государственный аграрный университет», г. Благовещенск

e-mail elenautochkina@mail.ru

ВЛИЯНИЕ ФУНКЦИОНАЛЬНОГО КОМПОНЕНТА НА ПРОЦЕСС ФЕРМЕНТАЦИИ МОЛОЧНО-РАСТИТЕЛЬНОЙ СМЕСИ

Важное значение в поддержании здоровья и работоспособности человека принадлежит полноценному и регулярному снабжению его организма всеми необходимыми питательными веществами, при этом необходимо учитывать, что суммарное количество поступающих биоусвояемых нутриентов в организм не должно превышать суточные физиологические потребности в них здорового человека, поскольку это может сопровождаться возникновением нежелательных побочных эффектов. Результаты исследований структуры потребления пищевых продуктов различными группами населения России показывают отклонения от современных принципов здорового питания, которые приводят к развитию недостаточности основных микронутриентов, дефициту полиненасыщенных жирных кислот, избыточному потреблению жиров, в том числе животного происхождения. Неполноценное питание неизменно приводит к снижению иммунитета, работоспособности и различным заболеваниям населения [1, 161].

В последнее время в пищевой промышленности всё чаще стали применять в технологии - арабиногалактан, занимающий особое место среди полисахаридов благодаря его уникальным свойствам и значительному содержанию в растительном сырье. Сообщается об отличие арабиногалактана от многих полисахаридов по физико-химическим свойствам, таким как, низкая вязкость концентрированных водных растворов, высокая растворимость в воде, устойчивость к кислой среде, термическая и гидролитическая стабильность, хорошая диспергирующая способность [2, 4].

Исследования проводили с целью изучения возможности использования арабиногалактана, экстрагированного из лиственницы Даурской, в качестве функционального ингредиента, для придания пробиотических и пребиотических свойств, совершенствования традиционной технологии, интенсификации процесса ферментации комбинированной смеси, улучшения физико-химических и микробиологических показателей кисломолочного продукта.

Весь цикл эксперимента состоял из нескольких взаимосвязанных этапов. Объектами исследования являлись: композиционная смесь (обезжиренное молоко и основа соевая пищевая) в соотношение 70 : 30; арабиногалактан, экстрагированный из лиственницы Даурской, который согласно ТУ 9325-008-706-921-52-08 выпускается и реализуется под торговой маркой «Лавитол-арабиногалактан» на ЗАО «Аметис» г. Благовещенск Амурской области; композиция заквасочных культур YF-L811 (Streptococcus thermohilus, Lactobacillus delbrueckii подвид bulgaricus) и BB-12 (Bifidobacterium lactis) в соотношении 1:1.

В эксперименте использовали пять образцов обогащенных арабиногалактаном в количестве от 0,5 до 2,5 % от массы смеси с шагом 0,5%. Контролем служил образец смеси без арабиногалактана. Ферментацию проводили при температуре (40 ± 2) °С в течение 6 часов. В процессе ферментации исследовали динамику кислотообразования сгустков. Ферментацию осуществляли при температуре (40 ± 2) °С в течение 6 часов. Титруемую кислотность определяли с периодичностью 1 час. Результаты представлены на рисунке 1.

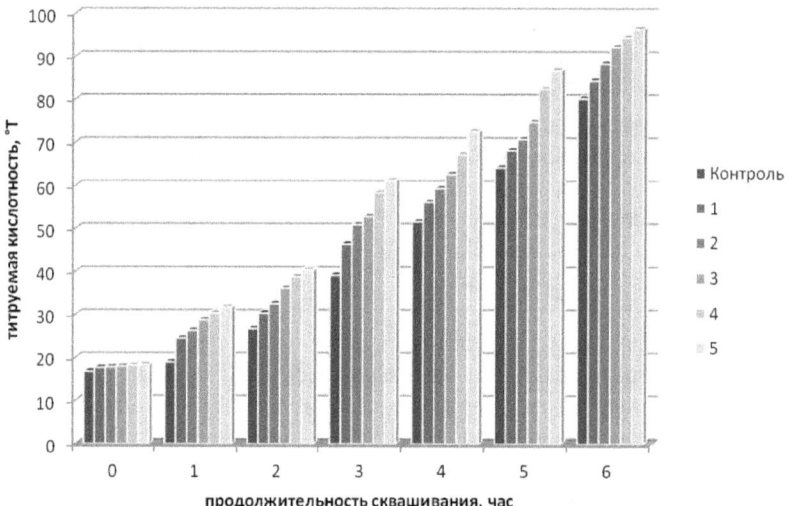

Рис. 1. Титруемая кислотность сгустка в зависимости от дозы арабиногалактана: 1 – 0,5 %; 2 – 1,0 %; 3 – 1,5%; 4 – 2,0 %; 5 – 2,5 %

Анализ полученных данных позволяет сделать вывод, что в результате внесения в композиционную смесь арабиногалактана, значительно сокращается время ферментации, возможно, это связано с увеличением содержание сухих веществ в смеси и стимулирующим влиянием вносимого полисахарида на микрофлору заквасочных культур.

Изучали влияние дозы арабиногалактана на количество жизнеспособных клеток микроорганизмов в полученном кисломолочном сгустке. Результаты представлены таблице 1.

Таблица 1 - Влияние дозы арабиногалактана на количество жизнеспособных клеток микроорганизмов

Доза арабиногалактана, %	Вид бактериальной культуры		
	Streptococcus thermohilus	Lactobacillus delbrueckii подвид bulgaricus	Bifidobacterium lactis
0,5	$8 \cdot 10^7$	$6 \cdot 10^7$	$6 \cdot 10^7$
1,0	$4 \cdot 10^8$	$8 \cdot 10^7$	$2 \cdot 10^8$
1,5	$3 \cdot 10^9$	$4 \cdot 10^8$	$6 \cdot 10^8$
2,0	$5 \cdot 10^9$	$6 \cdot 10^8$	$8 \cdot 10^8$
2,5	$7 \cdot 10^9$	$7 \cdot 10^8$	$9 \cdot 10^8$
Контроль	$3 \cdot 10^7$	$5 \cdot 10^6$	$2 \cdot 10^7$

Анализ данных таблицы показывает, что с внесением дозы арабиногалактана до 1,5 % наблюдается увеличение количества жизнеспособных клеток микроорганизмов в продукте по сравнению с контрольным образцом. Следует заметить, что внесение арабиногалактана 2,0 и 2,5 %, не оказало значительного влияния на повышение количества жизнеспособных клеток микроорганизмов. Это возможно связанно с достаточным накоплением молочной кислоты и других продуктов обмена, а также большой плотности бактериальной популяции микроорганизмов.

Полученные результаты исследований, свидетельствуют, что арабиногалактан, экстрагированный из лиственницы Даурской, оказывает стимулирующее влияние на лакто- и бифидобактерии. Использование арабиногалактана интенсифицирует процесс ферментации композиционной смеси (обезжиренное молоко и основа соевая пищевая в соотношении 70:30), что соответственно ведет к сокращению цикла производства продукта.

Список литературы

1. Аширова Н.Н. Реализация концепции здорового питания населения: состояние и перспективы: монография. / Н.Н. Аширова, Е.С. Бычкова, А.Н. Васюкова и др. – Новосибирск.: Издательство НГТУ, 2012. – 355 с.

2. Решетник Е.И. Исследование возможности обогащения кисломолочных продуктов пищевой добавкой «Лавитол-арабиногалактан» / Е.И. Решетник, Е.А. Уточкина, А.П. Пакусина // Техника и технология пищевых производств. 2010.- № 2. - С. 3 - 7.

Андриянов А.И. - к.т.н., доц., **Булохов Н.М.**
Брянский государственный технический университет

УПРАВЛЕНИЕ НЕЛИНЕЙНОЙ ДИНАМИКОЙ НЕПОСРЕДСТВЕННОГО ПОВЫШАЮЩЕГО ПРЕОБРАЗОВАТЕЛЯ ПОСТОЯННОГО НАПРЯЖЕНИЯ

На сегодняшний день широкое распространение получили импульсные преобразователи постоянного напряжения на основе широтно-импульсной модуляции (ШИМ) [1, 18]. Такие преобразователи представляют собой системы автоматического управления (САУ), склонные к хаотической динамике [2, 7].

Основная задача на этапе проектирования импульсных преобразователей – это обеспечение таких параметров системы управления, при которых указанные режимы отсутствуют и устойчивым является проектный периодический режим – проектный 1-цикл [2, 133; 3, 68]. Однако при этом может возникнуть противоречие, когда параметры, обеспечивающие хороший динамический режим, не обеспечивают заданного быстродействия или точности стабилизации.

Альтернативой параметрическому синтезу является построение особой структуры системы управления, исключающей возникновение этих колебаний в заданном диапазоне параметров системы и обеспечивающей на выходе проектный динамический режим. В существующих работах, посвященных данной тематике [4, 272; 5, 841; 6, 64], решается лишь задача стабилизации 1-цикла в областях, где он неустойчив, в то же время управлению нелинейной динамикой в областях мультистабильности, где наряду с проектным режимом устойчивы и непроектные режимы, внимание не уделяется.

Основная цель данной работы – это создание модифицированного метода управления нелинейной динамикой на основе линеаризации отображения Пуанкаре [4, 272; 5, 841; 6, 64], позволяющего не только стабилизировать проектный режим, но и осуществлять возврат в него при работе системы в областях мультистабильности.

Схема замещения системы автоматического управления на основе рассматриваемого преобразователя, представлена на рис. 2. Здесь приняты следующие обозначения: R – активное сопротивление дросселя, L – индуктивность дросселя, C – емкость конденсатора, $R_\text{н}$ – сопротивление нагрузки, E_0 – напряжение источника питания; β – масштабный коэффициент цепи обратной связи; U_3 – напряжение задания; $U_\text{и}$ – импульсы управления силовым ключом; $U_\text{ош}$ – напряжение ошибки; ГРН – генератор развертывающих напряжений; $U_\text{оп}$ – опорное напряжение; VT – силовой транзистор; VD – силовой диод.

САУ на основе повышающего преобразователя описывается кусочно-гладкой системой дифференциальных уравнений [3, 63].

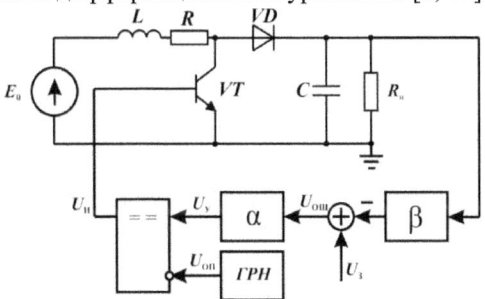

Рис. 1. Схема замещения замкнутой системы автоматического управления
с повышающим преобразователем постоянного напряжения

Решая указанную систему дифференциальных уравнений на каждом участке гладкости легко получить функцию стробоскопического отображения [2, 47] для САУ с повышающим преобразователем напряжения, которая связывает вектор фазовых переменных в начале тактового интервала с вектором фазовых переменных в конце тактового интервала.

$$\mathbf{X}_k = \Psi(\mathbf{X}_{k-1}) = e^{\mathbf{A}_3(1-z_{k2})a}e^{\mathbf{A}_2(z_{k2}-z_{k1})a}e^{\mathbf{A}_1 z_{k1}a}\mathbf{X}_{k-1} +$$
$$+e^{\mathbf{A}_3(1-z_{k2})a}e^{\mathbf{A}_2(z_{k2}-z_{k1})a}(e^{\mathbf{A}_3 z_{k1}a} - \mathbf{E})\mathbf{V}_{AB1} + \qquad (1)$$
$$+e^{\mathbf{A}_3(1-z_{k2})a}\left[e^{\mathbf{A}_2(z_{k2}-z_{k1})a} - \mathbf{E}\right]\mathbf{V}_{AB2} + (e^{\mathbf{A}_3(1-z_{k2})a} - \mathbf{E})\mathbf{V}_{AB3}.$$

где $z_{k1} = \dfrac{t_{k1}-(k-1)a}{a}$; $z_{k2} = \dfrac{t_{k2}-(k-1)a}{a}$ – коэффициенты заполнения, рассчитываемые с использованием численных методов как в [3, 66].

Отображение (1) в общем виде может быть представлено как

$$\mathbf{X}_k = \Psi(\mathbf{X}_{k-1}, p), \qquad (2)$$

где p – некоторый параметр системы, от которого зависят коэффициенты заполнения z_{k1} и z_{k2} на каждом тактовом интервале.

Отображение (2) заменяется близким к нему линеаризованным в точке $(\mathbf{X}^*, p^*)$

$$\mathbf{Y}_k = \mathbf{M}\mathbf{Y}_{k-1} + \mathbf{C}u_{k-1}, \qquad (3)$$

где $\mathbf{M} = \dfrac{\partial \Psi(\mathbf{X}^*, p^*)}{\partial \mathbf{X}_{k-1}}$ – матрица монодромии стабилизируемого 1-цикла [2],

$\mathbf{C} = \dfrac{\partial \Psi(\mathbf{X}^*, p^*)}{\partial p}$ – производная отображения по возмущаемому параметру,

$\mathbf{Y}_{k-1} = \mathbf{X}_{k-1} - \mathbf{X}^*$; $u_{k-1} = p_{k-1} - p^*$ – требуемое возмущение параметра.

Для линейной системы (3) выбирается стабилизирующее управление u_{k-1} в виде линейной обратной связи по состоянию

$$u_{k-1} = -K\mathbf{Y}_{k-1}.\tag{4}$$

С учетом этого из (4) получаем выражение

$$\mathbf{Y}_k = (\mathbf{M} - \mathbf{CK})\mathbf{Y}_{k-1}.\tag{5}$$

Таким образом, неустойчивая точка $\mathbf{X}^*$ отображения (2) будет стабилизирована, если определить матрицу $\mathbf{K}$ таким образом, чтобы матрица $\mathbf{M}$–$\mathbf{CK}$ имела все собственные значения (мультипликаторы) меньше единицы.

Расчет вектора обратных связей $\mathbf{K}$ на основании известной матрицы $\mathbf{M}$–$\mathbf{CK}$, а также матриц $\mathbf{M}$ и $\mathbf{C}$ может быть осуществлен с использованием формулы Аккермана [7, 82]. Расчет требуемого возмущения параметра u_{k-1} осуществляется по выражению (4).

Не менее важной задачей является управление нелинейной динамикой в областях мультистабильности. В этом случае основной задачей является обеспечение работы САУ в проектном режиме даже в случае воздействия внешних помех. Для этого необходимо при попадании САУ в режим, отличный от проектного, сформировать такое управляющее воздействие в виде возмущения параметра p, возвращающее систему в проектный режим (1-цикл). В данном случае, как и в предыдущем, основной проблемой является расчет матрицы обратных связей $\mathbf{K}$, на основе которой вычисляется требуемое возмущение параметра. Для рассматриваемой ситуации $\mathbf{Y}_{k-1} = \mathbf{X}_{k-1} - \mathbf{X}^*$, а $\mathbf{Y}_k = (1-c)\mathbf{Y}_{k-1}$, где c – коэффициент, принадлежащий интервалу (0, 1). Таким образом, на основании выражения (5) и известных $\mathbf{Y}_{k-1}$ и $\mathbf{Y}_k$ можно найти матрицу $\mathbf{M}$–$\mathbf{CK}$. С точки зрения математики данная задача имеет множество решений. Легко показать, что одно из возможных решений находится по выражению

$$\mathbf{M} - \mathbf{CK} = \begin{bmatrix} \dfrac{y_{k1}}{y_{k-1,1}} & 0 \\ 0 & \dfrac{y_{k2}}{y_{k-1,2}} \end{bmatrix},\tag{6}$$

где y_{ki} – i-я компонента вектора $\mathbf{Y}_k$; $y_{k-1,i}$ – i-я компонента вектора $\mathbf{Y}_{k-1}$.

На основе рассмотренных ранее алгоритмов управления был разработан гибридный алгоритм, учитывающий как возможность неустойчивости проектного режима, так и возможность работы в области мультистабильности.

Выделим основные моменты работы цифровой системы управления при реализации указанного алгоритма.

1. Для текущего набора параметров САУ рассчитываются параметры 1-цикла на основе метода уравнений периодов, даже если он неустойчив.

2. Рассчитывается матрица монодромии 1-цикла и ее мультипликаторы по методике [2, 53].

3. Рассчитывается частная производная от функции отображения по возмущаемому параметру, который доступен для регулировки системой управления.

4. В начале каждого тактового интервала на основе анализа мультипликаторов матрицы монодромии принимается решение об используемом алгоритме из двух ранее рассмотренных. Если хотя бы один мультипликатор матрицы монодромии больше единицы, то используется первый алгоритм, иначе – второй алгоритм.

5. По методикам, рассмотренным выше, рассчитывается требуемое возмущение параметра.

6. В случае если величина возмущения параметра p превышает заранее заданное значение, или пересчитанное значение параметра выходит за допустимые рамки, то актуализация этого значения параметра не происходит. В противном случае в системе управления производится актуализация нового значения параметра, полученного с учетом требуемого возмущения u_{k-1}.

На рис. 2 представлены результаты моделирования системы автоматического управления с повышающим преобразователем постоянного напряжения, работающей на основе предлагаемого алгоритма. При этом использовались следующие параметры: L=7,5 мГн; C=5 мкФ, R=0,2 Ом; $R_\text{н}$=550 Ом; α=2; β=0,005; U_3=4,5 В; $U_\text{оп}$=10 В; a=0,0001 с.

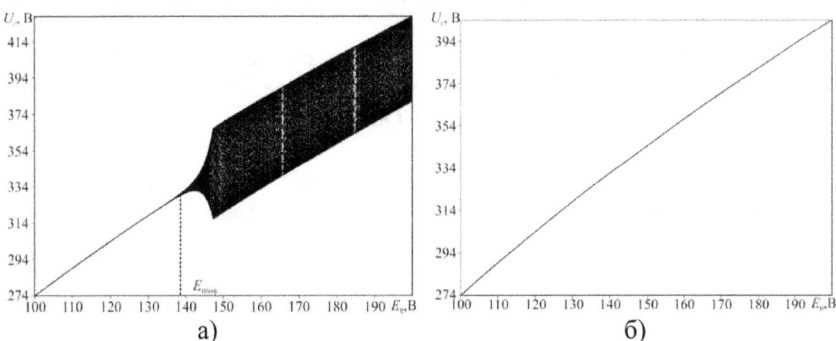

Рис. 2. Бифуркационные диаграммы САУ на основе непосредственного повышающего преобразователя: а) без стабилизации проектного режима; б) со стабилизацией проектного режима

Из рис. 2, а видно, что при достижении напряжением источника питания значения $E_{0бифф}$=135 В реализуется суперкритическая бифуркация Неймарка-Сакера. При этом возникают квазипериодические колебания большой амплитуды, которые опасны для силовой части преобразователя.

Стабилизация проектного режима осуществлялась при следующих параметрах разработанного алгоритма: запас устойчивости $\delta=20\%$; допустимое возмущение параметра: $u_{max}=300\%$; коэффициент, определяющий степень коррекции вектора переменных состояния на тактовом интервале $c=1$. Как видно из рис. 2, б, во всем выбранном диапазоне изменения входного напряжения, благодаря использованию алгоритма стабилизации, в системе наблюдается проектный 1-цикл.

Список литературы

1. Мелешин, В.И. Транзисторная преобразовательная техника / В.И. Мелешин. – М.: Техносфера, 2005. – 632 с.

2. Кобзев, А.В. Нелинейная динамика полупроводниковых преобразователей / А.В. Кобзев, Г.Я. Михальченко, А.И. Андриянов, С.Г. Михальченко – Томск: Томск. гос. ун-т систем управления и радиоэлектроники, 2007. – 224 с.

3. Андриянов А.И. Математическое моделирование динамики импульсного преобразователя напряжения повышающего типа / А.И. Андриянов, А.А. Малаханов // Вестник Брянск. гос. тех. ун-та, 2006. – № 1. – С. 61–69.

4. Магницкий Н.А. Новые методы хаотической динамики / Н.А. Магницкий, С.В. Сидоров. – М.: Едиториал УРСС, 2004. – 320 с.

5. Poddar, G. Control of chaos in the boost converters / G. Poddar, K. Chakrabarty, S. Banerjee // Electronics Letters. – 1995. – Vol. 31. – № 11. – P. 841–842.

6. Dragan, F. Controlling a chaotic behavior of a Current Mode Controlled Boost Converter Using Ott-Grebogy-Yorke Method / F. Dragan // IEEE International Conference on Automation, Quality and Testing. – 2006. – Vol. 1. – P. 156–172.

7. Kapitaniak, T. Controlling Chaos - Theoretical and Practical Methods in Non-Linear Dynamics / T. Kapitaniak. – London: Academic Press, 1996. – 164 c.

Макарова Л.Г. - к.ф.-м.н., ФГБОУ ВПО «Удмуртский государственный университет» Институт гражданской защиты, lyuda_izh@mail.ru;
Гречишникова В.А. - магистрант, ФГБОУ ВПО «Удмуртский государственный университет» Институт гражданской защиты

ПРИМЕНЕНИЕ ВЕРОЯТНОСТНО-СТАТИСТИЧЕСКИХ МЕТОДОВ К ОЦЕНКЕ ВЛИЯНИЯ ДОРОЖНЫХ УСЛОВИЙ НА БЕЗОПАСНОСТЬ ДОРОЖНОГО ДВИЖЕНИЯ

Негативной стороной и главной угрозой безопасности России в сфере автотранспорта являются дорожно-транспортные происшествия (ДТП), а точнее – социально-экономические потери от них (по приблизительным оценкам равным 2-3% ежегодного валового внутреннего продукта).

Осложнение обстановки на дорогах наблюдается во всех субъектах Российской Федерации. Согласно статистическим данным [1], по сравнению с 2004 годом количество пострадавших в ДТП за 2012 год увеличилось более чем в 1,2 раза.

Результаты анализа по видам ДТП свидетельствуют, что более половины из них – наезды на пешеходов (около 51%), при этом 18-20 % наездов происходит в условиях ограниченной обзорности. Одной из причин, которая может влиять на безопасность движения, являются дорожные условия. К дорожным условиям стоит отнести климатические условия, состояние полотна дороги и условия видимости, которые могут быть связаны с ландшафтом местности и другими факторами.

Актуальность темы исследования обусловлена острой необходимостью повышения безопасности дорожного движения в России. По подсчетам экспертов, ежегодно по всему миру в ДТП гибнет почти 1,2 миллиона человек, а телесные повреждения получают до 50 миллионов человек. Без новых усилий и инициатив, общее количество смертельных случаев и травм в результате ДТП по всему миру, согласно прогнозам, возрастет в период с 2000 до 2020 года примерно на 65%, а в странах с низким и средним уровнем дохода смертность в результате ДТП, может возрасти на 80%.

Существует множество методов оценки параметров исследования, такие как: точечные оценки параметров распределения, интервальные оценки параметров распределения, проверка гипотез, корреляционный и регрессивный анализ, дисперсионный анализ, анализ временных рядов, многомерный статистический анализ [2,6].

Сущность многомерного статистического анализа заключается в переходе от первоначальной системы, как правило, сильно коррелированных между собой показателей, к новым, уже некоррелированным компонентам или факторам, число которых меньше и вариабельность которых исчерпывает всю или максимальную возможную часть вариабельности исходных показателей.

Авторами был проведен анализ влияния недостаточности освещения на дорогах на принятие водителем ошибочных решений, приведших к ЧС на транспорте на примере корреляционной связи. Корреляционная связь проявляется в среднем, для массовых наблюдений, когда заданным значениям зависимой переменной соответствует некоторый ряд вероятностных значений независимой переменной. Наглядным изображением корреляционной таблицы служит корреляционное поле. Оно представляет собой график, где на оси абсцисс откладываются значения X, по оси ординат – Y, а точками показываются сочетания X и Y. По расположению точек можно судить о наличии связи.

Пусть значения X – количество ДТП по причине недостаточности освещения на дорогах с 2008 по 2012 года. Тогда значения Y – количество ДТП за аналогичный период времени. Данные для расчетов занесены в Таблицу 1.

Таблица 1. Расчетные данные

N	X	Y	X^2	Y^2	X*Y
2008год	17	158	289	24964	2686
2009год	23	171	529	29241	3933
2010год	8	153	64	23409	1224
2011год	43	171	1849	29241	7353
2012год	22	153	484	23409	3366
Σ	113	806	3215	130264	18562

Для оценки тесноты линейных корреляционных зависимостей между величинами X и Y по результатам выборочных наблюдений вводится понятие выборочного коэффициента линейной корреляции, определяемого формулой:

$$r_B = \frac{\overline{XY} - \overline{X}\,\overline{Y}}{\sigma_X \sigma_Y} \qquad (1)$$

где σ_X и σ_Y – выборочные средние квадратические отклонения величин X и Y, которые вычисляются по формулам:

$$\sigma_X = \sqrt{\sigma_X^2} = \sqrt{\overline{X^2} - (\overline{X})^2}\,,\ \sigma_Y = \sqrt{\sigma_Y^2} = \sqrt{\overline{Y^2} - (\overline{Y})^2}\,,\ \overline{Y^2} = \frac{1}{n}\sum_{j=1}^{k} n_{y_j} y_j^2 \qquad (2)$$

Основной смысл выборочного коэффициента линейной корреляции r_B состоит в том, что он представляет собой эмпирическую (то есть найденную по результатам наблюдений над величинами X и Y) оценку соответствующего генерального коэффициента линейной корреляции r:

$$r = r_B \qquad (3)$$

Принимая во внимание формулы (4):

$$\frac{\sigma_X}{\sigma_Y} = \frac{\sqrt{\overline{X^2} - \overline{X}^2}}{\sqrt{\overline{Y^2} - \overline{Y}^2}}, \qquad r_T = \frac{\overline{XY} - \overline{X}\,\overline{Y}}{\sqrt{(\overline{X^2} - \overline{X}^2)(\overline{Y^2} - \overline{Y}^2)}} \qquad (4)$$

видим, что выборочное уравнение линейной регрессии Y на X имеет вид:

$$Y - \overline{Y} = r_B \frac{\sigma_Y}{\sigma_X}(X - \overline{X}) \qquad (5)$$

где $r_B \dfrac{\sigma_Y}{\sigma_X} = b$.

Уравнение линейной регрессии Y на X согласно формулы (4):

$$Y - 161.2 = 0.7*8.2/11.5*(X - 22.6)$$
$$Y = 0.5x + 149, \text{ то есть } b = 0.5 \qquad (6)$$

Коэффициент b = 0,5 показывает среднее изменение результативного показателя (в единицах измерения y) с повышением величины фактора x на единицу его измерения.

На основании коэффициента корреляции легко определить так называемый коэффициент детерминации D. Этот коэффициент показывает часть общей вариации одного показателя, которая объясняется вариацией другого показателя. Определен коэффициент корреляции между недостаточностью освещения дорог и изменением числа ДТП за 5 лет, равный 0,7, то коэффициент детерминации будет равен:

$$D = r^2 * 100\% = (0,7)^2 * 100\% = 49\% \qquad (7)$$

Следовательно, можно предположить , что 49 % взаимосвязи между освещенностью дорог и изменением числа ДТП объясняется их взаимовлиянием. Остальная часть (100% - 49 % = 51 %) вариации объясняется влиянием других неучтенных факторов.

Таким образом, рассматриваемая корреляционная зависимость между величинами X (количество ДТП по причине недостаточной освещенности на дорогах) и Y(количество ДТП) является по характеру – прямой, по силе – сильной, то есть большое число дорог с недостаточным освещением является источником ДТП, следовательно, для снижения количества дорожно-транспортных происшествий необходимо проводить мероприятия, направленные на улучшение освещенности участков дорог с недостаточным освещением.

Литература

1. http://www.gibdd.ru/ – официальный сайт ГИБДД РФ;
2. Колемаев В.А. и др. Теория вероятностей и математическая статистика: Учеб.пособие для экон.спец.вузов – М.:Высш.шк.,1991.-400с.

Болштянский А.П.
д.т.н., проф. Омский государственный технический университет
Лысенко Е.А.
к.т.н., доцент, Омский государственный технический университет
Ивахненко Т.А.
к.т.н., доцент, Омский танковый инженерный институт

ГАЗОВАЯ СМАЗКА В ПОРШНЕВЫХ МАШИНАХ

В середине прошлого столетия бурное развитие промышленности привело к необходимости использования в различных машинах и механизмах чистых сжатых газов. Эта потребность длительное время удовлетворялась тщательной очисткой сжатого газа, который получали в обычных компрессорах, а также в компрессорах с лабиринтным уплотнением поршня [1-3 и др.]. В то же время появилась идея использовать газовый подвес для центрирования поршня, который двигался бы в цилиндре с минимальным зазором - патенты Швейцарии фирмы Sulzer (№№ 359507, 359508, 394740), которая позднее продублировала эти же технические решения в Великобритании, ФРГ и Италии, фирмы ФРГ (№№ 1236877, 1238289) и Японии (№№ 37-17857, 37-17858). Однако высокая сложность работы газового подвеса поршня не дала развиться этой идее.

Некоторое время спустя появились композиционные материалы, которые стали использовать для изготовления поршневых уплотнений и устройств для направления поршня с минимальным зазором в цилиндре. Однако, скоро выяснили, что ресурс работы этих материалов невелик, они интенсивно изнашиваются, а частицы износа загрязняют сжимаемый газ. Это было особенно заметно при сжатии сухих газов, которые широко применяются в криогенной технике, пищевой, фармацевтической промышленности и т.д.

В связи с этим проблема применения газовых подвесов при центрировании поршня снова появилась в технике.

В России эта задача возникла при попытке создания бортового кондиционера для космических станций с ресурсом непрерывной работы 30 тысяч часов. Ни один композиционный материал не может обеспечить такую длительную работу поршневого уплотнения. Исследования проводились Омским государственным техническим университетом в содружестве с фирмой «Сибкриотехника». Результаты этих исследований имеются в публикациях [5-9]. Из зарубежных источников информации также известно, что подобные работы проводились для поршневых машин микрокриогенной техники.

Первоначальный цикл исследований дал возможность определить следующее:

1. Компрессор с газовым подвесом поршня работоспособен и экономичность его растет с увеличением производительности.

2. Теоретически возможна работа такого компрессора с тронковым поршнем без дополнительного направляющего устройства.

3. В компрессоре с малой производительностью основные потери энергии происходят из-за относительно большого расхода газа на работу подвеса.

4. Следует стремиться к тому, чтобы боковые усилия, которые действуют на поршень, были минимальными.

5. Для использования минимального зазора между поршнем и цилиндром нужно применять материалы с малым коэффициентом линейного расширения, а также использовать регуляторы расхода с большим гидравлическим сопротивлением.

В последние годы авторами были сделаны попытки решить проблемы, указанные в пунктах 4 и 5.

Для снижения боковых усилий был предложен оригинальный механизм движения поршня [10-12]. Этот механизм является комбинацией кривошипно-ползунного и механизма с двумя шатунами. Он позволяет избежать не только боковых усилий, но и полностью уравновесить компрессор. Различные варианты этого механизма описаны в [8, 9], он был испытан и показал хорошие результаты.

Для создания регуляторов расхода с большим гидравлическим сопротивлением было предложено изготавливать их в виде круговых щелей, которые образуются при контакте двух плоских колец, имеющих шероховатые торцовые поверхности (рис. 1).

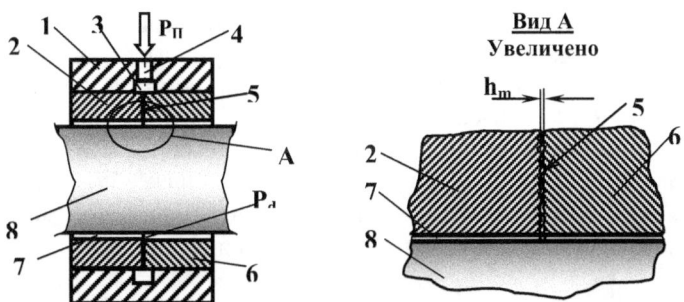

Рис. 1. Схема газового подвеса с щелевым питателем, образованным при контакте двух шероховатых поверхностей:

1. Втулка. 2. Кольцо с шероховатой торцовой поверхностью. 3. Распределительная канавка. 4. Подводящий канал. 5. Питающая щель, образованная при контакте шероховатых поверхностей. 6. Кольцо с шероховатой торцовой поверхностью. 7. Зазор. 8. Вал. h_m – средний зазор, образованный при контакте шероховатых поверхностей

Исследования гидравлического сопротивления таких щелей производилось для трех вариантов шероховатостей – полученных лазерным облучением, струей песка и плоским шлифованием.

Для определения величины зазора между двумя контактирующими поверхностями в зависимости от метода обработки поверхности и R_z — высоты неровностей по десяти точкам использовалось специальное устройство, которое изображено на рис. 2.

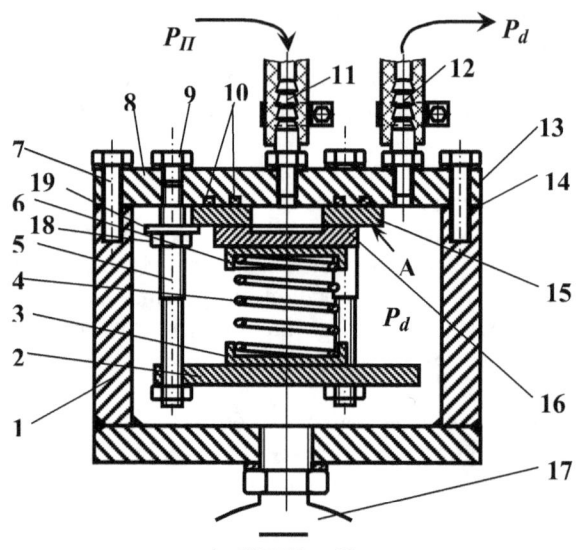

Рис. 2. Приспособление для продувки щели:

1. Корпус. 2. Прижимной диск. 3. Нижняя опора пружины. 4. Тарированная пружина сжатия. 5. Шпильки. 6. Верхняя опора пружины. 7. Болты крепления крышки. 9. Заглушка. 10. Эластичные уплотнительные кольца. 11. Штуцер подвода давления. 12. Штуцер отвода газа. 13. Крышка. 14. Прокладка. 15. Большой диск. 16. Малый диск. 17. Манометр для измерения давления P_d. 18 и 19. Гайка и шайба крепления диска 15. **A** – свободная поверхность для контроля направления потока

Определение фактического зазора проводилось методом идентификации по уравнению для расхода газа через гладкую кольцевую щель. В результате были получены следующие уравнения для определения фактического зазора:

1. Поверхности обработаны струей мелкого песка:
$$h_m \approx 0{,}95(Rz_1+Rz_2)^{0,8}.$$

2. Поверхности обработаны шлифовальным кругом
$$h_m \approx 0{,}9(Rz_1+Rz_2)^{5/6}.$$

3. Поверхности обработаны лазерным лучом:

$h_m \approx 1{,}2(Rz_1+Rz_2)^{0,9}$.

Для определения эффективности применения таких щелевых гидравлических сопротивлений были проведены расчеты расхода газа на питание газового подшипника M_P и жесткости его центрирования C_P для подвеса с внутренним диаметром 30 мм, наружным диаметром 40 мм, длина подвеса 80 мм, зазор 10 мкм, давление подаваемого воздуха 0,3 МПа, количество щелей – 2, расстояние между ними – 40 мм. Для сравнения были сделаны расчеты этих же параметров с питанием через дроссельные отверстия диаметром 0,1 мм (меньше сделать точные по расходу отверстия нереально). Результаты показаны на рис. 3.

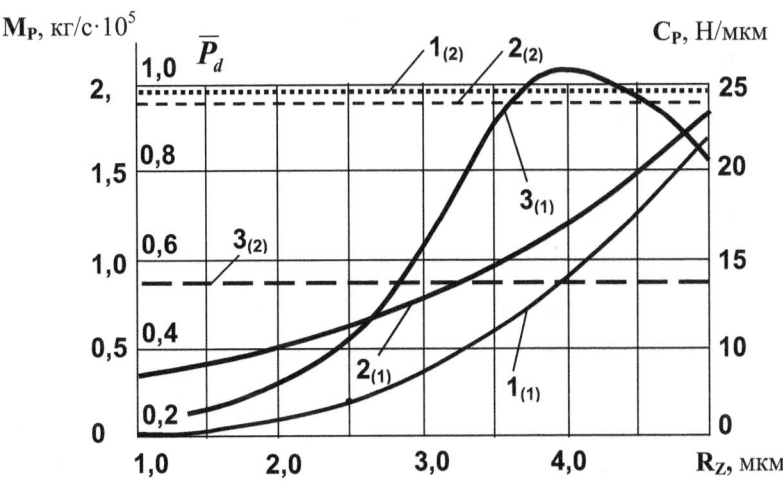

Рис. 3. Сравнительные характеристики газовых подшипников с щелями (1) и с сопротивлениями в виде дроссельных отверстий (2):

1. Расход газа на центрирование M_P. 2. Относительное давление наддува $\overline{P}_d$. 3. Жесткость центрирования C_P.

Как видно из сравнения графиков, применение щелевых сопротивлений вместо дроссельных отверстий и варьирование шероховатостью контактирующих поверхностей позволяет существенно повысить такие важные характеристики газостатического подвеса как жесткость и экономичность.

Таким образом, применение привода движения поршня, который не создает боковых усилий на поршне и применение шероховатых щелей в качестве питателей газового подвеса может улучшить экономичность компрессора без смазки до экономичности компрессора с кольцами из композитных материалов и расширить сферу его применения.

Литература

1. Ernst P. Special gas compression problems solved with oil-free labirinth piston compressors// 2nd Eur. Congr. Fluid Mach. Oit, Retrohem. and Relat. und. Conf. [The Hague, 26-24 March, 1984] - London, 1984. - P. 71-84.

2. Angst R. A. The labirinth piston compressor// S.Afr. Mech. Eng.- 1979.- 29, № 8. - P. 262-270.

3. Zurcher M. H. Labyrinth und Kunststoffring – Trockenlaufkompressoren// Techn. Rudschau Sulzer. - 1967. - 49, № 1. - P. 25-29.

4. Пат. 674399 Швейцарии, МКИ4 F 04 B 39/04. Поршневой несмазываемый газовый компрессор = Kolbenkompressor zum olfreien Verdichten eines Gases/ Muller E.; Maschinenfabrik Sulzer-Burckhardt AG; - № 1175/88; Заявлено 28.03.88; Опубл. 31.05.90.

5. Гринблат В. Л., Болштянский А. П., Громыхалин В. Г. Математическое моделирование и экспериментальное исследование ступени компрессора с газостатическим подвесом поршня// Криогенные машины: Сб. трудов. - Омск, 1980. - С. 50-61.

6. Абакумов Л. Г., Деньгин В. Г., Кулиш Л. И. Исследование конструктивных схем газостатического поршневого подвеса компрессора// Химич. и нефтяное машиностр.- 1993. - № 5. - С. 12-14.

7. Болштянский А. П., Щерба В. Е. О выборе рациональной схемы питания газостатического подвеса поршня холодильного компрессора// Повышение эффективности холодильных машин: Сб. трудов. - Л., 1982. - С. 55-62.

8. Болштянский А.П. Белый В.Д., Дорошевич С.Э. Компрессоры с газостатическим центрированием поршня. Омск: ОмГТУ, 2002. – 406 с.

9. Болштянский А.П., Щерба В.Е., Лысенко Е.А., Ивахненко Т.А. Поршневые компрессоры с бесконтактным уплотнением. Омск: ОмГТУ, 2010, 416 с.

10. Патент РФ № 2098662, Бесконтактный компрессор. А.П. Болштянский, В.Е. Щерба. По заявке 95114243; Заявлено 08.08.95; опубл. 10.12.97; Бюл. № 34.

11. Патент РФ № 2296241, Поршневой компрессор. А.П. Болштянский, В.Е. Щерба, Е.А. Лысенко. По заявке 2005129839. Заявлено 26.09.2005. Опубл. 27.03.2007. – Бюл. № 9.

12. Патент РФ № 2334877, Машина объемного действия. А.П. Болштянский, В.Е. Щерба, Е.А. Лысенко. По заявке 2006139729. Заявлено 09.11.2006. Опубл. 27.09.2008. – Бюл. № 27

Kasikov A. G., Ph.D. (Chem.)
Areshina N. S., Ph.D.(Eng.)

I.V.Tananaev Institute of Chemistry and Technology of Rare Elements and Mineral Raw Materials of the Kola Science Centre of the Russian Academy of Sciences

areshina@chemy.kolasc.net.ru

NEW ENGINEERING SOLUTIONS IN UTILIZATION OF GAS PURIFICATION PRODUCTS OF THE KOLA MMC COPPER PROCESS

Pyrometallurgical processing of copper concentrates at the Kola MMC is accompanied by the formation of different kinds of metallurgical dust. Besides, as the result of sulphurous gas recovery there emerge washing sulphuric acid solutions containing non-ferrous and noble metals. Since the conventional methods of copper waste processing are rather ineffective, it is important to process them individually.

Nowadays, several works have been reported on hydrometallurgical processing of dusts [1-3]. However, they cannot be expected to fit all technologies due to variability of both phase and chemical compositions of copper-containing materials. The same refers to off-grade gas-purification solutions recovery, which depends on the solutions' chemical composition and he smelter's specific needs. The authors have developed hydrometallurgical technologies for the fine dust escaping from the reverberatory process of copper concentrate and the copper stein conversion process. Several methods for recovery of washing sulphuric acid of the gas wet-cleaning system and of strongly acidic gas-duct condensates have been proposed.

Tests have shown that converter dusts contain substantial amounts of water-soluble copper, nickel and iron sulphates. The dusts of reflecting melting are contain a little sulphates and a lot of copper, that indicate of reasonable this dusts processing with charge of copper concentrate.

Considering the phase composition of copper stein converter dusts, copper was passed to solution through aqueous leaching under mechanical hashing in an assigned temperature regime and a liquid : solid phase ratio of S:L=1: (3-4), which was selected specially to preclude the emergence of copper sulphate crystals at leaching and filtrating stages. This has allowed to extract 99,9% of copper to solution, with a small yield of insoluble residue.

The solutions after leaching contained, g/l : Zn 0,009-0,015; As 0,015-0,026; Pb 0,005-0,008; Ag 0,003-0,005; Se 0,0025-0,0028; and also 30-50 g/l H_2SO_4. So, the contents of nickel and micro impurities are high enough to undertake electric extraction. However, higher iron contents undesirably affect the engineering and economical performance, it was proposed to separate most of the copper from iron in the form of copper vitriol subsequently to be dissolved in sulphuric acid solution. It has been found that evaporation should be carried out up to the solution density of not more than 1,32 g/cm^3 (T = 90^0 ±5^{0}C). Then it was cooled to 10-12 ^{0}C, which resulted in a fairly pure salt containing 23,0-24,5% copper at a yield of 0,26-0,30 kg/l solution.

In the course of large-scale laboratory testing, a mixture of converter dusts was processed to obtain a batch of copper vitriol containing, mas. %: 24,3; Ni – 0,005; Fe – 0,56. Notwithstanding the great Fe content, the Cu:Fe ratio is sufficient to produce electrolyte for copper electroextraction with a high yield in current [4].

Relatively the starting product, the residue of converter dust leaching is enriched in lead (up to 33%) and silver (up to 1%). In converter dusts, lead is present as $PbSO_4$; copper – predominantly in bornite and chalcosine. To separate silver from lead sulphate, flotation is recommended. Flotation was earlier tested on copper dust leaching residue of oxygen-torch melting.

Complex testing of gas-cleaning system solutions has shown that they can be used in the main technology as a sulphuric reagent. The solutions have been analyzed to design methods for their purification to preclude the negative effect of impurity elements on the technology performance.

Improving of the sorption process of scrubbing acid purification included studies of zinc and osmium sorption in porous and gel anionites produced by «Purolite». It is determined, that satisfactory extraction (up to 99% zinc) was achieved by using gel-like, highly basic PFA 460/4783 and PFA 600/4740 anionites at Cl$^-$ in solutions of 18 - 36 g/l and sulphuric acid concentration of up to 400 g/l, which has been confirmed by larger-scale laboratory trials. At higher non-ferrous metal contents, the zinc sorption declined. At the same time, increasing sulphuric acid concentration in solutions free from Cl$^-$ furthers zinc extraction, while in the presence of Cl$^-$, zinc is best extracted in a wide range of H_2SO_4 concentrations. The irreversible sorption of osmium is evidence of possibility of osmium concentrate production.

To achieve a better recovery of scrubbing solutions and strong-acid flue-duct condensates, we have developed several flowcharts based on solvent extraction methods. The flowcharts can be adjusted to produce commercial-grade sulphuric acid, to concentrate and extract osmium and rhenium, and also to return the purified solutions to the mainstream cathode metals manufacturing technology [5, 6]. Further research has shown that the previous flowchart for solvent processing of scrubbing acid solutions, yielding commercial sulphuric acid, can be adjusted to jointly process both crubbing acid solutions and strong-acid solutions. Since it is important to avoid excess selenium contents in the mainstream process solutions, the task is to extract this harmful impurity from off-grade solutions and pulps.

The extraction of selenium from joined scrubbing acid and condensate solutions was carried out in two stages. First, it was precipitated after mixing and correcting the H_2SO_4, concentration to enhance selenium extraction to the solid phase. This was followed by deep purification involving cementation on a copper-containing reagent.

At the first stage, diluting up to H_2SO_4 100-600 g/l yielded primary concentrates containing 40-45% Se element. Cementation at $CH_2SO_4 = 100-600$ g/l and 60-70 ^{0}C allowed to precipitate selenium to 30,2-32,0% Se element in the form of copper selenide (I). The highest Cu_2Se contents (up to 90%) were found in the finest fractions, with residual selenium concentration in solution not exceeding 0,1-0,2 mg/l. Notice that cementation ensures the removal of 30-90% Cl ions as well, by precipitating them in the form of Cu(I) chloride. This is of special importance in the case of sulphuric acid extraction from the copper process scrubbing solutions, since elevated Cl ion contents promote co-extraction of non-ferrous metals.

Commercial experiments on cementation for scrubbing acid and flue-duct condensate purification using, for CH_2SO_4 correction, the water condensates from other process stages, have confirmed the feasibility of purifying solutions from selenium and producing primary selenium concentrates.

So, our studies were used to develop approaches to hydrometallurgical processing of fine dust from the cathode copper process to obtain more copper and a silver-containing concentrate, and also methods for recovery of gas-cleaning solutions either to produce marketable sulphuric acid and more rare-metal products, or to return the purified solutions to the main technology.

REFERENCES:

1. Bogacheva L.M., Ismatov Kh.R. Hydrometallurgical processing of copper-containing materials. Tashkent: FAN publ. of Uzbek SSR. 1989. 116 p.

2. Antipov N.I., Maslov V.I., Litvinov V.P. A hybrid pattern for the processing of fine converter dusts of the copper-smelter process // Tsvetnye Metally. № 12. 1983. P. 18-21.

3. Abisheva Z.S., Zagorodnyaya A.N., Sharipova A.S., Bukurov T.N. Hydrometallurgical processing of copper-process dusts // Tsvetnye Metally. 2004. №1. P. 30-35.

4. RF patent № 2346065 // Kasikov A.G., Areshina N.S., Malts I.E. A method for copper production dust processing. Publ. 20.02.2009, BI № 4

5. Kaskiov A.G., Areshina N.S., Kudryakov m.V., Khomchenko O.A. Achieving a comprehensive processing of scrubbing sulphuric acid from the copper-nickel process by using solvent extraction // Khimicheskaya Tekhnologiya. 2004. № 6. P. 25-31.

6. RF patent № 2291840 // Kasikov A.G., Areshina N.S., Petrova A.M. A method for Os and Re extraction from scrubbing sulphuric acid solutions. Publ. 20.01.2007. BI № 2.

Семенюта А.А.
аспирант Школы биомедицины Дальневосточного федерального
университета
Танашкина Т.В.
к.б.н., доцент Школы биомедицины Дальневосточного федерального
университета
Приходько Ю.В.
д.т.н., профессор Школы биомедицины Дальневосточного федерального
университета

ФИЗИОЛОГИЧЕСКИЕ И ФИЗИКО-ХИМИЧЕСКИЕ ИЗМЕНЕНИЯ ЗЕРНА ГРЕЧИХИ В ПРОЦЕССЕ ХРАНЕНИЯ

Свежеубранное зерно почти всегда плохо прорастает, поскольку оно находится в состоянии покоя. Состояние покоя – это естественная самозащита от прорастания зерен на стебле при неблагоприятных условиях в период созревания и уборки [3, 1]. Каждый вид зерновых имеет определенный период послеуборочного созревания, что очень важно знать при получении солода. Для злаковых этот период определен. Так, для ячменя он составляет 30 – 45 дней, для пшеницы 20 – 75 дней, ржи 30 – 45, овса 20, риса не менее 30 суток [2, 147; 4]. О гречихе, данной информации в литературе не найдено. Гречиха является одним из перспективных источников сырья в производстве солода. Содержащиеся в ней белки отличаются высокой биологической ценностью. Особенностью химического состава зерна гречихи является почти полное отсутствие в нем глютена (клейковинного белка), токсичного для людей, страдающих целиакией. Другим важным достоинством является высокое содержание в ее зерне флавоноидов, особенно рутина, что обуславливает ее уникальные лечебно-диетические свойства. Поэтому очень важно определить солодорастительные свойства зерна гречихи, в том числе и продолжительность периода послеуборочного созревания.

В работе использовали зерно гречихи сорта Изумруд селекции Приморского НИИ сельского хозяйства РАСХН, урожая 2011 года. Зерно хранили при 2 $^{\circ}$C и при 20 $^{\circ}$C в течение года. Сразу после сбора урожая и далее ежемесячно, определяли энергию и индекс прорастания, а также водочувствительность и амилолитическую активность солода полученного из зерна разной продолжительности хранения. Все полученные результаты статистически обрабатывали.

На рис. 1 представлены физиологические и физико-химические показатели зерна гречихи и солода. По энергии прорастания можно судить о выходе зерна из состояния покоя (рис. 1. а). Сразу после сбора урожая данный показатель составлял 88%, но уже через месяц у зерна, которое хранилось при 20 °C, он значительно возрастал до 97% и находился примерно на одинаковом уровне в течение всего года. Следовательно, в соответствии с этим критерием зерно можно подвергать солодоращению через месяц после уборки. У зерна, которое хранилось при 2 °C, через месяц показатель энергии прорастания составлял 94%, через 2 – возрастал до 97%, а затем варьировал в пределах 94 – 99%. В соответствии с ГОСТ 5060-89 способность прорастания зерна должна быть не менее 95% [5, 3]. Поскольку энергия прорастания зерна, как правило, бывает на 1 – 3% ниже чем способность, то можно считать, что зерно, хранящееся в холоде также пригодно для солодоращения спустя 1 месяц после уборки.

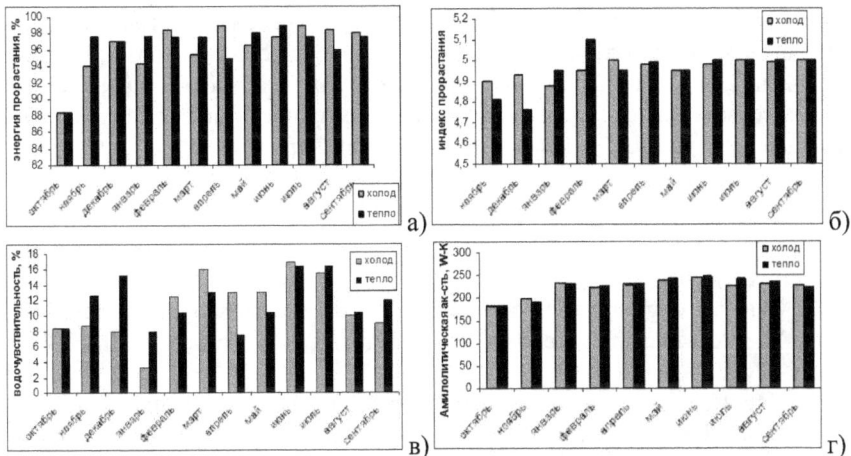

Рис. 1. Физиологические и физико-химические показатели зерна гречихи: а) энергия прорастания; б) индекс прорастания; в) водочувствительность; г) амилолитическая активность солода.

Показатель индекс прорастания в России не используется для оценки пригодности зерна для солодоращения, но в зарубежных странах считается, что он дает более полную картину о динамике прорастания зерна. Известно, что этот показатель коррелирует с активностью ферментов, образующихся во время солодоращения [1,1]. Наши данные (рис. 1. б, г) также свидетельствуют, что у зерна гречихи, хранящегося в тепле, увеличение индекса прорастания связано с увеличением амилолитической активности полученного из него солода (3 месяца хранения). Для зерна хранящегося в холоде эта тенденция становилась заметной на один месяц позже. Известно, что у зерна, выращенного в теплом климате с менее выраженной сезонностью температур индекс прорастания не имеет четкого максимума, а непрерывно увеличивается в течение года [1,1].

Данные о водочувствительности зерна необходимы для определения степени замачивания и режима проращивания. Водочувствительность зерна гречихи в процессе хранения варьировала (рис. 1. в), но не превышала 16%, что позволяет считать его малочувствительным к воде [2, 149]. Многие австралийские и европейские сорта ячменя, имеющие среднюю водочувствительность, уменьшают водочувствительность во время хранения. [1, 1]. Для зерна гречихи такой закономерности в наших исследованиях не выявлено.

Таким образом, показано, что зерно гречихи изменяет свои физиологические и физико-химические характеристики в процессе послеуборочного созревания и дальнейшего хранения в течение года. Наиболее благоприятный период для солодоращения в соответствии с полученными данными об энергии и индексе прорастания, водочувствительности и амилолитической активности наступает после 3-х месяцев независимо от температурных условий хранения.

Источники

1. Changes in germination and malting quality during storage of barley / B. W. Woonton, J. V. Jacobsen, F. Sherkat and I. M. Stuart // J. Inst. Brew. – 2005. – 111 (1), – P. 33-41.
2. Нарцисс, Л. Технология солодорощения / Л. Нарцисс; перевод с нем. Под общей ред. Г. А. Ермолаевой и Е. Ф. Шапенко. – СПб.: Профессия, 2007. – 584 с., ил., табл.
3. The effect of post-harvest storage period on barley germination, malt quality and water uptake / B. W. Woonton, J. V. Jacobsen, F. Sherkat and I. M. Stuart // Procceedings of the 10th Australian barley Technical Symposium. Canberra. Australia. 2003.
4. Послеуборочное дозревание зерна [электронный ресурс] – режим доступа: http://mistmare.ru/zerno-kultur/560-posleuborochnoe-dozrevanie-chast-1.html
5. ГОСТ 5060-89. Ячмень пивоваренный. Технические условия. – Введ. 1988-07-01. – М.: Изд-во стандартов, 1986. – 7 с.

Сонькин Д.М., Горбенко С.А.

Сонькин Д.М – кандидат технических наук, Горбенко С.А. – студент.

СИСТЕМА ПРОГНОЗИРОВАНИЯ СОБЛЮДЕНИЯ РАСПИСАНИЯ ДВИЖЕНИЯ КАК СОСТАВНАЯ ЧАСТЬ АСУ ТРАНСПОРТОМ

Задача автоматизации системы управления транспортом была актуальна с момента появления транспорта. В течении многих лет, разрабатывались системы, позволяющие наблюдать и прогнозировать транспортную обстановку в местах движения транспортных средств. Создавались диспетчерские пункты наблюдения за транспортными средствами.

В настоящее время, когда развитие информационных технологий дошло до высокого уровня, мобильные технологии стали доступны большинству населения. Технологии Internet, GSM, GPS. ГЛОНАСС стали неотъемлемой частью жизни современного человека. Человеку стало необходимо знать о точном времени прибытия транспортного средства. В свою очередь системы управления транспортом перестали отвечать этим требованиям. Поэтому разработка системы, которая может своевременно предоставлять данные о местоположении транспортных средств, времени прибытия, прогнозировании движения является актуальной и востребованной.

Для сбора информации о дорожной обстановке и своевременное реагирование на события системы, была разработана структурная схема [1.3] функционирования портала.

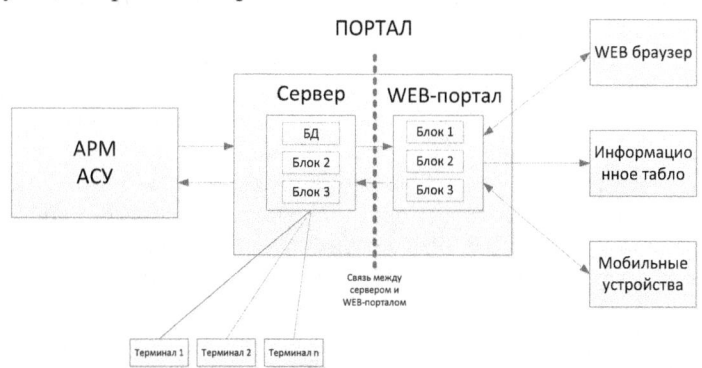

Рис. 1. Структура системы

В общем виде web-портал можно разделить на две функциональные части: web-портал и сервер. Сервер реализует хранение и накопление информации. Web-портал использует данные с сервера и реализует функции расчета данных, правильное отображение и обработку данных.

Вся система состоит из автоматизированной рабочего места (АРМ) и Web-портала. Сервер получает данные с терминалов GPS/ГЛОНАСС на транспортных средствах. Полученные данные обрабатываются, записываются, в дальнейшем эти данные используются для функций расчета статистики и других функций.

Web-портал состоит из нескольких блоков реализующих разные функции, один из блоков отвечает за алгоритмический расчет времени прибытия транспортного средства в заданную точку. Для решения задачи времени прибытия, было выявлено 2 пути решения данной задачи:

В общем виде алгоритмы расчета времени прибытия могут основываться на двух разных принципах

- На основе отрезка пути
- На основе анализа данных конкретного транспортного средства

В рамках работы были разработаны алгоритмы:

1. Алгоритм аналогии позволяет вычислять время прохождения участка на основе массива данных записанного последнего подходящего дня. Алгоритм производит поиск похожего дня и на основе его данных о времени прохождения участка графа рассчитывается прогнозируемое время прохождения участка.

2. Алгоритм вероятностного прогноза на основе последних подходящих дней, схож с алгоритмом аналогии, но в отличие от него составляет прогноз не на основе последнего подходящего дня, а на основе нескольких дней. Данный метод позволяет учитывать динамику движения при вычислении прогноза.

3. Алгоритм статистики [3,205; 4,108] основывается на данных, которые были получены в течение короткого времени с момента запроса статистической скорости. Полученные таким образом данные позволяют видеть текущую обстановку на отрезке маршрута.

4. Алгоритм отставания/опережения в отличие от вышеперечисленных алгоритмов, использует данные конкретного транспортного средства. На основе этих данных, вычисляет соотношение отставания опережения текущих результатов и эталонных на выделенном участке.

5. Алгоритм отставания опережения с памятью на основе последних пройденных отрезков пути, основывается на нескольких пройденных участках. На основе этого алгоритма можно составить более точное заключение о выделенном транспортом средстве и его движении на маршруте.

Рассмотрим более подробно алгоритм, основанный на отставании или опережении с памятью.

Обозначения переменных алгоритма отставания/опережения с памятью показаны в таблице 1.

Таблица 1. обозначения переменных в алгоритме 2.2.2.

название	описание	тип
X	координаты долготы	doublepoint.X
Y	координаты широты	doublepoint.Y
n	Номер отрезка графа	int
k	Коэффициент влияния	Int
L	Длина графа	int
BusStopUser	номер остановки пользователя	int
BusStopBus	номер остановки	int
Vcp	средняя скорость тс	double
N	Тек местоположение пользователя	doublepoint
CoordBus	Местоположение тс на треке	doublepoint
Tпр	Время прошедшее от остановки	datetime
Tэтал[]	Эталонное время прохождения отрезка N	datetime
Tplan	Теоретическое время прохождения оставшегося пути	datetime
Terr	Смещение от эталона	datetime
T	Время прибытия тс	datetime
Lall	Весь путь между остановками	Double
Lres	Остаток пути	Double
Tres	Время прохождения из хэш	datetime

Рассмотрим подробнее работу алгоритма основанного на отставании/опережении для вычисления времени прибытия транспортного средства. Блок схема алгоритма представлена на рис. 2.

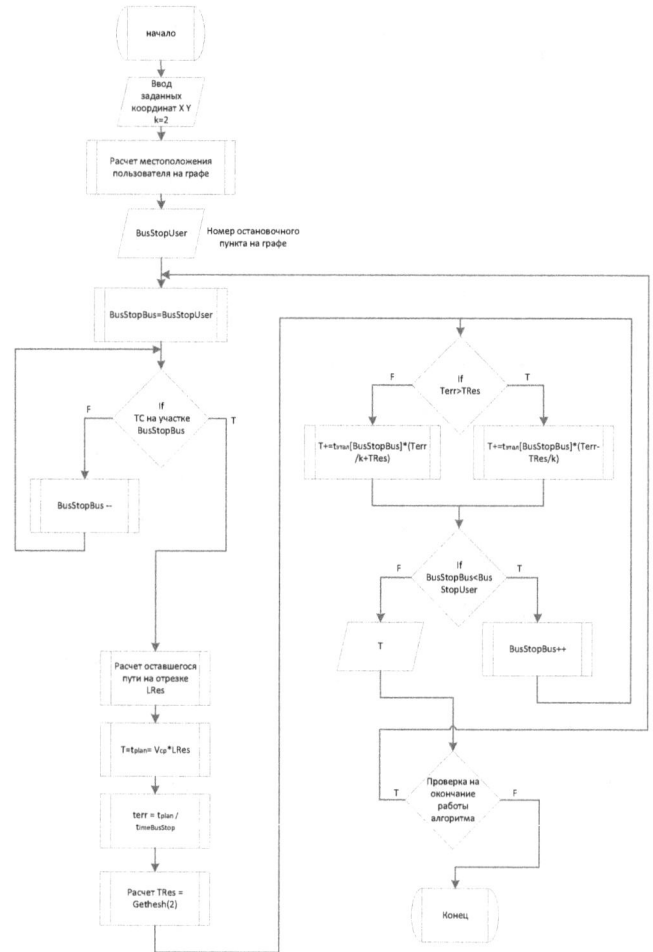

Рис. 2. Блок схема алгоритма основанного отставания/опережения с памятью

Основная часть алгоритма сводится к решению задачи о времени прохождения до ближайшей остановки, которое требуется транспорту до её достижения, а для всех последующих оценка времени достижения делается накоплением времени прохождения рёбер графа по цепочке маршрута[1,3].

После расчета заданных коодинат, происходит расчет местоположения пользователя на графе и номер остановочного пункта. Далее происходит поиск транспортного средства в сторону обратную желаемому движению пользователя. После того как было найдено трансопртное средство, просиходит расчет оставшегося пути на отрезке

LRes от транспортного средства до ближайшей вершины графа, в сторону пользователя. На основе средней скорости производится расчет времени прохождения этого учатска и сравнение данных с эталонными. После этого производится расчет TRes с заданной глубиной хэш [2,28].

Далее происходит сравнение смещения от эталоного расписания и если транспортное средство опаздывает/опережает, то вносится поправка в результатирующее время Т и увеличение номера отрезка данных. Проверка и сложение времени происходит до тех пор, пока не будут пройдены все оставшиеся отрезки от транспортного средства до заданных координат. Когда все отрезки просчитаны, пользователю предоставляется время ожидания автобуса, а алгоритм заново начинает работу уточнения времени прибытия транспортного средства.

ЛИТЕРАТУРА

[1,3] Прогнозирование параметров движения городского пассажирского транспорта по данным спутникового мониторинга Агафонов А.А. Сергеев А.В. Чернов А.В. аннотация

[2,28] Аналитика. Методология, технологические и организационные аспекты информационно-аналитической работы. Конотопов П.Ю., Курносов Ю.В. – М.: Русаки, 2004 г.

[3,205]   Теория множеств. Ф. Хаусдорф – ЛКИ 2010 г.

[4,108]   Разработка алгоритмов АСУП.   М.И. Мельцер - статистика 1975 г.

А. Р. Шахмаева - к.т.н., доцент ФГБОУ ВПО «ДГТУ»

П. Р. Захарова - старший преподаватель кафедры ВТ ФГБОУ ВПО «ДГТУ»

РАЗРАБОТКА ТИПОВОЙ СТРУКТУРЫ НОРМАЛЬНО ЗАКРЫТОГО БСИТ - ТРАНЗИСТОРА

Схематически на рис.1 представлена структура БСИТ - транзистора с одинарной ячейкой.

Нетрудно видеть, что, как и в случае, других типов мощных транзисторных структур пробивные характеристики БСИТ определяются электрофизическими параметрами высокоомного эпитаксиального слоя уровнем легирования и толщиной пленки. Согласно, элементарной теории лавинного пробоя, начало пробоя связано с достижением в электронно-дырочном переходе критического значения электрического поля, когда носители , проходя через область пространственного заряда , будут ионизировать полупроводник настолько сильно, что плотность подвижных носителей начнет резко возрастать. В зависимости от характера распределения легирующих примесей существуют различные эмпирические выражения дающие возможность оценить пробивное напряжение ($U_{пр}$) от удельного сопротивления (p) исходного полупроводника, которым в нашем случае является эпитаксиальная пленка. Согласно методике получения структур с $U_{пр} < 500$ В требуется пленка с p>8 Ом*см, однако на практике пробивные напряжения переходов , как правило ниже теоретических. Это связано, как с наличием дефектов в исходном полупроводнике, так и с явлениями поверхностного пробоя . Исходя из выше изложенного, а так же принимая во внимание практические результаты , удельное сопротивление эпитаксиального слоя было выбрано равным 15 Ом*ом, которое широко используется в отечественной промышленности.

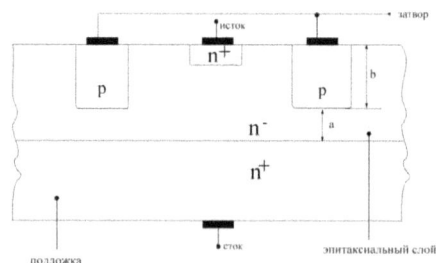

Рис.1. Структура БСИТ – транзистора с одинарной ячейкой

Теоретически такие пленки электронного кремния легированного Фосфором обеспечивают пробивное напряжение до 800 В. Однако, согласно структуре транзистора при обратном смещении перехода затвор-сток область пространственного заряда может достичь сильно легированной области (n+) до достижения критического значения электрического поля, что приведет к ограничению теоретического напряжения пробоя структурно. По этому толщина эпитаксиальной пленки рассчитывалась по следующему выражению:

$$h_x = a + b$$

где b - это глубина затворного перехода,

а - ширина ОПЗ в эпитаксиальной пленке при обратном смещении, равным 500 В.

Расчет ширины ОПЗ проводился как в случае ассиметричного p-n - переход. Расчетное значение толщины эпитаксиального слоя составило 40 мкм.

Для повышения пробивных характеристик разрабатываемого транзистора нами был предусмотрен вариант кольцевой охраны.

Исходя из условия, что оптимальное расстояние между основным переходом и переходом охранного кольца от радиуса кривизны последнего перехода функционально связаны выражением:

$$W_{опт} = Y_{опт} - 2 * R_к * K$$

где К - коэффициент боковой диффузии примеси,

Выбор оптимальной конструкции охранных колец был основан в измерениях тестовых структур. Для изготовления тестовых структур в работе использовали пластины монокристаллического кремния марки КЭФ-15 кристаллографической ориентации <111> . В соответствии с топологией мощных транзисторов рабочие ячейки исследуемых p-n переходов на фотошаблоне содержали структуры с различной геометрией:

1. Ячейки с различным числом колец (N=0,1,…, 10) при постоянном расстоянии между ними,

2. Ячейки с различными расстояниями между кольцами.

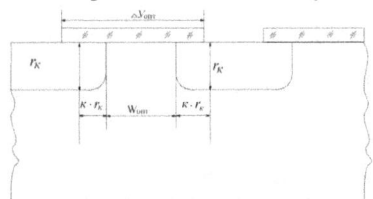

Рис. 2. Связь между $W_{опт}$ и $Y_{опт}$

Глубина p-n перехода варьировала с 3 до 8 мкм . Такой подход при разработке фотошаблонов тестовых структур и самой типовой структуры был выбран с целью исключения влияния случайных факторов , обусловленных разбросом параметров исходного кремния и режимов технологического процесса .

Для исследования был использован класс программ приборно – технологического моделирования TCAD фирмы Synopsys. Распределение примесей в структуре моделируемого прибора и ВАХ, полученные с помощью вышеуказанного пакета программ, представлен на Рис. 3. и Рис. 4 соответственно.

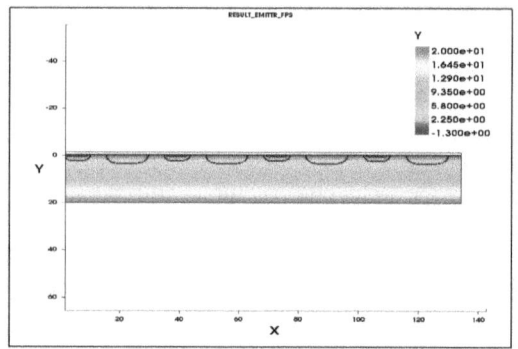

Рис.3. Распределение примесей в структуре прибора с 4 делительными кольцами

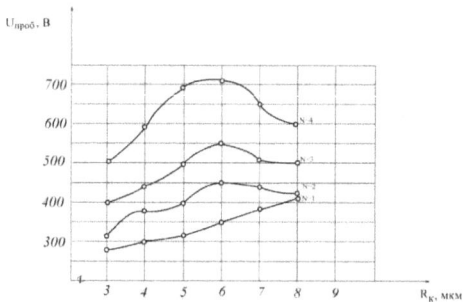

Рис.4. Зависимость $U_{проб} = f(R_k)$ с различным числом делительных колец

Нетрудно видеть резкое увеличение пробивного напряжения в зависимости от числа колец. При этом оптимальная глубина залегания p^+-слоя охрана составляет порядка 6 мкм. Таким образом исходная эпитаксиальная структура должна иметь удельное сопротивление не ниже 15 Ом*см при толщине не менее 40 мкм. Оптимальная глубина залегания диффузионной области охраны и затвора составляет 6 мкм. Далее рассмотрим типовую структуру транзистора.

УДК 536.46:621.762:662.612

Чернов Ф.Н.
соискатель кафедры
«Ракетно-космическая техника и энергетические установки»
thechernovs2009@yandex.ru
Малинин В.И.
профессор кафедры
«Ракетно-космическая техника и энергетические установки»
malininvi@mail.ru
Пермский национальный исследовательский политехнический университет
г. Пермь, Российская Федерация

ТЕХНОЛОГИЯ ВЫДЕЛЕНИЯ НАНОДИСПЕРСНОГО ОКСИДА ИЗ СУСПЕНЗИИ ПРОДУКТОВ СГОРАНИЯ МЕТАЛЛОГАЗОВОЙ СМЕСИ

Развитие современных технологий основывается на производстве высококачественных порошковых материалов, обладающих заданными свойствами, которые находят свое применение в производстве машиностроительной керамики, композиционных материалов, в электронике, химической промышленности и других областях [1,73; 2,27]. Одним из наиболее востребованных для современных технологий является наноультрадисперсный порошок (НУДП). Общий недостаток используемых методов получения НУДП состоит в низкой производительности и невозможности их применения для промышленного производства. В научно-исследовательской работе [3,42] был предложен новый высокопроизводительный метод получения высокодисперсных порошков оксидов металлов – метод сжигания металлогазовой смеси, который позволяет получать продукты высокого качества при большой производительности. Недостатком данного метода является необходимость выделения дисперсной фракции из суспензии продуктов сгорания.

В работе [4,201] предложена технологическая схема выделения НУДП из суспензии, в основе которой – использование метода седиментации.

Однако метод седиментации неприменим для выделения нанодисперсных частиц, так как он не учитывает влияние броуновского движения, в котором участвуют частицы диаметром менее 100 нм. Помимо этого, он является достаточно продолжительным, что делает затруднительным его применение в промышленном производстве нанопорошков. Для того чтобы избавиться от влияния броуновского движения и ускорить процесс разделения фракций, предлагается использовать электрофорез – движение частиц дисперсной фазы относительно дисперсионной среды под действием внешнего электрического поля. Скорость электрофореза рассчитывается по формуле:

$$V_e = \frac{2\zeta\varepsilon_0 E}{3\eta} f(\chi d / 2),$$

где V_e – скорость электрофореза, ε – диэлектрическая проницаемость жидкости, ε_0 – диэлектрическая постоянная, ζ – электрокинетический потенциал частицы, E – напряжённость электрического поля, η – коэффициент вязкости воды, χ – параметр Дебая.

На основе данных, представленных в работе [5,132], выполнен расчет зависимости функции f от диаметра частиц оксида при параметре Дебая $\chi = 6,7\cdot 10^7 \text{м}^{-1}$, $15\cdot 10^7 \text{м}^{-1}$, $30\cdot 10^7 \text{м}^{-1}$ (обеспечивается за счет приготовления необходимой концентрации NaCl в суспензии, таблица 1). График этой зависимости представлен на рис. 1 в логарифмическом масштабе.

Таблица 1. Расчет зависимости функции f от диаметра частицы

$\chi \cdot d/2$	f	d, нм
1	1,0267	13
3	1,1005	40
5	1,1630	67
10	1,2500	133
20	1,3400	267
50	1,4200	667
100	1,4580	1333

В таблице 2 представлен расчёт времени осаждения частиц γ-оксида алюминия в гравитационном и электрическом полях при высоте слоя суспензии 5 см.

Сравнительный анализ данных таблицы 2 позволяет сделать вывод, что с помощью силы электрического поля, действующего на частицы оксида в суспензии, возможно значительно сократить время их осаждения [6,489; 7,12].

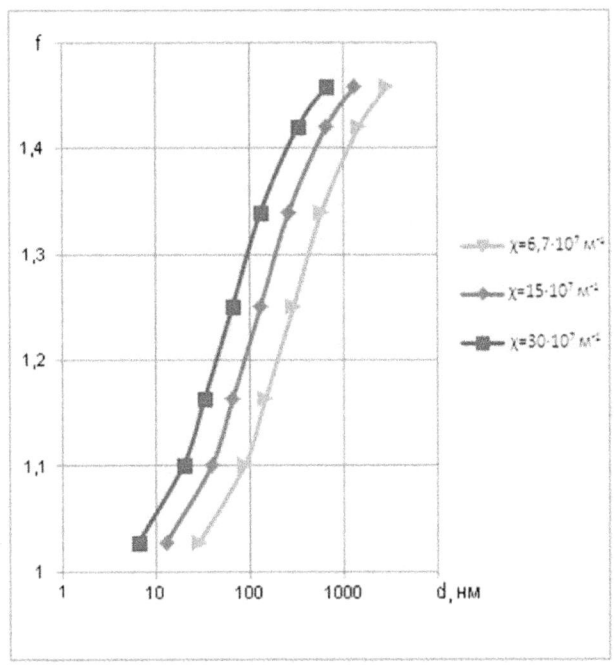

Рис.1. Зависимость функции f от диаметра частицы

Таблица 2. Расчёт времени осаждения частиц
E=1000 В/м, ζ=20мВ, ε_0 = 8,85·10-12 Ф/м, η=1002·10^{-6} Па·с, χ=15·10^{-7}м$^{-1}$

d, нм	τ_{Fg}, час	τ_{Fe}, час
200	$2,5 \cdot 10^2$	1,1
100	$9,9 \cdot 10^2$	1,2
50	$3,9 \cdot 10^3$	1,3

где d – диаметр частиц, τ_{Fg}, τ_{Fe} – время осаждения частиц в гравитационном и электрическом полях соответственно.

Именно метод электрофореза был использован при разработке технологии выделения нанодисперсного оксида из суспензии продуктов сгорания металлогазовой смеси (рис. 2). Основным этапом предложенной технологии является этап разделения фракций. Для его реализации требуется специальное оборудование – устройство для выделения частиц заданной дисперсности (рис. 3). Устройство состоит из нескольких основных частей: ёмкости для суспензии, ёмкости для электролита и крышки с затвором [8,70].

Рис.2. Технологическая схема.

Ёмкость для суспензии *1* представляет собой полый цилиндр с днищем. Ёмкость для электролита *2* имеет в нижней своей части отверстия, через которые из ёмкости *1* в неё под действием электрического поля перемещаются крупные частицы оксида, растворенные в суспензии, и агломераты частиц.

Крышка *3* оснащена затвором *4*, который перекрывает отверстие ёмкости *2*, отсекает разделенные фракции и позволяет сливать суспензию, содержащую частицы требуемой дисперсности без опасности перемешивания. Также в крышке имеется отверстие *5* для выхода газа, который образуется в процессе электрофореза. На крышке закреплена металлическая сетка *6*, служащая токопроводящим контактом. Второй токопроводящий контакт зафиксирован в пространстве между ёмкостями *1* и *2*. Крышка *3* крепится к ёмкости *1* с помощью винтового соединения *7* посредством металлических втулок с резьбой, вмонтированных в ёмкость

1, и винтов. Заполнение и опорожнение ёмкостей *1* и *2* осуществляется через патрубки, вмонтированные в крышку *3* и ёмкость *1*.

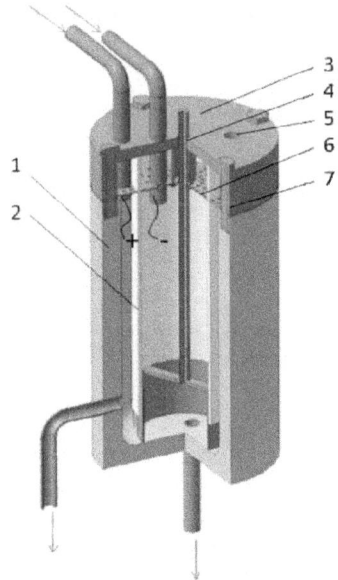

Рис. 3. Устройство для выделения нанодисперсного оксида

Ёмкости *1* и *2*, крышка *3* и затвор *4* изготовлены из неэлектропроводного материала. Сетки *6* выполнены из некорродирующего материала, т.к. загрязнение суспензии посторонними примесями приведёт к ухудшению чистоты целевого продукта [9,413].

Преимуществом предложенной конструкции является возможность автоматизации процесса разделения фракций [10,3]. Это позволит включить узел разделения в комплекс технологического оборудования для промышленного производства нанодисперсного порошка оксида. Так, заполнение и опорожнение емкостей возможно осуществлять посредством насосного оборудования, уровень жидкости – контролировать датчиками уровня, расположенными в ёмкостях на разной высоте, опускание-подъём затвора и открытие-закрытие запорной арматуры трубопроводов – выполнять с помощью пневматического привода.

Таким образом, предложена технология выделения нанодисперсных частиц из суспензии продуктов сгорания металлогазовой смеси, основанная на применении эффекта электрофореза; разработана конструкция устройства для выделения наночастиц требуемой дисперсности, которое может быть использовано в составе технологического комплекса для промышленного производства нанопорошка.

Список использованной литературы:

1. Порошковая металлургия нано-кристаллических материалов / М.И. Алымов. – М.: Изд-во «Наука», 2007. 169 С.

2. Анциферов В.Н., Андреев В.Г., Гончар А.В., Дубров А.Н., Летюк Л.М., Попов С.А., Сатин А.И. Проблемы порошкового материаловедения. Ч. III. Реология дисперсных систем и технологии функциональной магнитной керамики. Екатеринбург: УрО РАН, 2003. ISBN 5–7691–1315–4.

3. Малинин В.И., Коломин Е.И., Антипин И.С. Воспламенение и горение аэровзвеси алюминия в реакторе высокотемпературного синтеза порошкообразного оксида алюминия // Физика горения и взрыва. 2002. Т.38, №5. С.41 – 51.

4. Малинин В.И. Внутрикамерные процессы в установках на порошкообразных металлических горючих. – Екатеринбург-Пермь: УрО РАН, 2006. – 262 С.

5. Духин С.С., Дерягин Б.В. Электрофорез. - «Наука» М. 1976. – 332с.

6. Животков А.В., Чернов Ф.Н. Влияние броуновского движения наночастиц Al_2O_3 на их седиментацию в слабоконцентрированной суспензии // Современная техника и технологии: XV Межд. науч.-практ. конф. молодых ученых – Томск, 2009. – с.488-490.

7. Исследование распределения наночастиц по высоте в слое слабоконцентрированной стабильной суспензии / Малинин В.И., Животков А.В., Чернов Ф.Н. / Аэрокосмическая техника, высокие технологии и инновации – 2009: XI Всерос. научн. техн. конф. Пермь: Пермс. гос. техн. ун-т.

8. Выделение нано- и ультрадисперсных оксидов из конденсированных продуктов сгорания аэровзвесей металлических порошков / В.И. Малинин, Б.Ф. Потапов, И.С. Антипин, Ф.Н. Чернов / Научные исследования и инновации. Научный журнал, 2008. Т. 2, № 4. С. 66 – 71.

9. Опытно-промышленное оборудование для получения нано-ультрадисперсных порошков оксидов металлов / Малинин В.И., Чернов Ф.Н., Шатров А.В. / Проблемы и перспективы развития авиации наземного транспорта и энергетики «АНТЭ-2009»: V Всерос. научн. техн. конф. Казань: Казанс. гос. техн. ун-т, 2009.

10. Автоматизация процесса промышленного выделения нано-ультрадисперсных порошков из слабоконцентрированной стабильной суспензии / Чернов Ф.Н., Малинин В.И. / Новые материалы, наносистемы и нанотехнологии / Всерос. молодежн. интернет-конф. Ульяновск: Ульяновс. гос. техн. ун-т, 2010.

УДК 62-9

Зуева О. А., Бачев Н. Л., Бульбович Р.В.

Зуева О. А. - аспирант каф. Ракетно-космической техники и энергетических установок (РКТ и ЭУ) Пермского национального исследовательского политехнического университета (ПНИПУ), oksanochka_zueva@mail.ru;

Бачев Н. Л. - к.т.н., доцент каф. РКТ и ЭУ ПНИПУ;

Бульбович Р.В. - д.т.н., профессор каф. РКТ и ЭУ ПНИПУ.

РАЗРАБОТКА ВЫСОКОРЕСУРСНОЙ КАМЕРЫ СГОРАНИЯ ДЛЯ УТИЛИЗАЦИИ ПОПУТНОГО НЕФТЯНОГО ГАЗА

Одним из способов утилизации попутного нефтяного газа (ПНГ) является его сжигание в камере сгорания (КС) газотурбинных установок (ГТУ) с выработкой электрической и тепловой энергии. КС предназначена для преобразования химической энергии топливного газа (ПНГ) в тепловую энергию путем его непрерывного сжигания в потоке воздуха. Рабочий процесс в КС представляет собой совокупность процессов подготовки топливо - воздушной смеси, ее непрерывного поджигания, собственно горения и разбавления вторичным воздухом, в результате чего образуется высокотемпературное рабочее тело ($T = 700 - 950°C$) для привода газовой турбины энергоустановки. Поскольку при таких температурах становится невозможной качественная организация процесса устойчивого горения ни одного вида топлив [1, 9; 2, 163], то для собственно горения топливного газа необходимо выделить зону горения с подводом первичного воздуха, обеспечивая условия устойчивого горения и высокую температуру процесса. Остальная часть циклового воздуха (вторичный воздух), минуя зону горения, через узлы подвода в зоны дожигания и разбавления, где, смешиваясь с продуктами сгорания (ПС) зоны горения, обеспечивает заданный уровень температуры газов перед турбиной.

Длина жаровой трубы (ЖТ) определяется из условия обеспечения заданной неравномерности температурного поля на выходе θ[1, 62]

$$\frac{l_{\text{жт}}}{d_{\text{жт}}} = \left(A \cdot \frac{\Delta P_{\text{жт}}}{q_{\text{жт}}} \ln \frac{1}{1-\theta} \right)^{-1},$$

где эмпирический коэффициент $A = 0{,}07$ для трубчатой КС; $\Delta P_{\text{жт}}$, $q_{\text{жт}}$ - потери давления и скоростной напор в ЖТ; $l_{\text{жт}}$ и $d_{\text{жт}}$ – длина и диаметр ЖТ; θ – неравномерность температурного поля.

Площади миделевого сечения трубы $F_{\text{жт}}$ и кожуха $F_{\text{к}}$ связаны соотношением

$$F_{\text{жт}} = k \cdot F_{\text{к}},$$

где коэффициент пропорциональности $k = 0{,}7 - 0{,}8$ для трубчатых КС.

Важнейшим конструктивным параметром КС является распределение площадей отверстий по длине ЖТ. От того, насколько правильно задано распределение воздуха, будут зависеть все основные характеристики КС - полнота сгорания, концентрация вредных и коррозионно - активных веществ в составе ПС и неравномерность температурного поля на входе в турбину. На стадии эскизного проектирования распределение воздуха следует задавать на основании статистических данных, полученных обобщением опыта проектирования КС.

Потребный расход вторичного воздуха в зону разбавления i

$$g_{\text{ок}i} = \alpha_i \cdot K_{m0} g_{\text{гор}} - \sum_{j=1}^{i-1} g_{\text{ок}j},$$

где α_i- коэффициент избытка окислителя в зоне разбавления i; K_{m0}- стехиометрическое соотношение между воздухом и топливным газом; $g_{\text{гор}}$- расход топливного газа в зону горения.

Скорость подачи вторичного воздуха в зоны догорания и разбавления определяется по заданному отношению динамических напоров струи вторичного воздуха и потока ПС в ЖТ

$$q = \frac{\rho_{\text{ок}} W_{\text{ок}}^2}{\rho_{\text{пс}} W_{\text{пс}}^2},$$

где по опыту предшествующих разработок $q = 20 - 30$; $\rho_{\text{ок}}$, $W_{\text{ок}}$- плотность и скорость вторичного воздуха; $\rho_{\text{пс}}, W_{\text{пс}}$- плотность и скорость ПС в ЖТ.

Потребная площадь отверстий в стенке ЖТ для подвода вторичного воздуха определяется по уравнению неразрывности

$$F_{\text{ок}} = \frac{g_{\text{ок}}}{\rho_{\text{ок}} \cdot W_{\text{ок}} \cdot \mu_{\text{отв}}},$$

где $\mu_{\text{отв}}$- коэффициент расхода щелей или отверстий.

Скорость ПС в зоне i

$$W_{\text{пс}i} = \frac{\sum g_{\text{ок}i} + g_{\text{гор}}}{\mu_{\text{жт}} \cdot \rho_{\text{пс}} \cdot F_{\text{жт}}},$$

где $\mu_{\text{жт}}$ - коэффициент расхода в ЖТ.

На рисунке 1 показаны распределения расходов воздуха и ПС по длине КС при расходе топливного газа в зону горения $g_{\text{гор}} = 0{,}040$ кг/с, которые получены при соотношении динамических напоров вторичного воздуха и ПС $q = 30$ и геометрических размерах, указанных в таблице 1. Как видно из рисунка 1, коэффициент избытка воздуха α имеет почти линейное распределение по длине КС, которое в дальнейшем будет уточняться в процессе доводочных испытаний.

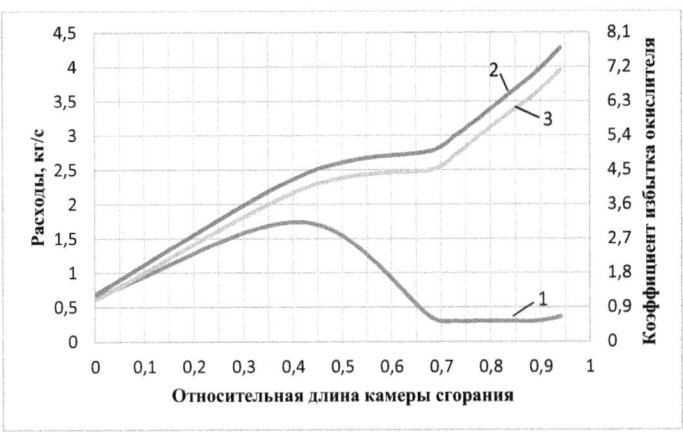

Рис. 1. Распределение расходов и коэффициента избытка воздуха по длине КС:
1 – расход воздуха; 2 – расход ПС; 3 – коэффициент избытка воздуха

Одной из важнейших характеристик, определяющих надежность и ресурс КС, является тепловое состояние стенок ЖТ и кожуха. Определение температуры элементов КС следует за определением режимных и геометрических параметров. При оценке температурного режима конструкционного материала в первую очередь необходимо ориентироваться на максимальную температуру ЖТ и кожуха. Местоположение и значение этой температуры определяются характером распределения тепловых потоков по длине КС.

Локальные значения температуры огнеупорной стенки в зоне горения, ЖТ и кожуха в зонах догорания и разбавления могут быть определены решением уравнений теплового баланса, составленных для установившегося режима работы ГТУ. Передача тепла от ПС к ЖТ осуществляется посредством конвективного и лучистого теплообмена. Кожух нагревается за счет теплового излучения ЖТ. Воздух в кольцевом канале нагревается от ЖТ и кожуха в результате конвективного теплообмена.

Параметры конвективного и лучистого теплообмена в рассматриваемых сечениях определяются по рекомендациям [3, 76].

На рисунке 2 приведены зависимости температуры ПС, ЖТ, кожуха и вторичного воздуха по длине КС.

Рис. 2. Распределение температур по длине КС:
1 – температура ПС; 2- температура ЖТ; 3 – температура кожуха; 4 – температура вторичного воздуха.

Распределение температуры ПС по длине КС получено в результате термодинамических расчетов процессов горения и разбавления с использованием данных рисунка 1. В зоне горения температура $T_{пс} = 2113°С$ при $\alpha = 1,08$ (устойчивое горение), а на выходе $T_{пс} = 700°С$ при $\alpha = 7,1$ (работоспособность сопловых и рабочих лопаток турбины).

При выборе конструкционных материалов с целью обеспечения высокой надежности и длительного ресурса необходимо ориентироваться на максимальные температуры ЖТ и кожуха. Максимальная температура ЖТ $T_с = 730°С$ достигается в области примыкания ЖТ с горелочным камнем зоны горения, а затем уменьшается по длине КС на 18 %. Температура кожуха увеличивается по длине на 30 % и достигает максимального значения $T_к = 655°С$ на выходе из КС, поскольку для принятой конструкции скорость вторичного воздуха в кольцевом канале уменьшается.

Распределение температуры вторичного воздуха в кольцевом канале зависит от места расположения патрубка подвода. Для принятой конструкции максимальное увеличение температуры вторичного воздуха составляет 5,5 %, что вполне согласуется с данными предшествующих разработок.

Разрабатываемая КС должна надежно функционировать при сжигании ПНГ различных месторождений, отличающихся по составу, влажности и другим параметрам. Для обеспечения ресурса работы до 100000 часов (капитальный ремонт 60000 часов) необходим тщательный выбор хромоникелевых сплавов, работающих в высокотемпературной коррозионно - активной среде. С целью качественного выбора конструкционных материалов были проведены термохимические и термодинамические расчеты для определения состава ПС по длине КС. Результаты этих расчетов представлены на рисунке 3.

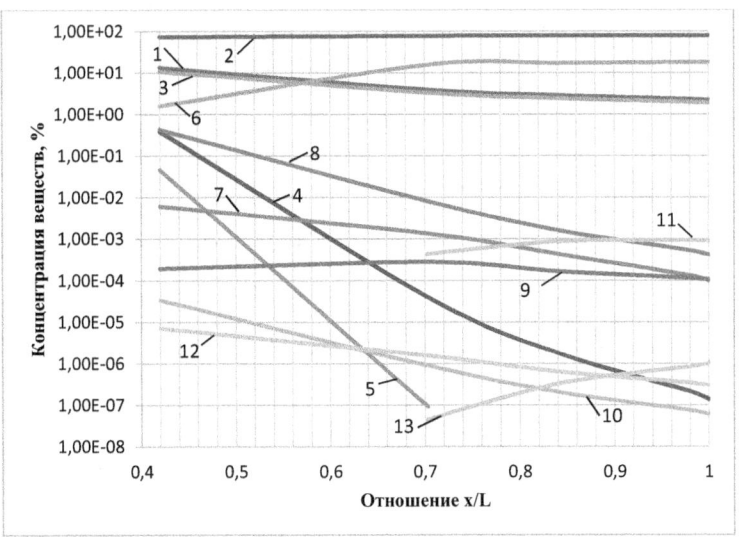

Рис. 3. Состав ПС по длине КС: 1-H_2O; 2- N_2; 3- CO_2; 4- OH; 5- O; 6- O_2; 7- SO_2; 8- NO; 9- NO_2; 10- N_2O; 11- SO_3; 12- HNO_2; 13- H_2SO_4

В ПС ПНГ наибольшую коррозионную активность имеют пары серной кислоты H_2SO_4 , оксид серы SO, диоксид серы SO_2, триоксид серы SO_3, пары воды H_2O [4, 83]. Менее всего серосодержащие газы действуют на хром, поэтому с точки зрения скорости окисления хромистые стали предпочтительнее хромоникелевых. Содержание никеля в составе сплава необходимо не для уменьшения скорости окисления, а для обеспечения хороших механических свойств. Подбором состава сплавов невозможно добиться достаточной стойкости материалов к агрессивному действию серосодержащих газов при высоких температурах, а можно лишь говорить об относительном улучшении коррозионной стойкости.

Анализ составов ПС, существующих жаростойких сплавов и экспериментальное определение скорости уноса конструкционных материалов показал, что при создании высокоресурсной КС для утилизации ПНГ целесообразно применение сплавов ХН60ВТ6, 20Х23Н18, 20Х25Н20С2 для ЖТ; 20Х23НВ, 12Х18Н10Т для кожуха, арматуры и крепежных изделий.

Выводы:

1) Предложена конструктивная схема многозонной КС для сжигания разнородных по составу, неочищенных и влажных ПНГ различных месторождений, которая является простой и обладает технологичностью при изготовлении.
2) Определены геометрические, режимные и тепловые характеристики КС.
3) Приведено распределение по длине КС наиболее коррозионно-активного состава продуктов сгорания (ПНГ с максимально возможным содержанием сероводорода 7 %).
4) Даны рекомендации по использованию хромоникелевых сплавов при изготовлении высокоресурсной многозонной КС.

Список литературы

1. Мингазов Б. Г. Камеры сгорания газотурбинных установок. - Казань: издательство КГТУ, 2006. - 220с.
2. Пчелкин Ю. М. Камеры сгорания газотурбинных двигателей.- М.: Машиностроение, 1985.-280 с.
3. Сударев А. В., Антоновский В. И. Камеры сгорания газотурбинных установок. Теплообмен. – Л.: Машиностроение, 1985. - 272с.
4. Зуева О. А., Бульбович Р. В., Бачева Н. Ю. Расчет выбросов загрязняющих и коррозионно- активных веществ при сжигании серосодержащего попутного нефтяного газа в микрогазотурбинных энергетических агрегатах// Вестник ПНИПУ. Аэрокосмическая техника.- 2012. - № 32. – С. 81-95.

Иванов И.Е.

аспирант, Ивановский государственный энергетический университет имени В.И. Ленина (г. Иваново),
Igor-official@yandex.ru

МОДЕЛИРОВАНИЕ УСТАНОВИВШЕГОСЯ РЕЖИМА НЕОДНОРОДНЫХ ВОЗДУШНЫХ ЛИНИЙ ЭЛЕКТРОПЕРЕДАЧИ В ПРОГРАММНОМ КОМПЛЕКСЕ MATLAB

Проведение расчётов установившихся режимов высоковольтных воздушных линий электропередачи (ВЛЭП) часто сопряжено с необходимостью получения комплексных значений токов и напряжений по концам ВЛЭП. Данные значения традиционно используются, например, при определении параметров срабатывания отдельных ступеней устройств релейной защиты и автоматики. Одной из актуальных задач, требующей вычисления комлексных значений токов и напряжений на основании модели ВЛЭП с распределёнными параметрами, является разработка алгоритмов идентификации параметров ВЛЭП с применением синхронизированных векторных измерений [1]. Поскольку объектом моделирования является непосредственно ВЛЭП, прилегающие участки сети можно заменить эквивалентированными системами.

Программные комплексы ATP-EMTP [2] являются инструментом, используемом специалистами-электроэнергетиками по всему миру. Однако применение полученных сигналов (в частности, токов и напряжений) в алгоритмах, реализованных в среде математического моделирования, такой как MATLAB, требует наличия некоторого интерфейса связи. Подобный интерфейс отсутствует, и несмотря на то, что можно разработать код, собирающий необходимые числовые данные из текстовых файлов, сформированных ATP-EMTP, данная задача сама по себе является довольно сложной. Помимо этого, код не будет являться универсальным, а работа с текстовыми файлами, очевидно, потребует больших временных затрат при значительном объёме вычислительных экспериментов. Исходя из сказанного, задачей данного исследования являлась разработка алгоритма, позволяющего получить необходимые комплексные значения токов и напряжений по концам ВЛЭП непосредственно в программном обеспечении MATLAB, используемом автором при разработке алгоритмов идентификации параметров ВЛЭП.

Рассмотрим схему трёхфазной электрической сети, используемой для расчётов, в однолинейном исполнении (рис. 1). Эквивалентированные системы, примыкающие к ВЛЭП слева и справа, представлеными своими электродвижущими силами (ЭДС) и комплексными сопротивлениями. Трёхфазная одноцепная ВЛЭП представлена моделью с распределёнными параметрами. Реальные ВЛЭП редко являются однородными по длине: даже если условия окружающей среды (например, удельное сопротивление грунта) можно считать одинаковыми вдоль всей трассы ВЛЭП, наличие различных по длине участков транспозиции фаз не позволяет рассматривать ВЛЭП как единое целое. Исходя из этого, ВЛЭП на рис. 1 представлена двумя независимыми участками, параметры и чередование фаз которых независимы друг от друга.

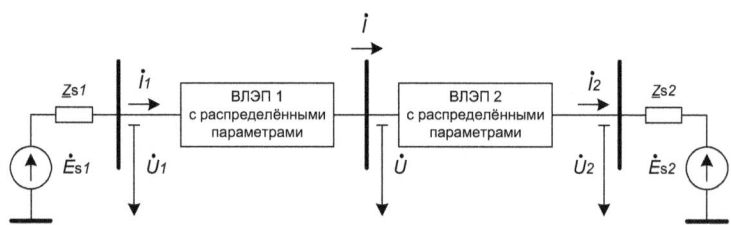

Рис. 1. Схема замещения электрической сети, используемой для расчёта установившегося режима трёхфазной неоднородной ВЛЭП

Схема участка сети (рис. 1), включающая моделируемую ВЛЭП, позволяет составить следующую систему уравнений в матричном виде:

$$\dot{\mathbf{E}}_{s1} - \dot{\mathbf{U}}_1 = \underline{\mathbf{z}}_{s1}\dot{\mathbf{I}}_1, \tag{1}$$

$$\dot{\mathbf{U}}_2 - \dot{\mathbf{E}}_{s2} = \underline{\mathbf{z}}_{s2}\dot{\mathbf{I}}_2, \tag{2}$$

$$\dot{\mathbf{T}}_{u1}^{-1}\dot{\mathbf{U}} = \dot{\mathbf{A}}_1\dot{\mathbf{T}}_{u1}^{-1}\dot{\mathbf{U}}_1 - \dot{\mathbf{B}}_1\dot{\mathbf{T}}_{i1}^{-1}\dot{\mathbf{I}}_1, \tag{3}$$

$$\dot{\mathbf{T}}_{i1}^{-1}\dot{\mathbf{I}} = \dot{\mathbf{A}}_1\dot{\mathbf{T}}_{i1}^{-1}\dot{\mathbf{I}}_1 - \dot{\mathbf{C}}_1\dot{\mathbf{T}}_{u1}^{-1}\dot{\mathbf{U}}_1, \tag{4}$$

$$\dot{\mathbf{T}}_{u2}^{-1}\dot{\mathbf{U}}_2 = \dot{\mathbf{A}}_2\dot{\mathbf{T}}_{u2}^{-1}\dot{\mathbf{U}} - \dot{\mathbf{B}}_2\dot{\mathbf{T}}_{i2}^{-1}\dot{\mathbf{I}}, \tag{5}$$

$$\dot{\mathbf{T}}_{i2}^{-1}\dot{\mathbf{I}}_2 = \dot{\mathbf{A}}_2\dot{\mathbf{T}}_{i2}^{-1}\dot{\mathbf{I}} - \dot{\mathbf{C}}_2\dot{\mathbf{T}}_{u2}^{-1}\dot{\mathbf{U}}. \tag{6}$$

Векторы $\dot{\mathbf{E}}_{s1}$, $\dot{\mathbf{E}}_{s2}$, $\dot{\mathbf{U}}_1$, $\dot{\mathbf{U}}_2$, $\dot{\mathbf{U}}$, $\dot{\mathbf{I}}_1$, $\dot{\mathbf{I}}_2$ и $\dot{\mathbf{I}}$ в уравнениях (1)-(6) представляют собой ЭДС эквивалентированных систем (известные величины), а также напряжения и токи (неизвестные величины) соответственно. Каждый из этих векторов содержит три элемента, отражающих значение соответствующего сигнала в каждой из трёх фаз А, В и

C. Например, векторы $\dot{\mathbf{E}}_{s1}$, $\dot{\mathbf{U}}_1$ и $\dot{\mathbf{I}}_1$ записываются следующим образом (остальные – аналогично):

$$\dot{\mathbf{E}}_{s1} = \begin{bmatrix} \dot{E}_{s1A} \\ \dot{E}_{s1B} \\ \dot{E}_{s1C} \end{bmatrix}; \quad \dot{\mathbf{U}}_1 = \begin{bmatrix} \dot{U}_{1A} \\ \dot{U}_{1B} \\ \dot{U}_{1C} \end{bmatrix}; \quad \dot{\mathbf{I}}_1 = \begin{bmatrix} \dot{I}_{1A} \\ \dot{I}_{1B} \\ \dot{I}_{1C} \end{bmatrix}.$$

Матрицы $\underline{\mathbf{z}}_{s1}$ и $\underline{\mathbf{z}}_{s2}$ содержат активно-индуктивные сопротивления двух эквивалентированных систем:

$$\mathbf{z}_{s1} = \begin{pmatrix} \underline{z}_{s11} & \underline{z}_{m11} & \underline{z}_{m11} \\ \underline{z}_{m11} & \underline{z}_{s11} & \underline{z}_{m11} \\ \underline{z}_{m11} & \underline{z}_{m11} & \underline{z}_{s11} \end{pmatrix}; \quad \mathbf{z}_{s2} = \begin{pmatrix} \underline{z}_{s22} & \underline{z}_{m22} & \underline{z}_{m22} \\ \underline{z}_{m22} & \underline{z}_{s22} & \underline{z}_{m22} \\ \underline{z}_{m22} & \underline{z}_{m22} & \underline{z}_{s22} \end{pmatrix},$$

где элементы $\underline{z}_{s11}$ и $\underline{z}_{m11}$ – соответственно собственное и взаимное сопротивления системы 1, а $\underline{z}_{s22}$ и $\underline{z}_{m22}$ – системы 2.

Уравнения (3)-(6) выражают зависимость напряжений и токов в конце каждого сегмента ВЛЭП от напряжений и токов в начале сегмента. Это уравнения длинной линии [3], записанные для модальных составляющих [4], поскольку прямое применение этих уравнений к фазным величинам невозможно из-за наличия индуктивных и ёмкостных связей между фазами. Каждая из матриц $\dot{\mathbf{A}}_1$, $\dot{\mathbf{B}}_1$, $\dot{\mathbf{C}}_1$, $\dot{\mathbf{A}}_2$, $\dot{\mathbf{B}}_2$ и $\dot{\mathbf{C}}_2$ является диагональной: именно это обстоятельство позволяет записать в матричной форме три независимые системы уравнений для трёх модальных компонент. Элементы матриц $\dot{\mathbf{A}}_1$, $\dot{\mathbf{B}}_1$ и $\dot{\mathbf{C}}_1$ выглядят следующим образом (для матриц $\dot{\mathbf{A}}_2$, $\dot{\mathbf{B}}_2$ и $\dot{\mathbf{C}}_2$ всё аналогично):

$$\dot{\mathbf{A}}_1 = \begin{pmatrix} \mathrm{ch}(\gamma_1 \cdot l_1) & 0 & 0 \\ 0 & \mathrm{ch}(\gamma_2 \cdot l_1) & 0 \\ 0 & 0 & \mathrm{ch}(\gamma_3 \cdot l_1) \end{pmatrix},$$

$$\dot{\mathbf{B}}_1 = \begin{pmatrix} Z_1 \cdot \mathrm{sh}(\gamma_1 \cdot l_1) & 0 & 0 \\ 0 & Z_2 \cdot \mathrm{sh}(\gamma_2 \cdot l_1) & 0 \\ 0 & 0 & Z_3 \cdot \mathrm{sh}(\gamma_3 \cdot l_1) \end{pmatrix},$$

$$\dot{\mathbf{C}}_1 = \begin{pmatrix} \mathrm{sh}(\gamma_1 \cdot l_1) / Z_1 & 0 & 0 \\ 0 & \mathrm{sh}(\gamma_2 \cdot l_1) / Z_2 & 0 \\ 0 & 0 & \mathrm{sh}(\gamma_3 \cdot l_1) / Z_3 \end{pmatrix},$$

где Z_1, Z_2 и Z_3 – волновые модальные сопротивления первого сегмента ВЛЭП; γ_1, γ_2 и γ_3 – постоянные распространения каждого из волновых каналов первого участка ВЛЭП, а l_1 – длина первого участка.

Матрицы фазово-модальных преобразований $\dot{T}_{u1}$, $\dot{T}_{u2}$, $\dot{T}_{i1}$ и $\dot{T}_{i2}$ определяются посредством вычисления собственных значений и векторов [4], что легко осуществляется в программном комплексе MATLAB.

Таким образом, в системе уравнений (1)-(6) имеем 6 неизвестных матриц, а точнее – векторов $\dot{U}_1$, $\dot{U}_2$, $\dot{U}$, $\dot{I}_1$, $\dot{I}_2$ и $\dot{I}$. Все остальные величины вычисляются на основании исходных данных об эквивалентированных системах и параметрах обоих сегментов неоднородной ВЛЭП. Поскольку в реальной инженерной практике измерение напряжений и токов возможно только на электростанциях и подстанциях, нас интересуют только величины $\dot{U}_1$, $\dot{U}_2$, $\dot{I}_1$ и $\dot{I}_2$. Решая систему (1)-(6) относительно данных неизвестных, получаем:

$$\dot{I}_1 = \left(\underline{z}_{s2}\dot{K}_3 + \underline{z}_{s2}\dot{K}_4\underline{z}_{s1} + \dot{K}_1\underline{z}_{s1} - \dot{K}_2 \right)^{-1} \left(\underline{z}_{s2}\dot{K}_4\dot{E}_{s1} + \dot{K}_1\dot{E}_{s1} - \dot{E}_{s2} \right), \qquad (7)$$

$$\dot{U}_1 = \dot{E}_{s1} - \underline{z}_{s1}\dot{I}_1, \qquad (8)$$

$$\dot{U}_2 = \dot{K}_1\dot{U}_1 + \dot{K}_2\dot{I}_1, \qquad (9)$$

$$\dot{I}_2 = \dot{K}_3\dot{I}_1 - \dot{K}_4\dot{U}_1. \qquad (10)$$

Параметры $\dot{K}_1$, $\dot{K}_2$, $\dot{K}_3$ и $\dot{K}_4$ в уравнениях (7)-(10) вычисляются следующим образом:

$$\dot{K}_1 = \dot{T}_{u2}\dot{A}_2\dot{T}_{u2}^{-1}\dot{T}_{u1}\dot{A}_1\dot{T}_{u1}^{-1} + \dot{T}_{u2}\dot{B}_2\dot{T}_{i2}^{-1}\dot{T}_{i1}\dot{C}_1\dot{T}_{u1}^{-1},$$

$$\dot{K}_2 = -\dot{T}_{u2}\dot{B}_2\dot{T}_{i2}^{-1}\dot{T}_{i1}\dot{A}_1\dot{T}_{i1}^{-1} - \dot{T}_{u2}\dot{A}_2\dot{T}_{u2}^{-1}\dot{T}_{u1}\dot{B}_1\dot{T}_{i1}^{-1},$$

$$\dot{K}_3 = \dot{T}_{i2}\dot{A}_2\dot{T}_{i2}^{-1}\dot{T}_{i1}\dot{A}_1\dot{T}_{i1}^{-1} + \dot{T}_{i2}\dot{C}_2\dot{T}_{u2}^{-1}\dot{T}_{u1}\dot{B}_1\dot{T}_{i1}^{-1},$$

$$\dot{K}_4 = \dot{T}_{i2}\dot{A}_2\dot{T}_{i2}^{-1}\dot{T}_{i1}\dot{C}_1\dot{T}_{u1}^{-1} + \dot{T}_{i2}\dot{C}_2\dot{T}_{u2}^{-1}\dot{T}_{u1}\dot{A}_1\dot{T}_{u1}^{-1}.$$

Разработанный алгоритм был реализован в виде программы (m-файла) в MATLAB, а его работоспособность была протестирована посредством сравнения результатов вычислений с результатами, полученными в АТР для той же самой схемы сети.

В табл. 1 представлены параметры элементов схемы замещения участка сети (рис. 1), используемые для проведения вычислительного эксперимента. Второй участок моделируемой ВЛЭП отличается от первого другим чередованием фаз и длиной.

Таблица 1. **Параметры элементов схемы замещения участка сети по рис. 1, используемые для тестирования предлагаемого алгоритма**

Элемент	Значение		
ЭДС системы 1, кВ	Фаза А	$330/3^{1/2}$ ∟ 0°	
	Фаза В	$330/3^{1/2}$ ∟ -120°	
	Фаза С	$330/3^{1/2}$ ∟ 120°	
Сопротивление системы 1, Ом	Прямая последовательность	0,8031 + 16,0850j	
	Нулевая последовательность	1,6062 + 32,1699j	
ЭДС системы 2, кВ	Фаза А	$337/3^{1/2}$ ∟ 12°	
	Фаза В	$337/3^{1/2}$ ∟ -108°	
	Фаза С	$337/3^{1/2}$ ∟ 132°	
Сопротивление системы 2, Ом	Прямая последовательность	1,6062 + 32,1699j	
	Нулевая последовательность	3,2124 + 64,3398j	
Матрица сопротивлений первого участка ВЛЭП, Ом/км		Столбцы матрицы	
	Строки матрицы	0,1344 + 0,5450j	0,0851 + 0,2264j	0,0929 + 0,2210j
		0,0851 + 0,2264j	0,1326 + 0,5474j	0,0919 + 0,2506j
		0,0929 + 0,2210j	0,0919 + 0,2506j	0,1495 + 0,5248j
Матрица проводимостей первого участка ВЛЭП, 10^5 См/км		Столбцы матрицы	
	Строки матрицы	0,3080j	-0,0427j	-0,0473j
		-0,0427j	0,3181j	-0,0771j
		-0,0473j	-0,0771j	0,3252j
Матрица сопротивлений второго участка ВЛЭП, Ом/км		Столбцы матрицы	
	Строки матрицы	0,1326 + 0,5474j	0,0919 + 0,2506j	0,0851 + 0,2264j
		0,0919 + 0,2506j	0,1495 + 0,5248j	0,0929 + 0,2210j
		0,0851 + 0,2264j	0,0929 + 0,2210j	0,1344 + 0,5450j
Матрица проводимостей второго участка ВЛЭП, 10^5 См/км		Столбцы матрицы	
	Строки матрицы	0,3181j	-0,0771j	-0,0427j
		-0,0771j	0,3252j	-0,0473j
		-0,0427j	-0,0473j	0,3080j
Длины участков ВЛЭП, км	Первый участок	150	
	Второй участок	50	

На рис. 2 изображена модель сети по рис. 1, используемая для получения комплексных значений искомых токов и напряжений установившегося режима с помощью программного комплекса АТР (в частности, графического препроцессора ATPDraw).

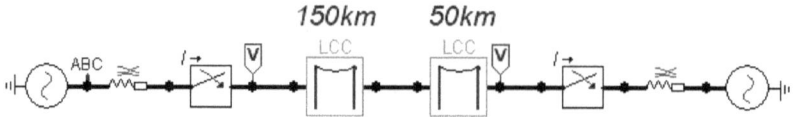

Рис. 2. Модель сети в программе ATPDraw, используемая для верификации предлагаемого алгоритма

В табл. 2 сведены результаты вычисления комплексных значений напряжений и токов по концам моделируемой неоднородной ВЛЭП.

Таблица 2. **Результаты вычисления напряжений и токов ВЛЭП посредством предложенного алгоритма, реализованного в MATLAB, а также моделирования в ATP**

Параметр	Фаза	Предлагаемый алгоритм	Результат ATP
Напряжение в начале ВЛЭП, 10^5 В	А	2,7059 + 0,0852j	2,7059 + 0,0852j
	В	-1,2808 - 2,3889j	-1,2808 - 2,3889j
	С	-1,4251 + 2,3041j	-1,4251 + 2,3041j
Напряжение в конце ВЛЭП, 10^5 В	А	2,7338 + 0,4087j	2,7338 + 0,4087j
	В	-1,0168 - 2,5643j	-1,0168 - 2,5643j
	С	-1,7184 + 2,1591j	-1,7184 + 2,1591j
Ток в начале ВЛЭП, 10^2 А	А	-5,3147 + 0,4492j	-5,3147 + 0,4493j
	В	3,2358 + 4,2900j	3,2357 + 4,2900j
	С	2,0655 - 4,7405j	2,0657 - 4,7406j
Ток в конце ВЛЭП, 10^2 А	А	-5,0183 - 1,5742j	-5,0185 - 1,5741j
	В	1,3550 + 5,2373j	1,3549 + 5,2372j
	С	3,7156 - 3,6376j	3,7158 - 3,6375j

На основании данных, представленных в табл. 2, можно сделать вывод, что разработанный алгоритм вычисления токов и напряжений по концам неоднородной ВЛЭП произвольной конфигурации, состоящей из двух участков, корректен. Этот алгоритм может быть относительно легко модифицирован для случая, когда ВЛЭП можно представить несколькими независимыми участками. Автором получены положительные результаты для ВЛЭП с четырьмя сегментами. Все разработанные алгоритмы могут быть использованы как подпрограммы, позволяющие циклически получать большие массивы комплексных значений напряжений и токов по концам ВЛЭП при изменении геометрии и физических свойств проводников ВЛЭП, а также режима прилегающей сети. Тот факт, что все результаты вычислений являются матрицами непосредственно в MATLAB, существенно облегчает и ускоряет процесс их интеграции в последующие алгоритмы, направленные на исследование режимов ВЛЭП.

Литература

1. **Иванов И.Е., Мурзин А.Ю.** Определение актуальных параметров воздушных ЛЭП по данным двустороннего замера токов и напряжений : тез. докл. VII Региональной науч.-техн. конф. «Энергия-2012», 17-19 апреля 2012 г. – Иваново, ИГЭУ, 2012. – С. 102-106.
2. **ATP Rule Book.** Chapter XXI "LINE CONSTANTS" supporting program", p. 21-45. (Источник доступен онлайн только для зарегистрированных пользователей программы ATP).
3. **Демирчян К.С., Нейман Л.Р.** Теоретические основы электротехники. В 3 т. Т. 2. Изд. 4. – Питер, 2003.
4. **Dommel H.W.** Electromagnetic Transients Program (EMTP) Theory Book. – Bonneville Power Administration, 1986.

Р. Х. Мухаметрахимов, В.С. Изотов
к.т.н., ассистент, д.т.н., профессор

ЭКСПЕРИМЕНТАЛЬНЫЕ ИССЛЕДОВАНИЯ ПО ПОВЫШЕНИЮ КАЧЕСТВА И ДОЛГОВЕЧНОСТИ ЦЕЛЛЮЛОЗНО-ЦЕМЕНТНЫХ ПЛИТ АВТОКЛАВНОГО ТВЕРДЕНИЯ

К недостаткам существующих цементно-волокнистых плит на основе целлюлозных волокон следует отнести малую прочность, высокое водопоглощение и низкую морозостойкость. В этой связи особую актуальность приобретают работы, направленные на решение вопросов повышения качества и долговечности цементно-волокнистых плит на основе целлюлозных волокон.

Для повышения указанных выше характеристик нами использованы кремнийорганические соединения (КОС). При выборе КОС для объемной и поверхностной гидрофобизации ЦВП в работе рассмотрены водорастворимые и водонерастворимые соединения. Из большого числа соединений этих видов определены 2 наиболее эффективных представителя: ФЭС-50 и ГКЖ-11. Изучалось влияние этих КОС на НГ, сроки схватывания цементного теста, водопоглощение, морозостойкость и показатели поровой структуры модифицированных ЦВП. Установлено оптимальное содержание КОС, при котором их отрицательное влияние на сроки схватывания цементного теста и гидратацию портландцемента минимально (до 0,2%).

Экспериментальные исследования влияния изучаемых КОС на показатели поровой структуры ЦВП при объемной и поверхностной гидрофобизации выполненные по ГОСТ 12730.4-78 показали, что КОС оказывают существенное влияние на характер изменения поровой структуры материала. При объемной гидрофобизации в образцах с добавками полный объем пор снижается на 0,2-3,2 %, открытых капиллярных пор – на 1,4-13,1 %, открытых некапиллярных пор – на 0,3-1,9 %, объем условно-закрытых пор увеличивается на 1,5-11,9 %, а показатель микропористости – на 0,06-1,51 %.

Поверхностная гидрофобизация оказывает влияние не только на общую пористость, но и на характер распределения пор. Объем открытых капиллярных пор снижается с 16 до 1,83 %, что по нашему мнению обусловлено образованием кальциевых солей КОС, кольматирующих поры. При одновременном снижении общей пористости происходит существенное перераспределение объема открытых некапиллярных и условно-закрытых пор. Так, объем открытых некапиллярных пор снижается с 2,1 до 0,19 %, а объем условно-закрытых пор увеличивается с 1,1 до 14,63%.

На следующем этапе исследований выполнена оптимизация состава ЦВП повышенной долговечности на основе модифицированного смешанного вяжущего, путем реализации трехфакторного плана второго порядка.

В качестве исходных независимых переменных определены такие факторы, как содержание: ПАА (X_1); АМД – метакаолина-А (X_2); КОС (X_3) в % от массы цемента. В качестве отклика выбраны предел прочности при изгибе ЦВП (R), водопоглощение (W) и морозостойкость (F).

Произведенная обработка результатов математического планирования, позволила получить следующие математические зависимости:

$$R = -43,135 + 326,4X_1 + 3,13X_2 + 162,53X_3 + 0,35X_1X_2 - 2252,9X_1^2 -$$
$$-0,053X_2^2 - 550,86X_3^2; \tag{1}$$

$$W = 37,44 - 171,98X_1 - 1,82X_2 - 60,73X_3 + 0,095X_1X_2 - 28,57X_1X_3 -$$
$$-0,0476X_2X_3 + 1180,21X_1^2 + 0,0369X_2^2 + 174,1X_3^2; \tag{2}$$

$$F = -1757,5 + 13485,9X_1 + 97,58X_2 + 3476,64X_3 - 91506X_1^2 -$$
$$-1,952X_2^2 - 9436,4X_3^2; \tag{3}$$

На основе математического планирования эксперимента определены оптимальные дозировки активной минеральной и химических добавок в составе цементно-волокнистой смеси: ПАА – 0,075 %, АМД – 25 %, КОС – 0.15% от массы цемента. Дальнейшие исследования выполнялись с учетом оптимального содержания модифицирующих добавок в составе цементно-волокнистой смеси.

Результаты исследования фазового состава цементно-волокнистой матрицы на основе модифицированного смешанного вяжущего показали, что в целом наблюдается существенное увеличение количества гидросиликатов $C_2SH(C)$ с межплоскостным расстоянием 2,77 Å, низкоосновных гидросиликатов кальция типа $CSH(A)$ (2.74 Å) и тоберморита (2.97 Å), а также снижением величины пиков $Ca(OH)_2$ и высокоосновных гидросиликатов типа C_2SH_2 (2,18 Å). Уменьшение пика гидроксида кальция объясняется связыванием его АМД в низкоосновные гидросиликаты кальция типа CSH.

Исследования образцов цементно-волокнистой матрицы с использованием дифференциально-термического анализа показали, что в образцах цементно-волокнистой матрицы на основе модифицированного смешанного вяжущего происходит более глубокая гидратация силикатной фазы, о чем свидетельствует увеличение эндоэффекта при температуре 160-170 °С.

ИК-спектроскопия цементного камня подтверждает результаты РФА и ДТА.

Образцы ЦВП повышенной долговечности с учетом оптимизации состава и режимов автоклавной обработки подвергали испытаниям на деформации усадки/набухания, воздухостойкость и теплопроводность. Определены их физико-механические, деформативные и теплофизические характеристики: прочность на изгиб – 27,5 МПа, теплопроводность – 0,22 Вт/м °C, усадка – 0,15 мм/м, морозостойкость – 250 циклов, воздухостойкость – 300 циклов, ударная вязкость 2,5 кДж/м^2.

Таким образом, результаты проведенных исследований позволяют сделать следующие **выводы:**

1. Разработаны составы ЦВП на основе модифицированного смешанного вяжущего и целлюлозных волокон с повышенными физико-механическими свойствами и долговечностью.

2. Установлено, что повышение прочности, морозостойкости, снижение водопоглощения ЦВП при введении модифицирующих добавок обеспечивается за счет формирования плотной и однородной структуры ЦВП (полный объем пор снижается на 0,2-3,2%, открытых капиллярных пор снижается на 1,4-13,1%, открытых некапиллярных пор снижается на 0,3-1,9%, объем условно-закрытых пор увеличивается на 1,5-11,9%, показатель микропористости увеличивается на 0,06-1,51%). Применение модифицированного смешанного вяжущего позволяет снизить водопоглощение в 5 раз (с 16 до 3%) и повысить морозостойкость ЦВП в 2,5 раза (с F100 до F250).

3. Проведена сравнительная оценка эффективности объемной и поверхностной гидрофобизации ЦВП на основе целлюлозных волокон и модифицированного смешанного вяжущего. Установлено, что наилучшие результаты обеспечиваются при объемной гидрофобизации соединением ФЭС-50 в количестве 0,15-0,2% от массы цемента. Морозостойкость при этом увеличивается до 250 циклов, в то время как при поверхностной гидрофобизации только до 150 циклов.

4. Установлены особенности влияния АМД и химических добавок на формирование микро- и макроструктуры модифицированного смешанного вяжущего и ЦВП на его основе, из которых следует, что конечные продукты твердения модифицированного смешанного вяжущего существенно отличаются от продуктов твердения исходного вяжущего. Принципиальным отличием, как это следует из данных ДТА, РФА и электронной микроскопии, является пониженное содержание свободного $Ca(OH)_2$, высокоосновного гидросиликата кальция C_2SH_2 и высокоосновного гидроалюмината C_3AH_6 и повышенное содержание низкоосновных форм гидросиликатов и гидроалюминатов. Образующиеся гидратные новообразования имеют более высокую дисперсность, по сравнению с продуктами гидратации исходного вяжущего.

Седов А.В.
д.т.н., и.о. зав. лаб. <<Энергетика и электротехника>> ФГБУН ЮНЦ РАН
Липкин М.С.
к.хн., доц. каф. ЭТЭПиР ЮРГТУ (НПИ)
Липкин С.М.
ассистент каф. АиТ ЮРГТУ (НПИ)
commondore.ne@gmail.com
Онышко Д.А.
ассистент каф. ЮРГТУ (НПИ)

УСТРОЙСТВА, МЕТОДЫ И АЛГОРИТМЫ ЭЛЕКТРОХИМИЧЕСКОЙ ЭКСПРЕСС-ДИАГНОСТИКИ

Развитие и совершенствование современного производства, связанного с получением и обработкой металлов и сплавов, во многом определяется возможностями создания гибких, адаптивных и интеллектуальных устройств автоматизации, контроля и управления. Необходимым элементом системы управления такими производствами является устройство определения массовых долей (УОМД) компонентов сплава, входящее в подсистемы входного, выходного и промежуточного контроля металлопродукции. Первичные преобразователи информации таких устройств должны характеризоваться высоким быстродействием, включая операции пробоподготовки, простотой обслуживания, а также многофункциональностью и универсальностью, так как в процессе производства зачастую необходима информация о многих составляющих сплава и их состояниях. Перспективной основой разработки требуемых устройств является использование электрохимических методов анализа. Методологическая база таких устройств обеспечивает повышение технико-экономических и эксплуатационных характеристик, как системы управления, так и всего производства.

Проблемы создания этих, принципиально новых устройств систем управления связаны с разработкой новой структуры и принципов функционирования, гибких, адаптивных и интеллектуальных методов и алгоритмов обработки получаемой информации. Применение электрохимических методов определяет как особенности структуры самого устройства, так и электрохимического датчика. Вследствие упрощенной пробоподготовки, данные, получаемые электрохимическим анализатором, представляют собой многомерные и сложно связанные информационные потоки. В связи с этим требуются особые принципы и алгоритмы их обработки. Перспективной базой для создания алгоритмов обработки этих потоков являются методы многомерного моделирования в сочетании с методами искусственного интеллекта. Такой подход является этапом создания интеллектуальных устройств, обеспечивающих неразрушающее экспресс-определение массовых долей молибдена, хрома, никеля, меди, марганца, углерода и других функционально значимых компонентов конструкционных и специальных сталей и сплавов и других металлокомпозиционных систем, диагностику остаточной емкости никель-кадмиевых аккумуляторов и защитных гальванических покрытий, а также анализ повреждений сплавов коррозией.

Рассмотрение различных методов и средств анализа показало, что по быстродействию (время проведения электрохимического не превышает 2-3 мин, что удовлетворяет требованию по быстродействию, предъявляемому системой управления), универсальности (в используемых процессах проявляется информация о широком спектре элементов, информация о содержании которых необходима для корректной работы системы управления), пробоподготовке и возможности функционирования в автоматическом режиме электрохимические методы [1, 117] обладают преимуществами перед применяемыми в настоящее время химическими и спектральными методами.

Анализируемые сигналы представляют собой векторы отсчётов напряжения достаточно большой размерности (порядка нескольких тысяч отсчетов), а информация о массовой доле компонентов сплава проявляется в их форме, как правило, несколькими способами (зачастую достаточно сложными).

В связи с этим был предложен принцип функционирования УОМД на основе двухступенчатого алгоритма работы:

– на первой ступени выполняется адаптивное преобразование, снижающее размерность данных хронопотенциометрии;

– на второй используются адаптивные эффективные модели для определения массовой доли компонентов сплава.

Первая ступень позволяет исключить из рассмотрения неинформативные точки хронопотенциограмм и снизить размерность пространства моделирования массовой доли, тем самым обеспечивая вычислительную устойчивость работы УОМД.

В качестве первой части двухступенчатого алгоритма электрохимической экспресс-идентификации, а именно модели хронопотенциограммы, снижающей её размерность, были проанализированы следующие методы на основе: квазианалитических моделей хронопотенциограмм [2, 277]; диапазонных распределений [3, 1]; компонентных разложений (декомпозиционный метод) [4, 2]; нейронных сетей (метод «бутылочного горлышка») [5, 153].

В качестве первого этапа работы двухступенчатого алгоритма УОМД наиболее эффективным является преобразование вектора хронопотенциограммы в образ признакового пространства компонентного разложения. При использовании алгоритма компонентного разложения для получения информационных признаков Y_j хронопотенциограмм выбираются коэффициенты ортогонального разложения по базису V собственных векторов матрицы K выборочных ковариационных моментов (центрированного разброса) отсчетов хронопотенциограммы: $Y_j = V^\mathrm{T} E_j$.

Для приведенных методов были вычислены показатели эффективности. По значениям указанных показателей наилучшей, применительно к задаче расчета массовой доли оказалась искусственная нейронная сеть (ИНС) прямого распространения [5, 54]. Для обучения ИНС прямого распространения использован метод обратного распространения ошибки, дополненный оптимизацией структуры ИНС, а именно количества скрытых слоев *nl* и нейронов *nn* в них, по методу покоординатного спуска. Использовалась функция цели в виде средней приведенной погрешности и интервалами изменения параметров: $nl = 1 \div 10$; $nn = 1 \div 10$. Использование данной оптимизации в оперативном алгоритме работы УОМД позволило повысить точность модели массовой доли и адаптивность при переходе от одного сплава к другому.

Реализация методов, алгоритмов и устройств электрохимической диагностики создает основы разработки и внедрения аппаратных комплексов электрохимического анализа состава металлов, сплавов, пленочных и порошковых материалов с перспективами функциональной диагностики, направленной на прогнозирование свойств изучаемых систем. Результаты исследования закономерностей электрохимических процессов в условиях импульсной поляризации создают перспективы разработки новых технологий синтеза каталитически активных материалов и покрытий со специальными свойствами.

Список использованных источников.

1.   Электроаналитические методы. Теория и пратика / Под ред. Ф. Шольца. – М.: БИНОМ. Лаборатория знаний, 2006. – 326 с.

2.   Дамаскин Б.Б. Введение в электрохимическую кинетику. Учеб. пособие для вузов. / Дамаскин Б.Б., Петрий О.А., под ред. А.Н. Фрумкина. М., Высш. школа, 1975. – 416 с.

3.   Липкин С.М. Многомасштабные алгоритмы электрохимического экспресс-анализа компонентов конструкционных сплавов / Липкин С.М., Онышко Д.А. // Результаты исследований - 2009: материалы 58-й научн. техн. конф. профессорско-преподавательского состава, науч. Работников, аспирантов и студентов ЮРГТУ (НПИ) / Юж.-Рос. гос. техн. ун-т (НПИ). Новочеркасск: ЮРГТУ (НПИ), 2009. С. 286-287.

4.   Седов А.В. Математическое моделирование и распознавание процессов электрохимической поляризации в системах экспресс-анализа металлических сплавов / Седов А.В., Липкин М.С., Онышко Д.А., Липкин С.М. // Известия Самарского научного центра РАН. – 2009. – Т. 11 (27), №5 (2). – С.428-432.

5.   Уоссермен Ф. Нейрокомпьютерная техника: теория и практика. М.: Мир, 1992. – 184 с.

Булгаков А.В. - студент магистратуры ВГПУ по программе «Информатика в образовании»;

Малев В.В. - доцент кафедры информатики и МПМ, кандидат педагогических наук, доцент ВГПУ

АНАЛИЗ СВОБОДНО РАСПРОСТРАНЯЕМЫХ ВИДЕОРЕДАКТОРОВ ДЛЯ СОЗДАНИЯ И ОБРАБОТКИ УЧЕБНЫХ ВИДЕОМАТЕРИАЛОВ

Еще совсем недавно учитель информатики не мог и подумать о том, что скоро практически ни один полноценный урок будет невозможно представить без использования мультимедийных технологий. Всё большую популярность приобретают видеоуроки. В наглядной и доступной форме они позволяют представить практически любой учебный материал, сделать его интересным, эмоционально окрашенным, запоминаемым.

Вместе с тем готовые видеоуроки не всегда соответствуют используемой учителем программе, структуре урока, требованиям СанПиН и т.д. Очевидно, оптимальным решением этой проблемы является самостоятельная разработка учителем видеоматериалов с использованием свободно распространяемых видеоредакторов.

Видеоредактор – это программа, включающая в себя набор инструментов, которые позволяют редактировать видео-файлы на компьютере. Он позволяет работать с видео, аудио, фото-файлами в зависимости от набора инструментов и его возможностей [4, 12].

В школе видеоредакторы изучают в рамках темы «Мультимедиа». На эту тему разработано множество учебных курсов и пособий, но подавляющее большинство из них предлагают рассматривать коммерческие видеоредакторы, такие как Sony Vegas, Pinnacle studio, Adobe Premiere, Nero Reloaded и другие.

Как известно, использование нелицензионного программного обеспечения – нарушение закона об авторских правах и является уголовным преступлением. Поэтому учитель должен выбрать: либо покупать лицензии (что крайне маловероятно при современном финансировании школ), либо переходить к изучению свободно распространяемых видеоредакторов.

Очевидно, что второй путь для школ наиболее предпочтителен. В этой связи целью данной работы является анализ возможностей свободно распространяемых видеоредакторов.

Как правило, если программа стоит больших денег, она включает огромный функционал и возможности для редактирования. Но порой в бесплатных аналогах функционала более чем достаточно. Возьмем известные бесплатные видеоредакторы: iWisoft Free Video Converter, SolveigMM AVI Trimmer, VideoLAN Movie Creator, VideoPad, Virtual Dub, Windows Movie Maker, Youtube Video Editor, Avidemux.

Каждый из перечисленных видеоредакторов способен помочь создать свой собственный видеопроект.

Современный видеоредактор должен обладать рядом возможностей [1–3]:

1. Вырезание фрагментов видео.
2. Кадрирование, т.е. разбиение на кадры.
3. Склейка видеофрагментов.
4. Наложение звука.
5. Коррекция погрешностей съемки – яркости, контраста, насыщенности.
6. Предварительный просмотр результатов видеомонтажа в реальном времени.
7. Конвертация видеоформатов.
8. Коррекция уровня громкости.
9. Видео-захват. Т.е. захват и сохранение в цифровом виде с устройств (web-камера, фотоаппарат, видеокамера и др.).
10. Работа с несколькими звуковыми дорожками.
11. Наложение специальных фильтров и эффектов.
12. Изменение количества кадров в секунду (видео ускоряется/замедляется, а звук остается прежним).
13. Ускорение/замедление звукового потока.
14. Многоформатность, т.е. возможность работать со множеством видео- и аудиоформатов (будем считать наличие минимум 2 аудио и 5 видео форматов).
15. Несколько видеодорожек.
16. Сборка и запись DVD.
17. Переходы между видеокадрами.
18. Метки.
19. Добавление текста и создание титров.
20. Сохранение видео в различных форматах.

Используя экспертные оценки (было опрошено 15 независимых экспертов – специалистов в области создания видеоматериалов, в том числе учебных, оценивших каждую из возможностей видеоредакторов по 5-балльной шкале), была проведена оценка 8 видеоредакторов.

В представленной ниже таблице мы видим, какими возможностями обладают редакторы и их суммарную экспертную оценку.

Таблица 1. Сравнительный анализ возможностей свободно распространяемых видеоредакторов

	Virtual Dub	iWisoft Video Converter	Video Pad	Video LAN Movie Creator	Windows Movie Maker	Avidemux	AVI Trimmer	YouTube Video Editor	Эксп. балл за критерий
1	+	+	+	+	+	+	+	+	4,9

2	+	+	+	+	+	+	+	+	4,3
3	+	+	+	+	+	+	+	+	4,8
4	+	+	+	+	+	+	+	+	4,8
5	+	+	+	-	+	+	-	+	3,9
6	+	+	+	-	+	+	-	+	4,4
7	+	+	+	-	+	+	+	+	4,1
8	+	+	+	+	+	+	-	+	4,1
9	+	-	+	-	+	+	-	-	3,3
10	+	-	+	-	+	+	-	+	3,8
11	+	+	+	+	+	+	-	+	4,2
12	+	-	+	-	+	+	-	-	3,7
13	-	-	+	-	+	-	-	-	3,7
14	+	+	+	-	-	+	+	+	4,2
15	-	-	-	-	-	-	-	-	3,9
16	-	+	-	-	+	-	-	-	3,1
17	-	-	+	-	+	-	-	+	4,2
18	-	-	-	-	+	+	-	-	3,0
19	+	+	+	-	+	-	+	-	4,6
20	+	+	+	-	-	+	+	-	4,3
кол-во функций	15	13	18	6	17	15	8	12	
Кол-во баллов	63,5	55,8	74,5	27,1	69,0	61,9	36,1	51,7	

Самыми большими возможностями обладает видеоредактор Video pad (18 функций из 20; 74,5 балла). На втором месте Windows Movie Maker (17 функций; 69 баллов) и немного от него отстают, практически аналогичные Virtual Dub и Avidemux (15 функций; соответственно 63,5 и 61,9 баллов).

Таким образом, проведенный анализ позволил выявить свободно распространяемые видеоредакторы, которые можно рекомендовать для использования в учебном процессе.

Литература:

1. Журин А.А. Технические средства обучения в современной школе: Пособие для учителя и директора школы. – М.: Юнвес, 2004. – 416 с.

2. Коджаспирова Г.М., Петров К.В. Технические средства обучения и методика их использования. – М.: Академия, 2008. – 351 с.

3. Краснянский М.Н., Радченко И.М. Основы педагогического дизайна и создания мультимедийных обучающих аудио/видео материалов: Учебно-методическое пособие. – Тамбов: ТГТУ, 2006. – 55 с.

4. Пташинский В.С., Видеомонтаж средствами Sony Vegas 6. – М.: Триумф, 2006. – 320 с.

Гайнанова Р. Ш. - ст. преп. кафедры информатики и вычислительных технологий,

Широкова О. А. - к. ф.–м. н., доцент кафедры информатики и вычислительных технологий,

Казанский (Приволжский) федеральный университет

Российская федерация, Казань

oshirokova@mail.ru, rgajnanova@mail.ru

ОБЪЕКТНО-ОРИЕНТИРОВАННОЕ ПРОГРАММИРОВАНИЕ В DELPHI ПРИ РЕШЕНИИ ГЕОМЕТРИЧЕСКИХ ЗАДАЧ

При изучении объектно-ориентированного проектирования и программирования [1] в системе Delphi студентам необходимо овладение умениями и навыками создания новых классов объектов для решения практических задач.

В статье рассматривается разработка проекта для решения некоторых задач аналитической геометрии средствами визуального программирования в Delphi [2;3], которые предлагаются студентам для разработки в числе многих других задач.

Необходимо создать проект для решения следующих задач аналитической геометрии в пространстве:

- вычисление расстояния между двумя точками $P_1 = (x_1, y_1, z_1); \quad P_2 = (x_2, y_2, z_2)$ в декартовой системе координат:

$$d = \sqrt{(x_2 - x_1)^2 + (y_2 - y_1)^2 + (z_2 - z_1)^2} \qquad (1)$$

- вычисление координат середины отрезка $P_1 P_2$:

$$x = \frac{x_1 + x_2}{2}; \quad y = \frac{y_1 + y_2}{2}; \quad z = \frac{z_1 + z_2}{2}; \qquad (2)$$

- вычисление координат центра тяжести n материальных точек. Координаты центра тяжести $P(x, y, z)$ системы n материальных точек $P_i = (x_i, y_i, z_i)$, $(i = 1...n)$ с массами m_i вычисляются по формулам:

$$x = \frac{\sum_{i=1}^{n} m_i x_i}{\sum_{i=1}^{n} m_i}; \quad y = \frac{\sum_{i=1}^{n} m_i y_i}{\sum_{i=1}^{n} m_i}; \quad z = \frac{\sum_{i=1}^{n} m_i z_i}{\sum_{i=1}^{n} m_i}. \qquad (3)$$

Для разработки визуального проекта решения предложенных задач необходимо создать модуль Massiv с описанием класса TMas, в котором реализованы операции над координатами точек, необходимые для их решения. Особенности построения модуля Massiv описаны ниже. В этом модуле используется свойство Property Elem.

При инициализации массива в динамической памяти выделяется участок, в котором последовательно будут размещены его элементы. Указатель Orig на начало этого участка определен в секции Protected, поэтому он доступен потомкам класса TMas. Свойство Property Elem и методы OutElem и InpElem – для записи и чтения значений элементов определены в секции Public, а значит доступны в других модулях и программах.

Остановимся подробно на описании метода определения адреса динамической памяти для j-го элемента массива: метода ElemP.

Метод ElemP позволяет интерпретировать байты памяти, отведенные под элемент с номером j, как значение вещественного типа. Он записывается в секции Protected, поэтому он доступен потомкам класса TMas.

При описании метода ElemP используются:

- функция Sizeof(x) – дает размер аргумента x в байтах;
- функция Ptr(x:integer) – стандартная функция типа указатель, которая преобразует адрес памяти (адрес=сегмент+смещение) в указатель.

ElemP=Ptr(LongInt(Orig) +(j – jMin)*Sizeof(Real));

вычисляется как функция Ptr от базового адреса (указатель Orig на начало области динамической памяти + смещение на j – jMin, умноженное на размер каждого элемента в байтах).

В модуле Massiv описывается конструктор и деструктор.

а) описание конструктора:

```
Constructor TMas.Create(jMin_;jMax_:integer);
begin inherited Create;
{вызов унаследованного конструктора от предка}
      jMin:=jMin_;
      jMax:=jMax_;
      GetMem(Orig,(jMax – jMin + 1 )*Sizeof(Real));
      Clearance;
end;
```

б)описание деструктора:

```
Destructor TMas.Destroy;
begin
FreeMem(Orig,(jMax – jMin + 1 )*Sizeof(Real));
inherited Destroy;
{вызов унаследованного деструктора от предка}
end;
```

Процедуры GetMem и FreeMem выделяют и освобождают в динамической памяти область размера (jMax – jMin + 1)*Sizeof(Real) и присваивают адрес этой области указателю Orig. Метод Clearance очищает массив.

Модуль Massiv описывает двухместные операции Add, Sub, Mul. Здесь действует соглашение: при выполнении двухместной операции первым операндом является сам объект, вторым операндом – тот, который является формальным параметром метода. Результат сохраняется в полях первого операнда.

Полное описание модуля Massiv, в котором описан класс TMas с операциями над координатами точек, необходимыми для решения задач аналитической геометрии, описано ниже:

```
unit Massiv;
interface
 type  Real=single;
       RealP=^Real;
 type   TMas=class
 protected
 Orig: pointer;
 {поле Orig используется как указатель адреса динамической
области}
 jMin, jMax:integer;
 function ElemP (j:integer):RealP;
 {метод определения адреса j-го элемента массива}
 public
 function OutElem (j:integer):Real;
 procedure InpElem(j:integer;r:Real);
 {методы для чтения  и записи j-го элемента массива}
 constructor Create(jMin_,jMax_:integer);
 destructor Destroy; override;
 {деструктор перекрыт для динамического замещения  в классе
потомке}
 property Elem[j:integer]:Real read OutElem  write InpElem;
default;
 procedure Clearance; {метод для создания нулевого массива}
 procedure Add(x:TMas); {метод сложения элементов массивов}
 procedure Sub(x:TMas); {метод вычитания элементов}
 procedure Mul(x:TMas); {метод умножения элементов}
 Function Sum:real; {метод сложения элементов массива}
 end;

 implementation{исполняемая часть}
  Uses Uses_Massiv;

 function  TMas.OutElem(j:integer):real;
 begin Result:=ElemP(j)^;
 {результату присваивается содержимое j-го элемента массива}
 end;
 procedure TMas.InpElem(j:integer;r:real);
 begin ElemP(j)^:=r;
 {содержимому j-го элемента массива присвоено значение r}
 end;
 function TMas.ElemP;
 begin
 ElemP:=Ptr(LongInt(Orig)+(j - jMin)*Sizeof(Real));
  end;
 constructor TMas.Create;
```

```
begin inherited Create;
{вызов унаследованного конструктора}
jMin:=jMin_;
jMax:=jMax_;
     GetMem(Orig,(jMax - jMin + 1 )*Sizeof(Real));
     Clearance;
end;
destructor TMas.Destroy;
begin FreeMem(Orig,(jMax - jMin + 1)*Sizeof(Real));
inherited Destroy;
{вызов унаследованного деструктора}
end;
procedure TMas.Clearance;
var j:integer;
begin for j:=jMin to jMax do
                    ElemP(j)^:=0.0;
end;
procedure TMas.Add;
var j:integer;
begin for j:=jMin to jMax do
                ElemP(j)^:=ElemP(j)^+x.ElemP(j)^;
end;
procedure TMas.Sub;
 var j:integer;
 begin for j:=jMin to jMax do
                ElemP(j)^:=ElemP(j)^-x.ElemP(j)^;
end;
procedure TMas.Mul(x:TMas);
var j:integer;
begin for j:=jMin to jMax do
ElemP(j)^:=ElemP(j)^*x.ElemP(j)^;
end;

Function TMas.Sum:real;
var s: real;
j: integer;
begin
s:=0;
for j:=jMin to jMax do
s:=s+ElemP(j)^;
Sum:=s;
end;
 end.
```

Данный модуль может быть сохранен в библиотеке модулей и использован при решении других задач.

Интерфейс проекта создается с помощью меню, размещенного на форме. Меню диалогового окна (рис.1) позволяет решать все три поставленные задачи:

Рис.1. Диалоговое окно решения задачи

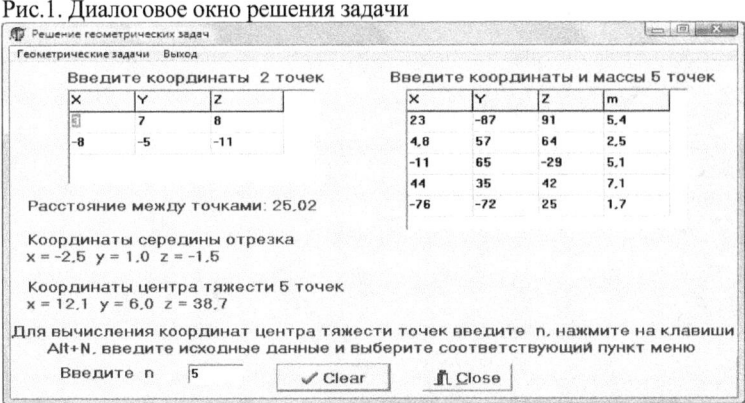

Для решения первых двух задач на окне формы размещена таблица StringGrid1 для ввода исходных данных: координат двух точек. Число строк и столбцов таблицы StringGrid1 устанавливается процедурой обработки события OnActivate, которое происходит при активизации формы приложения. Для решения третьей задачи на форме установлены: компонент Edit для ввода количества точек и компонент StringGrid2 для ввода исходных данных этой задачи: трех координат и масс материальных точек.

Ниже приводится процедура обработки события OnN4Click выбора пункта меню «Координаты центра тяжести материальных точек». Перед выбором данного пункта необходимо ввести в Edit количество материальных точек и нажать клавиши Alt+N. При этом в таблице StringGrid2 устанавливается нужное количество строк для заполнения и над этой таблицей появляется сообщение о вводе координат и масс указанного количества материальных точек. Эти действия описываются в обработчике события от клавиатуры OnKeyDown, находящемся в разделе реализации в модуле Uses_Massiv:

```
Implementation
uses Massiv;
var   x, y, z, m: TMas;
n: integer;

procedure TForm1.Edit1KeyDown(Sender: TObject; var Key:
Word;
    Shift: TShiftState);
begin
if (key=ord('N')) and (ssAlt in shift) then
begin
key:=0;
```

```
    if edit1.text='' then  begin label4.caption:='Значение n не
введено'; exit;
    end;
    n:=strtoint(edit1.text);
    StringGrid2.RowCount:=n+1;
    Label5.caption:= 'Введите координаты и массы' +
inttostr(n)+' точек';
    end;
    end;

    procedure TForm1.N4Click(Sender: TObject);
    var   i: integer;
          sm, cx, cy, cz: real;
    begin
    try
    if edit1.text='' then
    begin label4.caption:='Значение n не введено';
    exit;
    end;
    x:=TMas.Create(1,n);
    y:=TMas.Create(1,n);
    z:=TMas.Create(1,n);
    m:=TMas.Create(1,n);
       for i:=1 to n do
x.Elem[i]:=strtofloat(StringGrid2.cells[0,i]) ;
       for i:=1 to n do
y.Elem[i]:=strtofloat(StringGrid2.cells[1,i]) ;
       for i:=1 to n do
z.Elem[i]:=strtofloat(StringGrid2.cells[2,i]) ;
       for i:=1 to n do
m.Elem[i]:=strtofloat(StringGrid2.cells[3,i]) ;
       x.Mul(m);     y.Mul(m);    z.Mul(m);
            sm:=m.Sum;   cx:=x.Sum/sm;  cy:=y.Sum/sm;
cz:=z.Sum/sm;
       label4.caption:='Координаты центра тяжести '+inttostr(n)+
    ' точек'+chr(13);
       label4.caption:=label4.caption+'x = '+
floattostrf(cx,ffFixed,5,1)+
    'y = '+ floattostrf(cy,ffFixed,5,1)+'  z = '+
floattostrf(cz,ffFixed,5,1) ;
       except
       on EConvertError do  Label2.caption:='Ошибка в записи
числа';
       on EOverflow do    Label2.caption:='Переполнение';
       on EMathError do  Label2.caption:= 'Ошибка при
вычислениях
    с плавающей точкой';
       end;
     x.Free; y.Free;
     z.Free; m.Free;
    end;
```

Таким образом, создание в Delphi проектов решения реальных задач способствует формированию навыков объектно-ориентированного и визуального программирования моделей реальных объектов и структур.

Литература

1. *Кормен Томас.* Алгоритмы: построение и анализ. / Т. Кормен, Ч. Лейзерсон, Р.Ривест. – М. : МЦНМО, 2002. – 960с.
2. *Дарахвелидзе П.Г., Марков Е.П., Котенок О.А.* Программирование в Delphi 5. СПб: БХВ - Петербург, 2001– 802с.
3. *Культин Н.Б.* Основы программирования в Delphi 7. - СПб.: БХВ-Петербург, 2009.- 640с.

Болгов М.А.
аспирант школы естественных наук ДВФУ
misha@bolgoff.net
научный руководитель - д.т.н., профессор **Артемьева И.Л.**
зав. каф. ПММУПО
Дальневосточный федеральный университет

МНОГОЯЗЫКОВОЕ МНОГОПРЕДМЕТНОЕ WEB-ПРИЛОЖЕНИЕ ДЛЯ ПОДДЕРЖКИ ОНЛАЙН-КОНТЕСТОВ

На сегодняшний день существуют различные программные продукты для проведения онлайн-контестов[1]. Часть из них являются многоязыковыми web-приложениями и предоставляют возможность хранения контента контестов и иных материалов приложения на различных языках, а также обладают многоязыковым интерфейсом. Однако, они обладают определенным множеством недостатков, которые ни в одном из существующих программных систем не устранены полностью.

Системы поддерживают многоязыковость контентной составляющей на заранее заданном множестве, расширить которое без вмешательства в программный код продукта невозможно. Многоязыковость интерфейсной составляющей обладает примерно тем же недостатком. В некоторых случаях реализованы словари, но наполнение словарей необходимо производить самостоятельно, причем для этого необходимо обладать определенными знаниями в области программирования, так как словари зачастую включают себя некоторый программный код.

Необходимость хранения заданий на многих языках напрямую влияет на качество как самих заданий так и на качество их переводов. Поэтапное многопользовательское добавление заданий не реализовано ни в одной из современных систем, поэтому добавлению заданий в систему предшествует процесс перевода заданий. Задание добавляется в систему вместе во всеми возможными переводами на разные языки. Как следствие, для крупных контестов, количество заданий в которых достигает тысячи штук, данная задача отнимает 90% времени, предоставленного на организацию проведения контеста.

Следствием из сказанного выше является ещё один немаловажный недостаток. Основной задачей любого контеста является проверка знаний, будь то олимпиада или просто тестирование по какой-либо дисциплине в университете или школе. Для того чтобы добиться максимально объективной оценки знаний, необходимо обеспечить достаточный уровень конфиденциальности. В случае описываемой выше методики перевода и

---

[1] **Контест** — соревнование в каких-либо видах человеческой деятельности.

добавления заданий обеспечить этот уровень практически невозможно, так как задания и варианты ответов к ним проходят в полном объёме через несколько независимых лиц, причем чаще всего переводчики являются привлеченными сотрудниками.

Практически во всех приложениях обладающих web-интерфейсом контентная составляющая представлена очень узким перечнем допустимого содержимого: текст, списки, таблицы, изображения. Других типов содержимого обычно нет. Организовать на таком подмножестве допустимых элементов контента, например, олимпиаду по физике будет практически невозможно. Соответственно, поддержка многопредметности в подобных системах сведена практически к нулю.

Также стоит упомянуть, про типы заданий. Не во всех системах реализовано стандартное множество допустимых типов заданий: с одним правильным вариантом, множеством правильных вариантов и свободным ответом.

Таким образом, актуальным является создание web-приложения, свободного от перечисленных выше недостатков.

Такая система разрабатывается в Дальневосточном федеральном университете. Основные преимущества создаваемой системы следующие.

Многоязыковый контент в базе данных хранится таким образом, чтобы было легко добавлять информацию на разных языках без изменения структуры базы данных и программного кода приложения.

Многоязыковость интерфейсной составляющей реализована через xml словари, исходный контент которых и структура строятся автоматически и переводчику остается только дополнить словарь интерфейсных терминов соответствующими переводами.

В системе реализован многоэтапный многопользовательский механизм добавления и перевода заданий, который позволяет довести качество условий заданий до максимума ввиду проверки текста на разных этапах добавления многими независимыми людьми.

Специфика многоэтапного многопользовательского механизма добавления заданий не позволяет никому, кроме редактора заданий, получить полный перечень заданий или вариантов ответов на них. Все участники цепочки этапов, через которые проходит задание на стадии добавления, работают не с общим списком заданий, а в своем АРМ над одним случайным заданием.

В качестве контента могут выступать:
- o Текст
- o Изображения
- o Таблицы
- o Списки
- o Формулы (LaTeX)
- o Аудио-контент

Задания контеста могут быть трех разных типов:

○ Задания с одним верным вариантом ответа. В этом случае генерация результатов контеста и начисление соответствующих баллов участникам происходит автоматически.

○ Задания с несколькими верными вариантами ответов. В данном случае генерация результатов контеста и начисление соответствующих баллов участникам также происходит автоматически, только при подсчете баллов возможно использование двух различных алгоритмов начисления баллов за задание:

○ Начисление баллов по 100% совпадению ответа. Участник контеста получает либо полное количество баллов, в случае если ответ совпал полностью, либо 0 баллов если хоть один из выбранных им вариантов неверен.

○ Начисление баллов по частичному совпадению ответа. Участник контеста получает баллы за каждый правильно выбранный вариант. Стоимость варианта в баллах определяется по стоимости задания и по количеству верных и неверных вариантов ответа на него.

○ Задания со свободным ответом. В этом случае генерация результатов контеста возможна только после того, как результаты контеста пройдут соответствующую модерацию определенной группой пользователей, и каждый ответ будет оценен соответствующим количеством баллов из промежутка от 0 до максимальной стоимости задания в баллах.

Заключение

Предложенная в рамках данной статьи концепция системы проведения онлайн-контестов обладает рядом преимуществ, не свойственных другим программным продуктам в данной области. На базе данной системы были проведены несколько олимпиад на нескольких языках по разным предметам.

Самарцев И. В.[1], Шотин С. В.[2], Грязнов М. Ю.[2]

[1]*кафедра физического материаловедения физический факультет ННГУ им. Н. И. Лобачевского*

[2]*НИФТИ ННГУ им. Н. И. Лобачевского*

ВЛИЯНИЕ ПАРАМЕТРОВ СПЛАВЛЕНИЯ НА ФИЗИКО-МЕХАНИЧЕСКИЕ СВОЙСТВА МАТЕРИАЛА, ПОЛУЧАЕМОГО ПО ТЕХНОЛОГИИ ПОСЛОЙНОГО ЛАЗЕРНОГО СПЛАВЛЕНИЯ

В настоящее время появилось новое перспективное направление развития материаловедения - это разработка новых технологий быстрого производства изделий (rapid fabrication). Суть подобных технологий заключается в послойном построении изделий из порошкового материала на основе CAD-модели – модели, трехмерная геометрия которой описана в цифровом виде с помощью программ твердотельного моделирования (SolidWorks, CATIA, RroE, AutoCAD и т. д.). Существует ряд технологий производства готовых изделий на основе различных методов спекания порошковых материалов.

Наиболее эффективным методом прямого получения конечных изделий является технология послойного лазерного сплавления (selective laser melting – SLM). Суть этого процесса заключается в следующем: CAD-модель изделия разбивается на слои от 30 до 100 мкм, на подложку наносится слой порошка, затем лазерный луч, сфокусированный на слое порошка, расплавляет его частицы, которые при последующей кристаллизации формируют твердую массу, в соответствии с геометрией текущего сечения изделия. Процесс происходит до тех пор, пока не будут изготовлены все слои изделия [1].

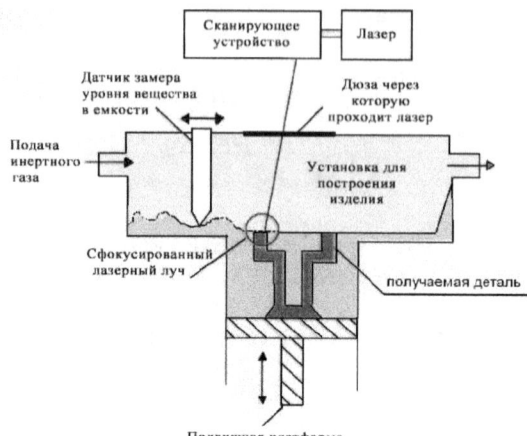

Рис.1 . Принципиальная схема построения образца.

В работе было изучено влияние параметров сплавления на физико-механические характеристики образцов сплава Inconel 718, полученных методом SLM из порошковых материалов на основе 3D-CAD модели. Для механических испытаний на сжатие были получены цилиндрические образцы сплава Inconel 718 методом послойного лазерного сплавления в различных технологических режимах. Полный перечень технологических параметров:

- ширина внешней границы
- ширина внутренней границы
- параметр усадки
- фокусировка лазера
- экспозиция лазера
- шаг смещения луча лазера
- сечение лазерного пучка
- очередность заштриховки
- расстояние между линиями движения лазера по оси X
- расстояние между линиями движения лазера по оси Y
- ориентация образца относительно оси лазера

В данной работе исследовалось влияние: времени экспозиции лазера, шаг смещения луча лазера. В зависимости от параметров сплавления величина предел текучести изменяется в диапазоне от 320 до 900 МПа. Предел макроупругости изменяется в диапазоне от 180 до 760 МПа. Также были проведены механические испытания образцов на растяжение. Предел прочности изменяется в диапазоне от 130 до 1080 МПа. Термическая обработка материала после SLM позволяет повысить прочностные характеристики на 15 – 25% без серьезного снижения пластических характеристик. Методом гидростатического взвешивания проведены измерения плотности образцов сплава Inconel 718. В зависимости от параметров [2] сплавления плотность изменяется в диапазоне от 6,6 до 8,1 г/см^3. (Значения пористости образцов изменяются в диапазоне от 0,7 до 19 %). Показано, что предел текучести линейно уменьшается на 60% до значения 700 МПа с увеличением удельной энергии лазера в 3 раза. Обнаружено, что при увеличении времени экспозиции лазера до 50 мкс плотность материала увеличивается до значения 8,1 г/см^3, близкого к теоретической плотности. Теоретическая плотность составляет 8,2 г/см^3.

В работе показано, что метод SLM позволяет управлять структурой и свойствами материалов: варьируя параметры сплавления, можно контролируемо изменять структуру, следовательно, и свойства материала и таким образом можно получать материалы и изделия из них с оптимальным соотношением прочности и пластичности.

[1] Грязнов М.Ю., Шотин С.В., Чувильдеев В.Н. Физико-механические свойства и микроструктура нержавеющей стали 316L, полученной по технологии послойного лазерного сплавления. Вестник ННГУ. 2012. №5. с. 36-43.

[2] Шишковский И.В, Лазерный синтез функционально-градиентных мезоструктур и объемных изделий. – М.: ФИЗМАТЛИТ, 2009. – 424 с. – ISBN 798-5-922-1122-5.

Коваленко А.А., Ходеев А.А.
студенты школы естественных наук ДВФУ
artemhodeev@gmail.com, kovalenko.stasiya@gmail.com
научный руководитель - д.т.н., профессор **Артемьева И.Л.**
зав. каф. ПММУПО
Дальневосточный федеральный университет

научный консультант – д.г.н., с.н.с, **Гарцман Б.И.**,
заведующий лабораторией
Тихоокеанский институт географии ДВО РАН

ПРОГРАММНАЯ СИСТЕМА ДЛЯ АНАЛИЗА ПРОБ РЕЧНОГО СТОКА

Специалисты предметной области «Гидрология суши» занимаются анализом генетической структуры водных ресурсов. На сегодняшний день большинство своих задач специалисты института географии ДВО РАН решают в таких программных средствах математического анализа, как MiniTab и Microsoft Excel. Проблемой является то, что обмен информацией между двумя указанными выше программами производится вручную, что часто приводит к потере данных либо их «затиранию». Существует также база данных «CUAHSI ODM» [5, 2], которая используется для хранения и исчерпывающего описания точечных наблюдений, но не позволяет решать задачи обработки данных. Объем информации, которым оперирует специалист-гидролог, очень велик, а время, затрачиваемое на обработку проб без использования средств автоматизации, исчисляется несколькими неделями.

Еще одной проблемой является то, что до настоящего времени отсутствуют общепринятые представления и устоявшаяся классификация в этой области [1,1]. По этой причине отсутствуют программные средства, предназначенные для автоматизации профессиональной деятельности в данной предметной области.

Поэтому актуальным является создание интегрированной многопользовательской системы, которая позволяла бы специалистам-гидрологам проводить статистическую обработку имеющихся данных и упрощала бы получение результатов этой обработки, позволяя представить их в графическом виде, накапливать информацию об имеющихся пробах и результатах выполнения методов, хранить и редактировать описание всех параметров, а также методов решения прикладных задач данной области.

Система должна быть рассчитана на работу с двумя типами пользователей: инженер аналитик, который, общаясь с экспертом-гидрологом, имеет возможность изменять знания, заложенные в системе; и специалист-гидролог, который с помощью системы решает задачи обработки данных. Далее описаны основные компоненты программной системы.

Система для формирования описаний классов

В связи с тем, что на сегодняшний день у гидрологов нет общепринятой классификации, в системе присутствует подсистема, позволяющая специалистам-гидрологам создавать свои собственные классификации и классифицировать пробы водных ресурсов по созданным классификациям. Созданию программной подсистемы системы предшествует разработка модели, которая должна описывать формально все характеристики пробы. Ниже представлен фрагмент модели верхнего уровня подсистемы для формирования описания классов (использован формализм из работы [4,10]).

1. Сорт Типы классификаций: {} N \ ∅
2. Сорт Типы классификации пробы: Пробы → {}Типы классификаций
3. Сорт Классы: Типы классификаций → {} N \ ∅

Ограничение: (v1: типы классификаций)(v2: типы классификаций)

v1 ≠ v2 => классы(v1) ∩ классы(v2) = ∅

Подсистема хранения архива проб

Основным объектом, с которым приходится работать специалистам данной предметной области является проба водного ресурса, которая характеризуется местом и датой забора пробы, содержащимися в пробе веществами. Каждая проба имеет набор физических характеристик, таких как электропроводность, минерализация, Рн [5, 3].

В процессе анализа проб водного источника, постоянно увеличивается количество обрабатываемых проб и количество данных, которое требуется хранить. Для решения данной задачи предназначена подсистема хранения архива проб, которая позволяет хранить как пробы, представленные для анализа, так и результаты самого анализа.

Подсистема анализа проб

Методами, используемые сотрудниками института географии ДВО РАН для анализа проб, являются метод «грубого отсева» [2, 208] и метод главных компонентов [3].

Данная подсистема предназначена для решения прикладных задач, в частности, задач статистической обработки хранящихся данных. В подсистеме анализа проб реализованы оба выше представленных метода.

Ниже приведен фрагмент модели, используемый при создании подсистемы анализа проб.

1. Сорт компоненты: {}N\ ∞
2. Сорт пробы: {}N\ ∞
3. Сорт элементы пробы: пробы → {} компоненты

Ограничение: (v1: компоненты) (v2: пробы) (v3: пробы \ {v2}) v1 ∈ элементы пробы (v2) & v1 ∈ элементы пробы (v3) => ошибка измерения (v2, v1) = ошибка измерения (v3, v1)

Фрагмент модели для метода грубого отсева

1. Сорт учитываемые элементы: пробы → {}компоненты \ ∅

(v: пробы) учитываемые элементы (v) ⊆ элементы пробы (v)

2. Сорт минимально допустимая концентрация: R[0;1]

3. Сорт минимально допустимый процент для элемента: R[0; 100]

4. Сорт элементы для отсеивания: проба → {}компоненты

(v: пробы) Элементы для отсеивания(v) ⊆ Элементы пробы(v)

(v1: пробы) (v2: учитываемые элементы(v1)) концентрация (v1, v2) > минимально допустимая концентрация.

5. Сорт пробы для элементов: компоненты → {}пробы

(v1: компоненты) (v2: пробы для элементов (v1)) v1 ∈ учитываемые компоненты(v2)

6. (v1: компоненты) Число проб для элемента (v1) ≡ μ (пробы для элементов (v1))

7. (v1: компоненты) Процент для элемента (v1) ≡ $\frac{\text{число проб для элемента}(v1)}{\text{количество проб в системе}}$ * 100

(v1: компоненты) (v2: пробы) v1 ∈ элементы для отсеивания (v2) => процент для отсеивания (v1) < минимально допустимый процент для элемента

Подсистема вывода информации

Помимо представленных выше подсистем, в системе присутствует подсистема, формирующая пояснения и обоснования полученных результатов анализа проб. Подсистема вывода информации на экран создает графическое представление результатов анализа.

Список литературы

[1] Губарева Т.С. Объективная классификация речных бассейнов и гидрологическое районирование (на примере Японии)// География и природные ресурсы. 2012. № 1. С. 111-121.

[2] Лакин Г.Ф. Биометрия. – М.: «Высшая школа», 1990. – 352 с.

[3] Померанцев А.Л. Метод Главных Компонент (PCA) - Российское хемометрическое общество (http://www.chemometrics.ru/materials/textbooks/pca.htm)

[4] Клещев А.С., Артемьева И.Л. Необогащенные системы логических соотношений // Научно-техническая информация, серия 2, 2000, № 7: с. 18-28, № 8: с. 8-18

[5] Бугаец А.Н., Гарцман Б.И., Краснопеев С.М., Бугаец Н.Д. Современная платформа управления данными гидрометеорологических наблюдений – CUAHSI HIS ODM // Метеорология и гидрология. 2013. №5.

Нурмухаметова Р.С.
кандидат филологических наук, доцент, Казанский федеральный университет
rsagadat@yandex.ru

ЛИНГВОКУЛЬТУРЕМЫ ТЕМАТИЧЕСКОЙ ГРУППЫ «ПИЩА» ТАТАРСКОГО ЯЗЫКА

В современных условиях, вопрос о связи языка и культуры, впервые затронутый В. фон Гумбольдтом еще в XIX веке, превратился в самостоятельное направление лингвистики со своими собственными подходами и методами. В татарском языкознании проблемы лингвокультурологии впервые нашли отражение в трудах Р.Р. Замалетдинова. Например, в монографии «Внутренний и внешний мир носителей татарского языка» (2003) ученого раскрывается национальный образ мира татар посредством изучения реализации концептов внутреннего и материального мира. Эмоционально-эстетическая глубина, национальное своеобразие духовного мира татарского народа излагается в монографии «Татарская культура в языковом отражении» (2004). Монография «Теоретические и прикладные аспекты татарской лингвокультурологии» (2009) посвящается рассмотрению актуальных проблем лингвокультурологии.

Ментальность народа наиболее ярко проявляется в области лексики. Каждый язык обладает определенным количеством единиц с национально-культурным компонентом значения, т.е. лингвокультурем, достаточно большую часть которых составляют наименования пищи. Изучение тематической группы «пища» в лингвокультурологическом аспекте представляется актуальным, поскольку именно в семантике отдельных наименований пищи культурный компонент выражен наиболее ярко, так как они находятся в непосредственной связи с повседневной жизнью народа.

Лексические единицы, входящие в тематическую группу «пища», созданы народом в течение многих столетий. Этим и объясняется довольно большое их количество. Лексика пищи татарского языка неоднократно становилась объектом изучения в различных аспектах. Однако многие из них в основном носили преимущественно описательный характер. Системное исследование названий пищи нашло отражение в монографии Т.Х. Хайрутдиновой «Названия пищи в татарском языке» (1993). Г.Р. Мугтасимова в монографии «Лексика татарских народных пословиц» рассматривает устаревшие названия тематической группы «пища» [3, 81-84]. Ф.С. Баязитова свою монографию «Лексика пищи и народных традиций» (2007) посвящает систематизации диалектных и литературных названий пищи в связи с народными традициями. В монографии «Двуязычная лексикография татарского языка XIX века» (2008) А.Ш. Юсупова дает описание тематической группы «Еда, питье» по материалам татарских словарей XIX века [5, 155-164]. К одной из вышеназванных монографий (2009) Р.Р. Замалетдинова приложен краткий этнокультурный словарь, где дается лингвокультурологическое описание некоторых лингвокультурем тематической группы «пища» [2, 244-349]. Ф.Х. Тарасова в монографии «Паремии с компонентом «пища» в татарском, русском и английском языках…» (2012) рассматривает «пищевой код» разноструктурных языков. В словаре-справочнике «Этнокультурный словарь татарского языка: лексика материальной культуры» (2012, авторы-составители – Р.Р. Замалетдинов, Р.С. Нурмухаметова) дается лингвокультурологическое описание 30-ти блюд татарской кухни.

Настоящее исследование посвящено изучению лингвокультурем тематической группы «пища» татарского языка. Источником сбора фактического материала для данного исследования послужили татарско-русские, толковые и фразеологические словари татарского языка и 3-х томный сборник татарских народных пословиц. Методом сплошной выборки из этих лексикографических источников было отобрано около 1000 названий пищи. В рамках данной статьи мы рассматриваем некоторые наименования пищи, в значении которых можно вычленить культурный компонент.

Большое значение в питании многих народов имеет *хлеб*. В татарском языке для обозначения этой пищи употребляются слова *икмәк* и *ипи*. Существует мнение, что слово *ипи* более позднего происхождения, чем *икмәк* [4, 16]. *Икмәк* образован от глагола "ик-" (выращивать) прибавлением аффикса –*мәк*. Хлеб бывает круглым (*түгәрәк ипи*), прямоугольным и пекут его из ржаной и пшеничной муки. Хлеб из пшеничной муки различают как *ак ипи/икмәк*, а из ржаной муки – *кара ипи/икмәк*. Белый хлеб раньше ели только по праздникам, поэтому ценился ржаной хлеб, об этом свидетельствуют следующие пословицы: *Арыш икмәге барына да баш* (Ржаной хлеб всему голова); *Кара икмәккә туйган ач булмый* (У кого есть черный хлеб, не будет голодным).

Из всего многообразия блюд наиболее характерными для традиционной татарской кухни являются мучные изделия, используемые как в повседневной пище, так и по случаю званых обедов: *бәлеш* (белиш), *гөбәдия* (губадия), *кыстыбый, өчпочмак* (треугольник) и т.п. Наиболее простым из них является *коймак* – оладья, оладушка. Его пекут из дрожжевого (*ачы коймак*) и пресного теста (*төче коймак*). Бывает еще *кияу коймагы* (оладьи для зятя/жениха), которое готовят для жениха после проведенной первой брачной ночи у невесты. Название произошло от глагола "кой" (лить, вливать) прибавлением аффикса –*мак* [1, 110].

Пәрәмәч (перемячи) – название национального блюда, из теста и мясного фарша. Перемячи раньше выпекали в печи, ныне готовят во фритюре или на сковороде в кипящем масле. По мнению некоторых ученых, название восходит к словосочетанию *бәйрәм ашы* (праздничное блюдо), так как это блюдо хозяйки готовили к возвращению мужчин из пятничного намаза (пятница у мусульман приравнивается к празднику). Перемячи делают закрытыми и открытыми (типа шаньги). *Кияү пәрәмәче* (перемяч для жениха) отличается размером (они бывают мелкими).

Татары *молоко* используют в основном в переработанном виде, поэтому татарская кухня изобилует молочными продуктами: *каймак* (сметана), *катык* (вид национального кефира), *эремчек* (творог), *сөт өсте* (сливки), *әйрән* (айран), *корт* (курт – красный творог), *сөзмә* (сюзьма) и т.п. Путем отстоя молока или пропустив через сепаратор, получают *каймак/ сөт өсте* – сметану/сливки. Если каймак сбивать, то получается *атланмай* (сливочное масло). Название произошло путем сложения двух основ: *атлау* (пахтать) + *май* (масло). В языке существуют синонимы: *ак май* (букв. белое масло), *гөбе мае* (букв. пахтальное масло), *сыер мае* (букв. коровье масло).

Татары очень любят *чай*, его пьют крепким (*каты чәй*) и с молоком (*сөтле чәй*), с лимоном (*лимонлы чәй*) и с сушеными фруктами (*җимешле чәй*). Иногда чаепитие заменяет прием пищи, потому что к чаю подают разнообразную выпечку из сдобного и сладкого теста: *чәлпәк* (тонкая лепешка из сдобного теста), *катлама* (слойка), *кош теле* (вид хвороста), *паштет, пәхләвә* (пахлаве), *талкыш* и т.д. Многие из них типичны для многих тюркских народов. А некоторые, например, *чәкчәк* (чакчак), характерны лишь для татарской национальной кухни.

Изучение названий пищи в лингвокультурологическом аспекте позволяет сделать выводы о том, что каждый язык является неотъемлемой частью жизни и истории народа-носителя. Подобного рода исследования отдельной области лексической системы языка определяются потребностью современной лингвистики в изучении обстоятельств и факторов формирования языковой картины мира. Решение данной проблемы неразрывно связано с выявлением степени выраженности культурного компонента в лексических единицах тематической группы «пища» в татарском языке.

Литература

1. Ахметьянов Р.Г. Краткий историко-этимологический словарь татарского языка. – Казань: Татар. кн. изд-во, 2001. – 272 с. (на татар. языке)

2. Замалетдинов Р.Р. Теоретические и прикладные аспекты татарской лингвокультурологии. – Казань: Магариф, 2009. – 351 с.

3. Мугтасимова Г.Р. Лексика татарских народных пословиц. – Казань: Изд-во Казанск. гос. ун-та, 2005. – 192 с. (на татар. языке)

4. Хайрутдинова Т.Х. Названия пищи в татарском языке. – Казань: ИЯЛИ им. Г.Ибрагимова АН Татарстана, 1993. – 142 с.

5. Юсупова А.Ш. Двуязычная лексикография татарского языка XIX века. – Казань: Изд-во Казанск. гос. ун-та, 2008. – 410 с.

Демченко Л.Н.
кандидат филологических наук
Восточно-Казахстанский госуниверситет им. С. Аманжолова

СТИХИЯ ВОЗДУХА В ПРОИЗВЕДЕНИЯХ Ч. АЙТМАТОВА

В литературоведении природные стихии рассматриваются в различных аспектах. В частности, Ю. Лотман в русской классической литературе выделяет три основные формы соотношения природных стихий (вода, воздух, огонь, земля) с культурным пространством, бытом и бытием героя. Ю. Лотман анализирует природные стихии на материале художественного текста А. С. Пушкина, Ф. М. Достоевского, А Блока [1]. А.А. Александрова рассматривает стадиальное развитие мифологем воды и воздуха на материале творчества И. Бродского [2]. М Вахитова выделяет функции природных стихий на материале произведений Леонида Леонова, а также отмечает, что стихия природы составляет внутреннее мировое пространство [3].

Воздух – является одним из четырех природных стихий, в отличие от земли, воды или огня, его можно ощущать, но невозможно потрогать или увидеть [4]. Воздух можно отождествлять с дыханием, порывом ветра, с тем, что мы ощущаем, но не видим, или же с туманом, дымом, паром, которые невозможны без действия воздуха. Воздух существует в трех координатных плоскостях, может выступать местом существования мира животных, птиц, способных перемещаться как по горизонтали, так и по вертикали. Стихия воздуха имеет с одной стороны - мифологическую природу, воздух воспринимается как дыхание, что несет в себе жизнь, мифологически связано с душой. С другой - воздух ассоциируется с ветром, и более конкретно - с порывом ветра, силой ветра, направлением ветра, с четырьмя сторонами света (или верх, низ, право, лево), дуновением, легкостью, а также бурей, вихрем, смерчем.

Воздух связан с такой категорией, как пространство, которое может быть воздушным и безвоздушным, открытым, закрытым, вертикальным, горизонтальным. Воздух неотделим от понятия «пространство», так как воздух зависим от него. Узкое, сжатое пространство уменьшает объем воздуха, изменяя его структуру, высокогорье или морское дно, космос – также влияют на воздух. Стихия воздуха более сложна с точки зрения визуального представления, но в то же время осязаема, поскольку воздух может иметь запах, воздух может быть слышимым как шум (поток воздуха, шуршание листвы, травы и пр.). Воздух может являться как пар, дым, туман, дыхание. Воздух может обладать тактильными свойствами, передаваемые через ощущения тепла, холода, прохлады, легкого прикосновения, может сопрягаться с понятиями высоты, неба, свободы. Иными словами, воздух выступает как *природное явление* (ветер, туман, дым, эхо, небо, свет) и как *явление, данное в ощущениях* (запах, вздох, шум, тепло, холод). Благодаря воздушной массе предмет (в зависимости от физических свойств) может парить, лететь, падать, опускаться, подниматься и т.д. Стихия воздуха может изменять направления предметов падающих или плывущих. В художественной литературе можем найти примеры проявления воздушной стихии. Воздушный поток соизмерим со временем и пространством, соотнесен с мироощущением человека, способен отражать его состояния. В качестве примера можем привести фрагмент из стихотворения Н. Батюшкова «Мои пенаты»: «И Лила почивает / На ложе из цветов / И *ветер тиховейный* / С груди ее лилейной / *Сдул дымчатый покров...*/ *Я Лилы пью дыханье* / На пламенных устах...», фрагменты из поэмы М. Лермонтова «Мцыри»: «Но *не курится* уж под ним / Кадильниц *благовонный дым*» или «Смотрел *вздыхая* на восток» или «Как сердце билося живей / *При виде солнца и полей* / С высокой башни угловой, / Где *воздух свеж...*» или «*Простерты в воздухе* давно / Объятья каменные их». Для характеристики воздушной стихии можно использовать так называемые «воздушные» слова, имеющие непосредственное отношение к воздуху, такие, как: вздох, ветер, туман, дым, небо, эхо и т.д., а также глаголы движения и состояния, соотношения воздуха с изображением человека, воздушная стихия может отражать и психологические состояния персонажа, его чувства сопоставимы с изображением воздушной стихии, которая может быть спокойная или бурная, грозная или умиротворенная, унылая и восторженная. В произведениях Чингиза Айтматова воздушная стихия предстает в разных формах проявления, несет в себе различные смысловые значения, в большей степени связана с мифологией, мифотворчеством, легендами. Воздушная стихия в произведениях Ч. Айтматова выражается через ветер, небо, туман, снежные бури. Ветер в повести «Пегий пес, бегущий краем моря» становится жизненно важным природным явлением, которое способно вселить в сердце юного героя повести веру в возможность выжить, разогнать туман, который в данном случае является враждебным для человека. В большей степени «ветер» в произведениях Ч. Айтматова выступает как спасительный поток воздуха. Так, в повести «Белый пароход» ветер дует с гор, и несет с собой свежесть чувство свободы. Ветер может служить защитным явлением: «Дед рассказывал, что очень-очень давно вражеские войска шли, чтобы захватить эту землю. И вот тогда с нашего Сан-Таша *такой ветер подул*, что враги не усидели в седлах. Послезали с коней, но и пешком идти не могли. *Ветер сек им лица в кровь.* Тогда *они отвернулись от ветра, а ветер гнал их в спины*, не давал остановиться и выгнал их с Иссык-Куля всех до одного. Вот как было. *А мы вот живем на этом ветру!*». В повести «Пегий пес, бегущий краем моря» ветер выступает спасительным явлением, которое несет в себе движение, изменение судьбы мальчика, возможность выжить: «Ночью

Кириск проснулся от качки и шума волн за бортом лодки. Мальчик тихо вскрикнул - он увидел над собой звезды! Мальчик был ошеломлен - звезды, луна, ветер, волны - жизнь, движение!».

Другим ярким явлением воздушной стихии является небо, которое предстает как свобода, высота, т.е. вертикальное пространство. С небом связаны такие образы как, облака, облако, тучи, а также обитатели небес – птицы. Так, в повести «Белый пароход» мальчик, прячась в высоких зарослях, засматривается *на небо*: «Горячо и тихо в ширалджинах. И главное - они не заслоняют *неба*. Надо лечь на спину и смотреть *в небо*. Сначала сквозь слезы почти ничего не различить. А потом приплывут *облака* и будут выделывать наверху все, что ты задумаешь. *Облака* знают, что тебе не очень хорошо…». Во вставной повести к роману «И дольше века длится день» «Белое облако Чингисхана» *облако* становится мифологическим образом, символом избранности свыше.

Следует отметить, что воздух неотделим от других стихий и находится во взаимосвязи с водой, землей, и является своеобразным отражением стихии огня. По частотности употребления «воздушных слов» можно отметить, что, в частности, в повести «Белый пароход» воздушная стихия приобретает новые образы: пар, эхо, пыль, дым, стрела, запах. Ветер (52 раз) и небо (20 раз) используются почти в два раза чаще, чем остальные явления. В романе «И дольше века длится день» ситуация меняется, первым по числу употребления оказывается небо (130 раз), которое выступает как бог-Тенгри, ветер используется 98 раз. Как видим, в произведениях Чингиза Айтматова доминирующими являются ветер и небо, с которыми связаны все остальные явления и несут в себе не только пространственное, но мифологическое значение. Таким образом, мы предлагаем выделить специфику воздушной стихии, которую можно характеризовать в художественном тексте через «воздушные слова», глаголы движения, своеобразную систему художественных образов.

Список литературы:
1. Лотман Ю. М. Образы природных стихий в русской литературе (Пушкин — Достоевский — Блок) // Лотман Ю. М. Пушкин: Биография писателя; Статьи и заметки, 1960—1990; «Евгений Онегин»: Комментарий. — СПб.: Искусство-СПБ, 1995. — С. 814—820.
2. Александрова А. А. Мифологемы воды и воздуха в творчестве Иосифа Бродского: диссертация кандидата филологических наук : 10.01.01 Москва, 2007. - 224 с.
3. Вахитова Т. М. Природные стихии в творчестве Леонида Леонова /Т. М. Вахитова // Русская литература. - 2005. - N 3. - С. 73-90.
4. Демченко Л. Н. Водный мир в художественном произведении. На материале творчества Ч. Айтматова // Русская словесность в школе. – 2010. - № 1. – С. 45-49.

Саттарова М.Р.
кандидат филологических наук, доцент, Казанский федеральный университет
m-sattarova@mail.ru

ХРИСТИАНСКАЯ ЛЕКСИКА ТАТАРСКОГО ЯЗЫКА

В отечественном языкознании конца XX-начала XXI в. наблюдается повышение внимания лингвистов к лексике, употребляемой в религиозной сфере. Данная лексика является предметом изучения теолингвистики – «науки, возникшей на стыке языка и религии и исследующей проявления религии, которые закрепились и отразились в языке; раздел языкознания, который занимается исследованием религиозного языка в узком и широком понимании этого термина» [2, 290]. Как отмечает С.И.Шамарова, «целью теолингвистики является установление посреднической связи, промежуточного звена, с одной стороны, между религией, церковью и обществом, государством, а с другой стороны, между лингвистикой и теологией» [5]. Изучение религиозной лексики подразумевает выяснение этимологии понятий, пропаганду правильного толкования, критического анализа единиц. Следует отметить, что на современном этапе развития действительно необходимо исследовать теологическую лексику не только в этимологическом плане, но и систематизировать язык религиозного общения.

Вопрос изучения религиозной лексики татарского языка является достаточно сложным и находится в зависимости, как от лингвистических, так и экстралингвистических факторов. Как известно, современный татарский язык включает в себя обширную и разнообразную теологическую лексику, содержащую единицы как эпохи язычества, так и христианства, ислама. Употребление христианской лексики в татарском языке связано с тем, что часть народа издавна исповедует христианство. История происхождения крещёных татар имеет несколько объяснений. Согласно традиционной точке зрения, формирование этой этноконфессиональной группы как самостоятельной общности происходило длительное время. Решающее влияние на формирование кряшенов оказал процесс христианизации части татар Поволжья во второй половине XVI-XVII веков – начиная с взятия Казани Иваном Грозным в 1552 году. Сформировавшаяся в это время группа носит название «старокрещёных» татар. А новая группа татар, сформировавшаяся в период христианизации нерусских народов Поволжья в первой половине XVIII века, носит название «новокрещёных». Другая версия принадлежит казанскому историку М.С.Глухову. Он считал, что этноним «кряшены» восходит к историческому племени керчин – татарскому племени, известному как кераиты и исповедовавшему христианство несторианского толка с X века [3, 328].

В настоящее время крещеные татары живут в основном в Татарстане, Башкортостане, Удмуртии, Челябинской, Самарской и Кировской областях. Говоры кряшен относятся к среднему диалекту татарского языка. В то же время отмечены отличия в лексическом фонде в сравнении с лексикой татар-мусульман, относящихся к тому же диалекту. Данное отличие находит отражение в лексике духовной и материальной культуры в целом, религиозной лексике в частности. В «Большом диалектологическом словаре татарского языка» и в «Толковом словаре татарского языка» зафиксировано огромное количество религиозной лексики, относящейся к говору крещеных татар. В семантическом плане эти слова объединяются в следующие группы:

1) слова, обозначающие людей: *курысни эни* – крёстная мать [1, 339], *курысни эти* – крёстный отец [1, 339], *дьякон* [4, 152], *епископ* [4, 158], *жрец* [4, 161], *каноник* [4, 229], *католик* [4, 241], *кюре* [4, 314], *керәшен* – кряшен [4, 247], *патриарх* [4, 411], *поп* [4, 422] и др.

2) названия праздников: *бәрмәнчек* – вербное воскресенье [1, 111], *качманар* – крещение [1, 281], *Олы Көн* – букв. Великий день, Пасха [1,327], *Питрау* – Петров день [4, 417], *Раштуа* – Рождество [4, 442] и др.

3) лексические единицы, обозначающие строения и их части: *келья* [4, 246], *лавра* [4, 339], *скит* [4, 476], *храм* [4, 634], *чиркәу*– церковь [4, 654] и др.

4) названия одежды, надеваемые священнослужителями: *порфира* [4, 423], *риза* [4, 449], *ряса* [4, 453] и др.

5) названия предметов: *ладан* [4, 339], *лампада* [4, 340] и др.

6) абстрактные понятия: *католицизм* [4, 241], *православие* [4, 425], *христианлык* – христианство [4, 635] и др.

В этимологическом плане изучаемые единицы объединяются в две основные группы: слова, заимствованные из русского языка, и слова тюркского происхождения. К первой группе относятся такие лексемы, как *дьякон, епископ, патриарх, храм, порфира, лампада, православие* и др., которые при освоении не претерпели никаких фонетических и семантических изменений, что свидетельствует об их более позднем заимствовании. А такие слова, как *курысни (эни)* – крестная (мать), *курысни (эти)* – крестный (отец), *Питрау* – Петров день, *чиркәу* – церковь и др. в плане освоения претерпели некоторые, в первую очередь фонетические, изменения. К тому же сочетания *курысни эни, курысни эти* употребляются с исконно тюркскими единицами *эни* – мама, *эти* – папа, отец.

Такие лексические единицы, как *бәрмәнчек, качманар, Олы Көн* и др являются словами тюркского происхождения. *Бәрмәнчек* – вербное воскресенье, от слова *"бәргәләү"* – многократно ударять, прикасаться чем-либо. Как известно, верба играет важную роль в поверьях многих народов. Считается, что если поприударять / прикоснуться ветками вербы по стенам дома, хлева, то будет благодать, здравие, покой в хозяйстве. У славян еще до принятия христианства ветки вербы имели религиозное значение и с этими ветками связаны древние поверья и обычаи. Обозначение веток вербы «своими» словами говорит о древности как обычая, так и самой этнической группы кряшен.

Качманар – крещение, состоит из двух частей: *кач // хач* "крест" и *манар // манарга* – макать, окунуть, погрузить. Данное название также свидетельствует о древности как самого таинства, так и понятия в речи крещеных татар.

Олы Көн – буквально означает «великий день». Пасха – древнейший христианский праздник, и слово *олы* (великий) подчеркивает то, что этот день является главным праздником богослужебного года.

Анализ христианской лексики татарского языка в этимологическом плане позволяет изучить особенности уникальной по своему содержанию культуры крещеных татар, закрепленные и отраженные в языковом материале. Уникальность их культуры заключается в единстве языка с остальными этническими группами татар, в единстве веры с другими народами Поволжья. В то же время, привлекают внимание предметы одежды и прочие этнографические детали. Перечисленные особенности тем или иным образом отражаются на лексическом уровне языка. Несмотря на то, что языковые особенности говоров крещеных татар тщательно изучены диалектологами, семантика религиозной лексики, лингвокультурологическое содержание лексико-семантического поля «религия / верование» подлежат фундаментальному исследованию.

Литература

1. Большой диалектологический словарь татарского языка / Сост.: Ф.С.Баязитова, Д.Б.Рамазанова, З.Р.Садыкова и др. – Казань: Татар. кн. изд-во, 2009. – 839 с. (на татар. языке)

2. Гадомский А.К. Религиозный язык – теолингвистика – языкознание // Ученые записки Таврического национального университета – Филология. Том 20 (59). № 1. – Симферополь. ТНУ, 2007. – С. 287-292.

3. Tatarica. Энциклопедия / Авт.-сост.: М.С.Глухов. – Казань: Ватан, 1997. – 503 с.

4. Толковый словарь татарского языка / Гл.ред.: Ф.А.Ганиев. – Казань: Матбугат йорты, 2005. – 838 с. (на татар. языке)

5. Шамарова С.И. К вопросу о теолингвистике: цель, задачи, объект, методы и основные направления // Международный научно-исследовательский журнал. Филологические науки. Выпуск октябрь 2012. – [Электронный ресурс]. – Режим доступа: htth://research-journal.org

Пилипко Е.В.
аспирант
Киевский национальный лингвистический университет
ele_nika@inbox.ru

МОРФОЛОГИЧЕСКИЕ ОСОБЕННОСТИ МЕЖДОМЕТИЙ СОВРЕМЕННОГО НЕМЕЦКОГО ЯЗЫКА

В статье проанализованы структурные особенности междометий современного немецкого языка. Исследование отражает один из аспектов анализа междометий, а именно, их структуру, поскольку эти языковые единицы представляют уникальное явление в морфологическом плане.

Междометные единицы, в том числе их морфологические характеристики, всегда привлекали внимание лингвистов многих стран мира. Вопросами интерпретации междометий занимались в свое время: А.А. Потебня, А.А. Шахматов, В.В. Виноградов, Л.В. Щерба, А.И. Германович, А. Вежбицкая (на материале русского языка); Ш. Балли, Ж. Вандриес, Е.Е. Корди (на материале французского языка); С. Гринбаум, О. Есперсен, Ч. Фриз, М.Д. Гутнер (на материале английского языка); Й. Эрбен, Х. Вайнрих, М.Г. Арсеньева, А.Т. Кривоносов, В.Д. Девкин, Г. Хельбиг и Й. Буша (на материале немецкого языка) и многие другие исследователи.

Морфологическая интерпретация междометий осложняется тем, что этот класс включает в свой состав достаточно разнородные по своей морфологической структуре единицы. Спектр их структуры колеблется от единиц, имеющих форму слова, до единиц, которые являются по своей форме предложениями.

Так, например, В.Т. Косов подразделяет класс междометий на три группы:

1) Первичные (истинные) междометия, которые выделяются по морфологическим признакам. Это односложные восклицания, не поддающиеся морфемному делению − слова, имеющие в своем составе специфические звуки, которые не входят в фонетическую систему немецкого языка: *ah, äh, ach, äks, ai, aha, au, bah, bäh, brr, eh, ei, ha, hmpf, pst* и др.

2) Звукоподражательные междометия, которые являются подобными первичным междометиям: *bauz, pardauz, klipp-klapp, klitsch, klatsch, plumps, knacks, ratsch, ritsch, racks, klirrbatsch, wan, wun*. В эту группу входят также звукоподражательные припевы: *ha ha, ei ei, sa sa, la la, trala, tam tam.*

3) Производные междометия, т.е. слова из других частей речи, которые перешли в состав междометий и потеряли свое лексическое значение: *behüte, bewahre, Donnerwetter, Gott, Hölle, Mensch, Sakrament,*

Potz, Teufel, los, auf и др. [2, 513-514].

В структурном отношении первичные междометия являются обычно односложными, неразложимыми на морфемы словами, внутренне нерасчлененными и грамматически неоформленными, которые употребляются как условные выразители эмоций (*ach, ai, ah, äh, aha, au, eh, ei, ha, na, oh, tja* и др.).

Подавляющее большинство междометий немецкого языка характеризуется короткой, сконденсированной структурой и являются первичными. Они происходят от эмоциональных неязыковых возгласов человека и имеют ряд специфических признаков, к которым относятся:

1) морфологическая аморфность и отсутствие словоизменения;

2) ведущая роль интонации;

3) аномальность фонетических свойств.

В отличие от первичных междометий, грамматически нечленимых, производные междометия сохраняют внешние грамматические формы слов и словосочетаний, от которых они образованы (*Alle Wetter, Donnerwetter, Um Gottes willen, Hölle, Sakrament, Teufel, Potz, Tausend, Mensch, Mann, Menschenskind, behüte, bewahre* и др.).

Вторичные (производные) междометия в зависимости от их структуры могут подразделяться на 3 вида:

1) простые: *Gott!, Himmel!, Donnerwetter!, Postblitz!, Mann!, Mensch!, Verdammt!, Verflucht!*

2) фразового типа: *Bei allen Dämonen!, Herr im Himmel!, Donner und Doria!, Mein Gott!, Verflixt und zugenäht!, Um Gottes willen!*

3) междометия-предложения: *Da sei Gott vor!, Du kriegst die Tür nicht zu!, Dass ich nicht lache!, Der Hölle sei Dank!, Sei verflucht!*

Простые вторичные междометия включают несколько подгрупп по способу образования в языке. Междометия, заимствованные из других языков, мы относим к той или иной подгруппе, исходя из их статуса в языке источнике. Здесь можно выделить следующие группы: субстантивные междометия (*Gott!, Hölle!, Mensch!, Donner!, Teufel!*), глагольные междометия (*Behüte!, Bewahre!, Hör (mal)!, Sieh (mal) an!*), причастные междометия (*Verdammt!, Verflucht!*), адвербиальные междометия (*Fort!, Los!, Nieder!, Raus!, Still!, Weg!*), местоименные междометия (*Du!, Der!, Wie!, Was!, Wo!*), междометия, образованные от бывших модальных слов и предлогов (*Ab!, Auf!, Ja!, Nein!, Nun!, So!*).

Производные междометия фразового типа образуются при помощи единиц знаменательных или служебных частей речи, которые и являются их компонентами. Составными компонентами таких междометий могут быть существительные, местоимения, предлоги, прилагательные, причастия.

"Mein Gott", sagte Frau Hirte, "ich möchte nicht unbedingt mit Ihrer Freundin tauschen: als ich gestern ihren müden Ehemann sah..., der könnte doch glatt ihr Vater sein" [4: 38]. В данном примере междометная единица

образована с помощью притяжательного местоимения и существительного.

*"Sag mal, wie **um Himmels willen** hat dein Vater das gemacht? Wenn ich nicht wüßte, daß es völlig unmöglich ist, dann würde ich schwören, daß das wirklich Zauberei gewesen ist"* [3: 159]. Структура предлог + существительное + существительное образует междометие фразового типа в выше приведенном примере.

Производные предложения-междометия являются по своей структуре предложениями. Напр.:

*Hindrik erreichte sie als Erster. "**Der Hölle sei Dank!** Ist alles in Ordnung mit euch?"* [5: 313]

*"Und du glaubst im Ernst, man stellt eine geschiedene Frau als Stütze der Hausfrau ein? **Daß ich nicht lache!**"* [6: 172]

Большинство ученых считают междометия открытым классом слов [2, 509], а значит, они могут пополняться словами из других частей речи. В свою очередь междометия могут переходить в другие части речи. В.Д. Девкин пишет, что они дают жизнь многим словам: междометия легко субстантивируются и вербализируются, например, *das Au, das Ach, mühen, piepsen* [1, 202].

Анализ морфологических особенностей междометий показывает, что междометия являются неоднородной группой слов. Этот класс слов может быть подразделен на первичные или непроизводные междометия, генетически восходящие к непроизвольным возгласам и рефлекторным звукам, выражающие различные эмоции, и вторичные или производные междометия, образующиеся за счет самостоятельных частей речи, с потерей номинативной функции.

Литература

1) Девкин В.Д. Особенности немецкой разговорной речи / В.Д. Девкин. — М.: Международные отношения, 1965. — 318 с.

2) Кривоносов А.Т. Система классов слов как отражение структуры языкового сознания [Text] : (Философ.основы теорет.грамматики) / А.Т. Кривоносов. – М.– Нью-Йорк: ЧеРо, 2001. – 845 с.

Список источников иллюстративного материала

3) Hohlbein W. : Spiegelzeit: e. phantast. Geschichte / Wolfgang u. Heike Hohlbein. – Wien : Ueberreuter, 1999. – 536 S.

4) Noll I. : Die Apothekarin [Buch] : Roman / Ingrid Noll. – Zürich : Diogenes, 1996. – 248 S.

5) Schweikert U. : Nosferas. Die Erben der Nacht [Buch] : Roman / Ulrike Schweikert. – CBT-Verlag, München, 2008. – 448 S.

6) Schweizer I. : Kirschblütenball [Buch] : Roman / Ilse Schweizer. – Berlin : Goldmann Verlag, 1992. – 223 S.

УДК 81'27
ББК Ш100.3

Н.М. Сергеева

N. M. Sergeeva

Кемерово, Россия

Kemerovo, Russia

Кемеровский государственный университет

ПОНЯТИЙНО-АССОЦИАТИВНЫЕ СВЯЗИ В ВОСПРИЯТИИ ОБРАЗА ИНТЕЛЛЕКТУАЛЬНО РАЗВИТОГО ЧЕЛОВЕКА В АВТОРСКОЙ КАРТИНЕ МИРА

(на материале художественных произведений Ф.М. Достоевского)

Рамки отечественного языкознания XXI в. расширяются, возникает возможность посмотреть на язык с точки зрения его участия в познавательной деятельности человека. В лингвистических исследованиях на современном этапе особенно важно утвердить инструментарий в описании способов реализации в языке механизмов означивания и транслирования информативного фона в процессе коммуникации. Опираясь на положения Е.С. Кубряковой в области теории когнитивной отрасли отечественного языкознания, обнаруживаем, что когнитивные исследования в лингвистике представляют собой именно такое направление, в центре которого находится язык как общий когнитивный механизм, как когнитивный инструмент, т.е. система знаков, играющих роль в репрезентации (кодировании) и в трансформировании информации [3: 25].

Центральной задачей когнитивной лингвистики является описание и объяснение языковых структур знаний как внутренней когнитивной структуры, что исходит из двойственной природы когнитивных исследований: система знаков является объектом и внешним, и внутренним для субъекта. По мнении. И.А. Протопоповой: «Главная отличительная черта когнитивной лингвистики в её современном виде заключается не в постулировании в рамках науки о языке нового предмета исследования и даже не во введении в исследовательский обиход нового инструментария и/ или процедур, а в методологическом изменении познавательных установок (эвристик). Возникновение когнитивной лингвистики – один из эпизодов общего методологического сдвига, начавшегося в лингвистике с конца 1950-х годов: он сводится к снятию запрета на рассмотрение «далеких от поверхности», недоступных непосредственному наблюдателю теоретических (модальных) конструктов» [4: 9]. «Методологический сдвиг» в современной лингвистике диктует рассмотрение и описание фоновых единиц, которые помогают транслировать мысль и продуцировать способы полного восприятия её реципиентом в момент общения.

Вопросы о соотношении языка и мышления, предмета и его восприятия решались многими учёными по-разному, начиная с древних времён. На современном этапе развития когнитивных исследований в лингвистике учёные придерживаются двух разных точек зрения. В зависимости от того или иного мнения, они формируют две группы: к первой относятся поддерживающие теорию вербальности всех без исключения процессов мышления, а вторые – сторонники идеи того, что не все знания находятся в плоскости сознательного, часть мышления происходит на бессознательном уровне и эти факты мышления нельзя репрезентировать на вербальном уровне. Опираясь на этот факт, учёные выделяют ещё одну единицу означивания смысла – *концепт*. В современных лингвистических исследованиях термин *концепт* получает широкое распространение.

Объектом русистики в концептуальном направлении становится *языковая личность* - человек как носитель русской речевой культуры. Материалом концептуальных исследований становятся содержательные (значимые) языковые единицы не только в литературной речевой культуре, но и диалектной, индивидуальной. Всё это, в широком понимании концептологии, включается в материал изучения концептов, «ключевых слов русской культуры», по терминологии Ю. С. Степанова.

Одним из основных параметров определения значимых слов культуры выступает наличие эквивалентов в других национальных картинах мира. Однако, другим важным критерием отбора «ключевых слов русской культуры» может послужить и наличие составляющих элементов этого концепта в диалектной сфере, что подтверждает его специфичность для той или иной речевой культуры. «Для России XX в., – подчёркивает В.Е. Гольдин, — характерен тип языковой личности людей, которые прошли первичную социализацию в традиционной деревенской культуре, владеют диалектом как родной речью, но под влиянием условий жизни полно овладели литературной речевой культурой или воплощаемой просторечием «третьей культурой», по терминологии Н.И. Толстого, тем самым развили новые для себя вербально-семантические, когнитивные и прагматические структуры» [1: 58].

Другой специфической чертой когнитивной лингвистики является то, что изучение всего объёма содержательной структуры *концепта* включает описание обширного эмпирического материала, состоящего из художественных текстов, публицистики, социальных жанров: реклама, прокламации, объявления, листы-опросники; результатами такого исследования служат модели, воспроизводящие лингвокогнитивные черты индивида, социальной группы, этноса.

В описании концептов присутствует внутрисистемная логика, которая позволяет найти закономерности в разнообразии тематических групп, которые объединяются под одним «заместителем» (концептом). Тематические группы, соединяющие в себе экстраполируемые факты истории, культуры, этнографии, этимологии, естествознания, образуют коды универсальной информации.

Концепт содержит голографическую природу: в сознании человека присутствуют дополнительные смыслы, которые наполняют процесс означивания новыми важными характеристиками, служащими неотъемлемой частью процесса кодификации в момент общения. Содержание данного утверждения позволяет сделать вывод о том, что у некоторых типов *концепта* есть коммуникативная направленность, что соответствует его названию – коммуникативный. *Коммуникативный концепт* разнообразен в способах репрезентации, отражает в своей структуре изменения «модуса общения», что приводит к образованию новых важных признаков, составляющих структуру *концепта*, создающих вокруг *коммуникативного концепта* новое поле интерпретации.

Рассмотрим концептуальную структуру *коммуникативного концепта* «интеллектуальная беседа», которая включает важный компонент – «демонстрацию интеллектуального поведения». Во время беседы, чей предмет лежит в плоскости идеального, следует соблюдать некоторые правила поведения во время разговора и придерживаться логики речевых ожиданий: не уклоняться от заданной темы, выдерживать тактичные паузы во время ответа оппонента, придерживаться речевого этикета во время полемики и т.д.

В русской культуре, что отражается и в авторской картине мира, прослеживается определенный стереотип в восприятии образа интеллектуально развитой личности – это обозначение степени проявления умственных способностей у человека. Например, первая степень – наличие ума, то есть способности *постигать смысл вещей: ср.Молод годами, да стар умом. Пословица; Не пером пишут, а умом. Пословица; Счастье без ума – дырявая сума. Пословица*. Вторая степень – наличие разума, то есть способность верного, последовательного сцепления мыслей, высшее, духовное проявление умственных способностей человека: «Дух человека двуполовинчат: ум и воля; ум самое общее, высокое свойство первой половины духа, способное к отвлеченным понятиям; разум, которому можно подчинить понимание, память, соображение, суждение, заключение» [2: 53]. Таким образом, ***разумный*** *человек способен выполнять несколько умственных операций: 1) понимать, постигать разумом; 2) знать хорошо дело, разбираться; 3) иметь мнение о чем-либо: Пить пей, а дело разумей. Пословица; Разум – душе во спасенье, а Богу на славу. Пословица; Девка немка: говорить не умеет, а всё разумеет. Пословица; Дитя не плачет – мать не разумеет.* Третья степень проявления умственных способностей у человека – умудренность, то есть со временем приобретать опыт и становиться мудрым: *умудрённый опытом.* Четвертая степень – способность передавать свою мудрость другим: *умудрять – делать кого-то мудрым, дать ума, догадки, уменья.* Итак, в русской языковой картине мира прослеживается четыре степени в обозначении человека, обладающего умственными способностями: *умный, разумный, мудрый и умудрённый, умудряющий кого-нибудь.*

Степень проявления умственной деятельности – это первый пласт сравнения при обнаружении стереотипа в поведении интеллектуально развитого человека. Второй пласт сравнения – обнаружение случаев влияния (взаимопроникновения) и сталкивание одной концептосферы с другой. Например, концептосфера «умственная деятельность» взаимосвязана с концептуальной сферой «эмоции человека», что неизбежно диктует для описания *коммуникативного концепта «интеллектуальной беседы»* афродитологической составляющей, а именно: желание нравиться своему собеседнику во время интеллектуального общения, испытывать чувство радости и любви от такого разговора.

В произведении Ф.М. Достоевского «Идиот» коммуникативный центр диалогов находится в плоскости речевой самопрезентации собеседника, которая диктует определенный поведенческий тип персонажа – «образ интеллектуально развитой личности». Большая часть героев романа «Идиот» стараются копировать стереотип поведения человека, который считается личностью с выдающимися «умственными способностями». В качестве основного формального показателя интеллектуально развитой личности используется определенный набор языковых средств: использование книжной лексики, устоявшихся выражений, фраз-клише, часто встречаемых в речи высокообразованного человека, употребление в речи говорящего правильных грамматических форм, предложений с прямым порядком слов. Ср., например, речь Гаврилы Ардалионыча Иволгина и генерала Ивана Федоровича Епанчина.

Генералъ, Иванъ Ѳедоровичъ Епанчинъ, стоялъ посреди своего кабинета и съ чрезвычайнымъ любопытствомъ смотрѣлъ на входящаго князя, даже шагнулъ къ нему два шага.

*— Такъ-съ, отвѣчалъ генералъ, — **чѣмъ же могу служить?***

— *Для знакомствъ вообще я мало времени имѣю, сказалъ генералъ,* — *но такъ какъ вы, конечно,* **имѣете свою цѣль,** *то....*

— **Удовольствіе, конечно, и для меня чрезвычайное,** *но не все же забавы, иногда, знаете, случаются и дѣла... Притомъ же* **я** *никакъ* **не могу,** *до сихъ поръ,* **разглядѣть между нами общаго....** *такъ сказать причины....*

Гаврила Ардаліоновичъ слушалъ внимательно и поглядывалъ на князя съ большимъ любопытствомъ, наконецъ пересталъ слушать и нетерпѣливо приблизился къ нему.

— *Вы князь Мышкинъ? спросилъ онъ чрезвычайно любезно и вѣжливо. Гаврила Ардаліоновичъ межъ тѣмъ какъ будто что-то припоминалъ.*

— *Не вы ли, спросилъ онъ,* — **изволили** *съ годъ назадъ или даже ближе* **прислать письмо,** *кажется изъ Швейцаріи, къ Елизаветѣ Прокофьевнѣ?*

— *Точно такъ.*

— *Такъ васъ здѣсь знаютъ и навѣрно помнятъ.* **Вы къ его превосходительству? Сейчасъ я доложу...** *Онъ сейчасъ будетъ свободенъ. Только вы бы....* **вамъ бы пожаловать пока въ пріемную....**

- *Зачѣмъ они здѣсь? строго обратился онъ къ камердинеру (Ф.М.Достоевский. роман «Идиотъ». Гл. 2).*

В речи данных персонажей присутствует много устойчивых выражений, являющихся формами вежливости: *чѣмъ же могу служить?; такъ какъ вы, конечно, имѣете свою цѣль; изволили; къ его превосходительству; Сейчасъ я доложу...; вамъ бы пожаловать пока въ пріемную.* Демонстрация заинтересованности в собеседнике с целью произвести благоприятное впечатление о себе как о человеке интеллектуально развитом, умном, сведущим становится ведущим коммуникативным центром в диалоге главных героев романа Ф. М. Достоевского. Демонстрация информированности в тех или иных вопросах: — *Не вы ли, спросилъ онъ,* — **изволили** *съ годъ назадъ или даже ближе* **прислать письмо,** *кажется изъ Швейцаріи, къ Елизаветѣ Прокофьевнѣ?*

Ещё одним важным атрибутом в стереотипе поведения человека с неординарными умственными способностями является внешний вид, который не соответствует рассеянной неряшливости гения, а имеет строгую, выдержанную манеру опрятного денди: ср., например, внешний вид Гаврилы Ардалионыча Иволгина: «*Это былъ очень красивый молодой человѣкъ, тоже лѣтъ двадцати восьми, стройный блондинъ, средневысокаго роста, съ маленькою наполеоновскою бородкой,* **съ умнымъ и очень красивымъ лицомъ.** *Только улыбка его, при всей ея любезности,* **была что-то ужь слишкомъ тонка; зубы выставлялись при этомъ что-то ужь слишкомъ жемчужно-ровно; взглядъ,** *несмотря* *на всю веселость и видимое простодушіе его, былъ что-то ужъ слишкомъ* **присталенъ** *и испытующъ. «Онъ, должно-быть, когда одинъ, совсѣмъ не такъ смотритъ и, можетъ быть, никогда не смѣется», почувствовалось какъ-то князю» (Ф.М.Достоевский. роман «Идиот». Гл. 2).*

Театральная широта в жестах, мимике (широко растянутая улыбка, с выставлением безупречной белизны зубов) могут восприниматься как элементы фальши, но позиционируются как единственно правильный вариант стереотипа поведения интеллектуально развитого человека, так как умный человек понимает, что доверие у собеседника может вызвать предупредительность, открытость в общении и демонстрация этих качеств в своём поведении является залогом успешного общения.

С другой стороны, проявление *искренности* в разговоре, несвоевременное раскрытие дополнительных сведений о себе, о своих представлениях, высказывания собственного мнения в оценке чего-либо воспринимается либо как чудаковатость, либо как глупость. Ср., например, *Казалось бы,* **разговоръ князя былъ самый простой;** *но чѣмъ онъ былъ проще, тѣмъ и становился въ настоящемъ случаѣ нелѣпѣе, и опытный камердинеръ не могъ не* **почувствовать что-то, что совершенно прилично человѣку съ человѣкомъ и совершенно неприлично гостю съ человѣкомъ.** *А такъ какъ* **люди гораздо умнѣе чѣмъ обыкновенно думаютъ** *про нихъ ихъ господа, то и* **камердинеру зашло въ голову, что тутъ два дѣла: или князь такъ какой-нибудь потаскунъ и непремѣнно пришелъ на бѣдность просить, или князь просто дурачокъ и амбиціи не имѣетъ, потому что умный князь и съ амбиціей не сталъ бы въ передней сидѣть и съ лакеемъ про свои дѣла говорить,** *а стало-быть, и въ томъ и въ другомъ случаѣ, не пришлось бы за него отвѣчать? (Ф.М.Достоевский. роман «Идиот». Гл. 3).*

Другой отличительной чертой речи умного человека является адекватность и уместность содержания высказывания: ср., например, — *Послушай, Ганя, ты пожалуста сегодня ей много не противорѣчь и постарайся эдакъ, знаешь, быть.... однимъ словомъ, быть по душѣ.... Гм!. Самъ посуди; не довѣряешь ты что ли мнѣ? Притомъ же ты человѣкъ.... человѣкъ.... однимъ словомъ, человѣкъ умный, и я на тебя понадѣялся.... а это, въ настоящемъ случаѣ, это.... это.... (Ф.М.Достоевский. роман «Идиот». Гл. 3).*

Речь человека, воспринимаемого окружающими как интеллектуально развитую личность, отличается, по мнению автора романа «Идиот», умением облечь дурное содержание в красивые словесные формы: ср., например, во время «интеллектуальной беседы» на дне рождения Настасьи Филипповны Барашковой происходит усложнение задачи собеседникам: Настасья Филипповна предлагает сыграть в «пети жу» со следующими условиями: *чтобы каждый изъ насъ, не вставая изъ-за стола, разсказалъ что-нибудь про себя вслухъ, но такое, что самъ онъ, по искренней совѣсти, считаетъ самымъ дурнымъ изъ всѣхъ своихъ дурныхъ поступ ковъ въ продолженіе всей своей жизни; но съ тѣмъ чтобъ искренно, главное, чтобъ было искренно, но и не лгать(Ф.М.Достоевский. роман «Идиот». Гл. 11).* Во время игры обнаруживается, что если подобрать нужные слова, то самый ужасный поступок воспримется аудиторией как анекдот, забава: ср., например, — *Вы меня убѣждаете и въ томъ, господинъ Фердыщенко, что дѣйствительно можно **ощущать удовольствіе до упоенія, разказывая о сальныхъ своихъ поступкахъ** (Ф.М.Достоевский. роман «Идиот». Гл. 11)..*

Следующими характерными чертами «интеллектуальной беседы» являются ироничность, то есть остроумие, и оригинальность: ср.например, *Всю эту фразу Ганя **высказалъ чрезвычайно серіозно, безъ малѣйшей шутливости**, даже мрачно, **что показалось нѣсколько страннымъ**; **Остроумія нѣтъ**, Настасья Филипповна, оттого и болтаю лишнее! вскричалъ Фердыщенко, начиная свой разсказъ: — **было бъ у меня такое же остроуміе, какъ у Аѳанасія Ивановича, или у Ивана Петровича**, такъ я бы сегодня все сидѣлъ да молчалъ, подобно Аѳанасію Ивановичу и Ивану Петровичу; Несмотря однакожь на то, все-таки было и оставалось что-то **въ Настасьѣ Филипповнѣ**, что иногда поражало даже самого Аѳанасія Ивановича **необыкновенною и увлекательною оригинальностью**, какою-то силой, и прельщало его иной разъ даже и теперь, когда уже рухнули всѣ прежніе разчеты его на Настасью Филипповну (Ф.М.Достоевский. роман «Идиот». Гл. 11).*

Таким образом, образ интеллектуально развитого человека в «интеллектуальной беседе» воплощает стереотипы поведения умного человека, а именно: умный человек проявляет корректность в беседе со знакомыми и незнакомыми людьми, вежлив с определенным кругом людей, соблюдает субординацию в разговоре с вышестоящими чинами, остроумен, сдержан в выражении эмоций, старается понравиться собеседнику – афродитологичен, оригинален не только в продуцировании идей, но в форме подачи их в беседе с другими людьми, дистанцирован от собеседника, соблюдает речевой этикет.

Литература:

1. Гольдин В.Е., Сиротинина О.Б. Внутринациональные речевые культуры и их взаимодействие / В.Е. Гольдин, О.Б. Сиротинина// Вопросы стилистики. Межвузовский сборник научных трудов. Вып. 25. Проблемы культуры речи. – Саратов, 1993. С. 87 – 99.

2. Даль В.И. Толковый словарь русского языка. – М, 1994. С.53.

3. Краткий словарь когнитивных терминов / Сост. Е. С. Кубрякова, В. З. Демьянков, Ю. Г. Панкрац, Л. Г. Лузина.- М., 1997.

4. Протопопова И. А. Когнитивная лингвистика [Электронный ресурс] // Концепция образовательной программы «Когнитивные исследования» – Режим доступа: http://kogni.narod.ru/concept.htm свободный.

Танкабекян Н.А.

Ученое звание – нет,

ученая степень – нет,

место работы – Волгоградский государственный технический университет,

адрес электронной почты – xseoz@yandex.ru.

Попов Ю.В.

Ученое звание – доктор химических наук,

ученая степень – профессор,

место работы – Волгоградский государственный технический университет,

адрес электронной почты – tons@vstu.ru.

Мохов В.М.

Ученое звание – кандидат химических наук,

ученая степень – доцент,

место работы – Волгоградский государственный технический университет,

адрес электронной почты – tons@vstu.ru.

ОДНОСТАДИЙНЫЙ СИНТЕЗ ПРОИЗВОДНЫХ 2-АМИНО-2-ЦИАНОАДАМАНТАНА С ИСПОЛЬЗОВАНИЕМ АДАМАНТАНОН-2

Разработанные ранее способы получения адамантилсодержащих аминонитрилов на основе реакции 2-циано-2-гидроксиадамантана (адамантанонцианигидрина) с аммиаком, первичными и вторичными аминами, а также с использованием взаимодействия соответствующих адамантилениминов с ацетонциангидрином требует получения в качестве промежуточных веществ циангидрина или иминов адамантанона. Предполагалось, что одностадийный синтез производных 2-амино-2-цианоадамантана путём прямого взаимодействия амина, адамантанона-2 и ацетонциангидрина с удовлетворительными выходами невозможен из-за протекания более предпочтительной побочной реакции амина с ацетонциангидрином с образованием соответствующих производных 2-амино-2-цианопропана [1, 158]. В литературе приводятся сведения о проведении реакции между карбонильными соединениями из ряда: бензальдегид, валеральдегид и циклогексанон с аминами из ряда: бензиламин, этилендиамин, пиперидин, морфолин и ацетонциангидрином в воде или органическом растворителе с выходами от 13 до 99% [2, 3899]. Однако сведения о возможности синтеза с использованием кетонов полициклического строения отсутствуют.

Нами обнаружено, что адамантилсодержащие аминонитрилы (III а,б,в,г,д) образуются с выходами 65-80% при смешении адамантанона-2 (I), соответствующего амина II (а,б,в,г,д) и ацетонциангидрина при температуре 100-120°C без растворителя в присутствии каталитических количеств карбоната калия. В ходе реакции отгоняется расчётное количество смеси ацетона и воды.

Данная реакция может быть использована в качестве метода получения как алкил-, так и ариламинонитрилов с адамантильным радикалом. Удобство разработанного способа синтеза заключается в его одностадийности, использовании небольших избытков ацетонциангидрина и амина, отсутствию растворителя, возможностью проведения всего процесса и перегонки продукта в одной реакционной колбе.

Список использованной литературы

1. Bucherer H.T., Barsch H. Hydroxy nitriles of cyclic ketones // J.Prakt.Chem. 1934. -Vol. 140.-P. 151-171.
2. Catalyst-Free Strecker Reaction in Water: A Simple and Efficient Protocol Using Acetone Cyanohydrin as Cyanide Source / Paola Galletti, Matteo Pori, Daria Giacomini and others // Eur. J. Org. Chem. 2011. - № 20-21. -P.3896–3903.

Nizamov I.S.
Doctor of Chemical Sciences, Kazan Federal University, Kremlievskaya Str., 18, Kazan, Russia, E-mail: isnizamov@mail.ru;
State Budgetary-Funded Institution of Science A.E. Arbuzov Institute of Organic and Physical Chemistry of Kazan Scientific Center of Russian Academy of Sciences, Arbuzov Str., 8, Kazan, Russia
Sabirzyanova G.R.
Doctoral Student, Kazan Federal University
Nizamov I. D.
Candidate of Chemical Sciences, Associate Professor, Kazan Federal University
Cherkasov R. A.
Doctor of Chemical Sciences, Full Professor, Kazan Federal University

AMMONIUM SALTS OF DITHIOPHOSPHORIC ACIDS ON THE BASIS OF PROTEINOGENIC L-α-AMINO ACIDS

Organothiophosphorus compounds contained pharmacophoric functionalities in organic substituents at the tetracoordinated phosphorus atom seem to possess appreciate biological activity. Biologically active dithiophosphates such as nucleoside, oligonucleoside and peptide dithiophosphates were recently reported [1-3]. Over the past few years we have been involved in developing new synthetic routes for biologically active dithiophosphates possessed pharmacophoric O-organyl groups as well as S-organyl ones. We have recently manage to involve chiral terpenols such as $(1R,2S,5R)$-(–)-menthol and $(1S,2R,5S)$-(+)-menthol in the reactions with tetraphosphorus decasulfide and 2,4-diaryl 1,3,2,4-dithiadiphosphetane-2,4-disulfides to yield optically active dithiophosphoric and dithiophosphonic acids [4, 5]. Ammonium salts of dithiophosphoric acids are known to be crystalline solids [6]. These salts have no bad smell and are convenient in experimental work. In this connection we have studied reactions of dithiophosphoric acids with proteinogenic L-α-amino acids. L-α-Alanine and L-α-leucine were involved in the reactions with O,O-diethyl, O,O-di-iso-propyl and O,O-di-iso-octyl dithiophosphoric acids. However no reaction is observed in the benzene solution at room temperature.

$$R = Et, Pr\text{-}i, CH_2CH_2CH_2CH_2CH_2CH(CH_3)_2; \quad R' = Me, CH_2CH(CH_3)_2$$

That is why we decided to use more polar solvent. All reactions were performed in alcohols at room temperature for 1 h to form corresponding ammonium salts of dithiophosphoric acids.

The ^{31}P NMR spectra of salts obtained reveal singlets of δ_P 108-113 ppm. This resonances are typical to ammonium salts of dithiophosphoric acids [7]. A strong broad band presented in the region of v 3400-3370 cm^{-1} in the IR spectra of ammonium salts of dithiophosphoric acids prepared is due to the H$_3$N$^+$ valence vibrations.

It is expected that ammonium salts of dithiophosphoric acids prepared on the basis of proteinogenic $L-\alpha-$amino acids will have the potential antimicrobial activity.

References

[1] Cieślak J., Jankowska J., Stawiński J., Kraszewski A. *J. Org. Chem.* **2000**, *65*, 7049–7054.

[2] Yang X., Mierzejewski E. *New J. Chem.* **2010**, *34*, 805–819.

[3] Jenkins K.E., Higson A.P., Seeberger P.H., Caruthers M.H. *J. Am. Chem. Soc.* **2002**, *124*, 6584–6593.

[4] Sofronov A.V., Almetkina L.A., Nikitin Ye.N., Nizamov I.S., Cherkasov R.A. *Zh. Org. Khim. (Russ.)* **2010**, *46*, 304–305.

[5] Nizamov I.S., Sofronov A.V., Almetkina L.A., Musun R.Z., Cherkasov R.A. *Zh. Obsch. Khim. (Russ.)* **2010**, *80*, 1401–1402.

[6] Corbridge D.E.C. *Phosphorus. At Outline of its Chemistry, Biochemistry and Technology.* Elsevier Scientific Publishing Company: Amsterdam, Oxford, New York, 1980.

[7] Crutchfield M.M., Dungan C.H., Letcher J.H., Mark V., Van Wazer J.R. Topics in Phosphorus Chemistry. In *P^{31} Nuclear Magnetic Resonance 5.* Grayson, M.; Griffith, E.J., Eds.; John Wiley and Sons: New York, 1967. p 492.

Роднова А.В.
студенткаV курса ШЕН ДВФУ
nastya_rodnova@mail.ru
Соколова Л.И., Сонкина Н.А., Горовой П.Г., Герасименко
**ВЫДЕЛЕНИЕ И РАЗДЕЛЕНИЕ ИЗОМЕРОВ
ТУГИАКОНИТИНА ИЗ РАСТЕНИЯ *ACONITUM KIRINENSE* NAKAI**

В современной фармакологии большое внимание уделяется созданию лекарственных препаратов на растительной основе. Перспективным источником являются растения рода Aconitum, содержащие дитерпеновые алкалоиды. Установлено, что биологическая активность этого класса вторичных метаболитов зависит от структуры[1, 562].

Целью нашей работы является выделение и установление структуры изомеров дитерпенового алкалоида тугиаконитина из растения *Aconitum kirinense* Nakai, произрастающего на территории Приморского края.

Методом ГХ-МС в режиме электронного удара установлено, что в корнях растения тугиаконитин представлен шестью стереоизомерами. Температура плавления смеси 186-206 °C.

В результате последовательной перекристаллизации из ацетонитрила выделено индивидуальное соединение, являющееся одним из изомеров тугиаконитина. Соединение представляет собой бесцветные призматические кристаллы. Чистота выделенного изомера доказана методом ВЭЖХ. Т пл. 186-188 °C [2,72].

Методами РСА, масс-спектрометрии (ЭУ), ИК-спектроскопии и спектроскопии ЯМР ^{13}C, DEPT установлена структура стереоизомера и доказана конфигурация атома углерода С-8, содержащего гидроксильную группу (рис.1,2).

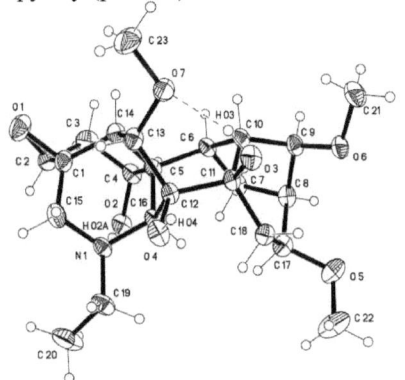

Рис.1. Общий вид молекулы тугиаконитина   Рис.2. Структура молекулы тугиаконитина

Литература:

1. Feng-PengWang Qiao-Hong Chen, Xiao-Yu Liu, *J. Nat. Prod. Rep.*, **27**, 529 (2010).

2. Менделеев-2013: материалы VII Всероссийской конференции молодых ученых, аспирантов и студентов с международным участием по химии и нанотехнологиям. – Санкт-Петербург: Издательство Соло 2013 г. – 206 с.

Tyutkova C.A. PhD student V.N. Sukachev Institute of Forest SB RAS
Loskutov S.R. Doctor of Sciences V.N. Sukachev Institute of Forest SB RAS

THE INVARIANCE SOME PHYSICO-CHEMICAL PROPERTIES OF WOOD

Abstract On the basis of data on the contents of cellulose, lignin, pentosans and extractives in different kind of wood (23 coniferous and 28 deciduous species) an invariant relation of mass fractions of these components INVLCP was found. By comparison INVLCP and Hansen solubility parameter calculated hypothesis about conservation of cohesive energy density of wood substance was proposed.

Keywords: wood, chemical composition, solubility parameter wood substance, invariants

Introduction

Wood of various botanical species differs from each other on the physical and chemical properties. Significant distinctions in a chemical composition on the main polymeric components and extractives are marked already at a level of an individual tree: wood of a trunk (on height and diameter; sapwood and heartwood), branches and roots. The contents in wood of cellulose, lignin, polyoses and extractives also depend on botanico-geographical conditions of growth. Influence of exogenic and endogenic factors on wood formation can cause insignificant changes (in particular, of chemical composition) or significantly to affects on properties of wood. A sensitive method of differentiation of the first and the second is the analysis, so-called, invariants, caused by presence this or that type symmetry in biological objects and the phenomena. Numerous examples in science of exhibiting in nature conformal and projective invariants of morphogenesis described in the monograph are known [6]. On the basis of biological invariants relatively those or other transformations, probably, it will be possible to understand in more detail the nature of living objects and mechanisms of the specific organization in space and time of separate elements and integrated biological systems [6].

In the present paper results of search similar invariant are submitted concerning chemical composition of wood.

Material and methods

In the given work the main invariant of projective geometry (W) was used [5].

To determine invariant relations connecting the contents of cellulose, lignin, polyoses and extractives in wood our data and also the data from wood chemical composition were used. Mass fraction of cellulose (C), lignin (L), polyoses (P) and extractives (Ex) of different woods and also wood of any one botanical species growing in unequal botanico-geographical conditions were used as the a set of variables [1,32-34].

By analogy with projective invariant we will consider three of variables from the set {Cj, Lj, Pj, Exj}. The maximal number of combinations {C, L, Ex}, {L, Ex, P}, {L, C, P}, ... in view of permutation is equal 24. It is necessary to exclude one of combinations of each pair from this number such as {C, L, P}, {P, L, C} because they are equivalent. As result we discover 12 various (nonequivalent) combinations: {L, C, P}; {C, L, P}; {C, P, L}; {P, L, Ex}; {L, P, Ex}; {L, Ex, P}; {P, C, Ex}; {C, P, Ex}; {C, Ex, P}; {L, C, Ex}; {C, L, Ex} and {C, Ex, L}.

Using the normalized magnitudes {L, C, P} we can obtain the formula for calculation W:

$$W \equiv INV_{(LCP)} = \frac{(l+c)(c+p)}{c}$$

(1)

where $l = L / (L + C + P)$, $c = C / (L + C + P)$ and $p = P / (L + C + P)$. Each of the specified combinations is designed on 106 points for which the full set { C, L, P, Ex} is known and includes 23 kinds of coniferous and 28 kinds of deciduous breeds.

Results and discussion

In the tables 1 and 2 are resulted descriptive statistics of chemical composition of wood and value INVLCP. At a significant variation of the cellulose, lignin, polyoses and extractives contents in wood the values INVLCP calculated for combination {L, C, P} appeared, practically constant, as shown in Table 1. It means, in particular, that relations INVLCP is invariant with respect to transition from one species of woody plant to another and «transformations climatic and inventory coordinates» (geographical breadth and a longitude, age of a forest stand, amount of the mid-annual sum of precipitations, the ratio of spring-and-summer and autumn-winter amount of precipitations, mid-annual temperature, the sum of active temperatures etc.) on which the chemical composition (C, L, P, Ex) of wood in individual trees depends.

In [2, 335-344] the importance of using the idea of solubility parameter (Hansen solubility parameter concept) for the understanding of the ultrastructure of wood was discussed, which «is indeed a very useful combination of its polymers, cellulose, hemicelluloses (polysaccharides) and (native) protolignins, giving wood everywhere properties optimal for the purpose» [2, 335-344]. In this connection it is interesting to consider the relationship between the invariant INVLCP and the solubility parameter (δ_{ws}), whose square is the cohesive energy density of the polymer system of wood substance.

In [5, 357-361] was presented the results of the calculation δ_{ws} based on the same data on the chemical composition of wood [1, 32-34] which INVLCP calculation in this paper. Figure show the relationship between INVLCP and δ_{ws}, which implies that the physical meaning of the invariance of the chemical composition of the wood substance is conservation cohesive energy density of the wood substance of any species, wherever it grows.

Apparently, this provide «the properties of the bulk of the stem must be organized to give the wood a sufficient strength, but also a structure which allows it to participate in the life of the tree, particularly as a transport medium for the rising sap» [2, 335-344].

If the tree (or its elements roots, a trunk etc.) is under stressful influence during growth and development, it is necessary to expect «loss» of such sample of tree on characteristics INVLCP from a set adequate to «norm». Really, the calculation of INVLCP parameters with using the data on chemical composition of three samples of abnormal wood Picea abies [L.] Karst. («Wulstholz», [3, 137-143]) confirms the stated assumption: values INVLCP, as shown in Table 2, fall outside the limits the most probable corresponding parameters for coniferous breeds, as shown in Table 3.

It should be noted that the previously published results of the analysis of the sorption properties of wood of different species within the theory of volume filling of micropores (aquations (5) and (6) in [4, 301-304]) are apparently a manifestation of the invariance of the chemical composition of wood as INVLCP specific rations of quantities cellulose, lignin, polyoses and extractives which «sets» a configuration of «sorption surface» for water as for the basic low-molecular substance of natural wood.

Conclusion

From the analysis of relations between the basic polymer components of wood and extractives in different kind of wood (23 coniferous and 28 deciduous species) an invariant relation of mass fractions of these components (INVLCP) was found. The relationship between INVLCP and Hansen solubility parameter of the wood samples indicates the existence of the law of conservation cohesive energy density of the wood substance. Invariants founded can be used to diagnostics of abnormalities in the chemical composition of wood.

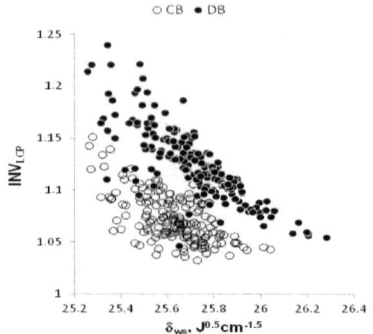

Figure 1. The relationship between invariance INVLCP and Hansen
solubility parameter of wood substance.

References
[1] D. Fengel, D. Grosser, "Chemische Zusammensetzung von Nadel- und Laubholzern", Eine Literaturubersicht, Hloz Roh Werkst, no. 33, pp. 32–34, 1975.
[2] C.M. Hansen, A. Bjorkman, "The ultrastructure of wood from a solubility parameter point of view", Holzforschung, no 52(4), pp. 335-344, 1998.
[3] G. Koch, J. Bauch, J. Puls, E. Schwab, "Biological chemical and mechanical char-acteristics of «wulstholz» as respons to the mechanical stress in living trees of Picea abies [L.] Karst". Holzforschung, no. 54, pp. 137–143, 2000.
[4] S.R. Loskutov, "Analysis of the wood sorption isotherm using the theory of micropore volume filling", Holzforschung, no. 54, pp. 301–304, 2000.
[5] S.R. Loskutov, A.A. Aniskina, "Swelling of larch wood in organic liquids", Holzforschung, no. 62, pp. 357-361, 2008.
[6] E.A. Petrov, "The information approach to morphogenesis", Dokl. AN (RUSSIA), no. 325, 390392, 1992
[7] S.V. Petukhov, "Biomechanics, bionics, and symmetry", 216 p., Moscow, 1981.

Table 1. Descriptive statistics calculated for chemical composition of 51 botanical species wood

Statistical parameters	Cellulose, % of dry mass of wood substance		Polyoses, % of dry mass of wood substance		Lignin, % of dry mass of wood substance	
	CB	DB	CB	DB	CB	DB
Average	46.7	46.8	9.7	22.2	27.1	20.14
Standard error	1.13	0.94	0.36	0.42	0.34	0.32
Standard deviation	7.56	7.34	2.43	3.25	2.28	2.47
Minimum	30.1	31.1	5.12	14.8	2.80	12.27
Maximum	60.7	64.4	14.2	28.7	33.8	25.9

The note: CB – coniferous breeds, 23 species; DB – deciduous breeds, 28 species.

Table 2. Chemical composition of three samples of «abnormal» wood (Koch G. et al., 2000) and parameter INV_{LCP} calculated for them.

№	Cellulose, % of dry mass of wood substance	Polyoses, % of dry mass of wood substance	Lignin, % of dry mass of wood substance	Extractives, % of dry mass of wood substance	INV_{LCP}
1	37.50	25.00	35.00	2.73	1.239
2	36.82	27.27	32.73	3.64	1.250
3	36.82	26.00	33.18	3.64	1.244

Table 3. Descriptive statistics INVLCP calculated for wood of coniferous and deciduous breeds

Statistical parameters	CB	DB
	INV_{LCP}	
Average	1.073	1.111
Standard error	0.005	0.004
Standard deviation	0.032	0.034
Minimum	1.033	1.054
Maximum	1.152	1.239

The note: CB – coniferous breeds, DB – deciduous breeds.

Старова О. В.

к.э.н., доцент, ФГАОУ ВПО Сибирский федеральный университет

ЭКОНОМИЧЕСКИЙ МЕХАНИЗМ ВОДОПОЛЬЗОВАНИЯ РЕГИОНА В УСЛОВИЯХ УСТОЙЧИВОГО РАЗВИТИЯ

Развитие отраслевого комплекса региона зависит от состояния природно-ресурсного потенциала (ПРП) территории. Такие показатели как валовый региональный продукт, размер налоговых поступлений за природные ресурсы, наличие рабочих мест, уровень доходов населения, наличие инфраструктуры позволяют выделить основополагающие сектора экономики региона.

Принятая, нашей страной в 1994г. концепция устойчивого развития предусматривает отказ от экстенсивного природопользования. Политика регулирования процессами использования природных ресурсов должна строиться на принципе: получить больший экономический эффект от эксплуатации ПРП с нанесением меньшего экологического ущерба окружающей среде. При организации хозяйственного комплекса региона и разработке процессов природопользования необходимо помнить о тесной взаимосвязи отдельных компонентов территориальной природной системы.

Водные ресурсы являются ее неотъемлемой частью. Водо-ресурсный потенциал вследствие своей сложной структуры имеет многовариантные способы использования (водоснабженческий, гидроэнергетический, транспортный, рекреационный, рыбохозяйственный, ассимиляционный потенциалы). При этом необходимо учитывать связь отдельных составляющих водного потенциала с другими ресурсами в территориальной природной системе.

Вода относится к возобновимым, неисчерпаемым ресурсам. Однако размещение ее в рельефных образованиях зависит от многих природных компонентов (географических, климатических особенностей). Поэтому для водных ресурсов свойственно неравномерное распределение.

Неограниченность и потребительский характер использования водных ресурсов явились причиной ухудшения их качества и дефициту обеспеченности регионов экологически допустимыми эксплуатационными ресурсами. Происходящие в стране рыночные преобразования неоднозначно отражаются в сфере природопользования. Не определены направления реформирования процессов водопользования и водопотребления.

Сложившийся водохозяйственный комплекс Красноярского края, имеет важное значение для устойчивого развития региона. Ресурсы поверхностных вод края представлены речной системой бассейнов рек Енисей, Ангара, Обь (в пределах края). На территории края насчитывается 859 водохранилищ и прудов, из них более половины используется для производства энергоресурсов, для орошения, рыбного хозяйства и пр.

Однако водные объекты края эксплуатируются неэффективно, процесс антропогенного воздействия на них с каждым годом усугубляет экологическую ситуацию.

С позиции обеспечения устойчивости развития, регион обладает в настоящее время рядом дестабилизирующих факторов таких как:

• рост населения и соответствующим образом увеличение удельной нагрузки на природные ресурсы (снижение доступного количества воды на душу населения; снижение земельных ресурсов на душу населения; увеличение плотности населения) и т.д.;

• сохранение значительной доли сельского населения и прогрессирующая незанятость населения в сельской местности.

На наш взгляд, для рационального использования водных ресурсов, их восстановления и охраны необходимо разработать единый механизм водопользования (водопотребления), отвечающий требованиям устойчивого развития. Он должен сочетать экономические и административные инструменты регулирования водохозяйственным комплексом.

Основным элементом такого механизма является экономическая оценка. Она позволит определить совокупный водный потенциал территории, его хозяйственную ценность, размер инвестиций для дальнейшего развития водного комплекса. На основании экономической оценки становится возможным объективно рассчитать нормативы платежей и налогов за использование водных ресурсов. Реальные цены позволят адекватно определить экологически безопасный уровень водопользования и провести сравнение с альтернативными способами развития хозяйства.

Единого подхода к экономической оценки водных ресурсов пока не существует, в силу их специфики как природного ресурса. На наш взгляд, чтобы оценить производственную и социальную функции водных ресурсов, необходимо применить метод общей экономической ценности. Используя этот метод, можно подсчитать потребительскую стоимость ресурса и оценить его с позиции общественного благосостояния.

Переходу на новую систему взаимоотношений в водохозяйственном комплексе будет способствовать переоценка взглядов по вопросам собственности на водные ресурсы.

В России основным собственником на водные ресурсы является государство. Оно монопольно регулирует все процессы вовлечения их в хозяйственный оборот. Сложившаяся практика управления привела к неэффективной эксплуатации водных объектов. Одним из вариантов улучшения использования водных ресурсов, по нашему мнению, может быть акционирование малых водных объектов. Введение такой формы собственности позволило бы восстановить утраченное значение многих водоемов, способствовало бы развитию " здоровой" конкуренции и усиление хозяйственной инициативы собственников. При этом государство не утратило бы контроль, а, выступая одним из держателей акций, участвовало бы в разработке политики эксплуатации водного объекта.

Внедрение рыночных инструментов регулирования невозможно без усовершенствования системы государственного учета и контроля водных ресурсов. Постоянный учет, регистрация и передача сведений о состоянии водных ресурсов (как поверхностных, так и подземных), а также краткосрочное и долгосрочное прогнозирование состояния запасов водных ресурсов как в виде осадков, так и многовековых накоплений в снегах и ледниках, требуют постоянного глобального мониторинга с целью оценки ожидаемой ситуации на текущий, последующий и далее на 5-10-20 лет вперед. Обеспечение этой цели будет зависеть от состояния сети наблюдений, гидро- и метеостанций во всем регионе. Предполагается, что в каждом субъекте федерации должен быть разработан водный кадастр.

Необходимо, чтобы, кроме экономических инструментов механизм управления использованием водных ресурсов включал административные, такие как лицензирование права на водопользование (водопотребление), лимитирование забора свежей воды и сбросов сточных вод хозяйствующими субъектами.

С введением платного водопользования появились дополнительные финансовые средства для решения задач водохозяйственного комплекса. В связи с этим становится актуальна проблема формирования региональных экологических комитетов (фондов). Они должны регулировать природоохранную деятельность хозяйственных субъектов. Средства этих комитетов необходимо распределять на водоохранные мероприятия так, чтобы отрасль не финансировалась по остаточному принципу.

Таким образом, с переходом на новые рыночные отношения в водохозяйственном комплексе необходимо разработать механизм регионального водопользования (водопотребления), учитывающий особенности природного баланса территории.

Список источников:

1. Авакян А.Б., Широков В.М. Рациональное использование и охрана водных ресурсов. Екатеринбург: Издательство «Вектор», 1994. 319 с.
2. Голуб А.А., Струкова Е.Б. Экономика природных ресурсов: Учебное пособие для вузов. - М.: Аспект Пресс, 2001. 150 с.
3. Кавешников Н.Т., Карев В.Б., Кавешников А.Н. Управление природопользованием; Под ред. Н.Т. Кавешникова. – М.: КолосС, 2006. – 360 с.
4. Правительство Красноярского края. Красноярский край. Территория развития. 2011-2012: брошюра/ Правительство Красноярского края, www.krskstate.ru. – Красноярск, 2012. – 61 с.

Якупов З.С.

доцент, кандидат экономических наук, доцент кафедры «Налоги и налогообложение» Института экономики, управления и права, г. Казань, E-mail:Yakupov.ZC@mail.ru

ИНСТИТУТ НАЛОГОВОГО КОНТРОЛЯ И ПУТИ ЕГО РАЗВИТИЯ

Аннотация: Статья посвящена исследованию закономерностей формирования института налогового контроля среди важнейших направлений государственного финансового контроля. Рассмотрены особенности функционирования налогового контроля как особого института, обеспечивающего деятельность государства и всего общества; показано взаимодействие формальных и неформальных правил при организации налогового контроля и предложены направления его совершенствования.

Ключевые слова: институты, налоги, налоговый контроль, элементы налогового контроля, налоговая реформа.

Yakupov Zamir Sagirovich, Associate Professor of the Chair "Taxes and Taxation" of Institute of Economics, Management and Law (Kazan), PhD (Economics), Associate professor

Institution of fiscal control and its development

Summary: The article is devoted to the research of rules of fiscal control institution formation among the most important directions of state financial control. The article is devoted to the peculiar features of fiscal control functioning as a specific institution ensuring the functioning of the state and society as a whole; shows the interaction between formal and informal rules of fiscal control organizing.

Key words: institutions, taxes, fiscal control, elements of fiscal control, taxation reform.

Современная экономика и общество развиваются путем взаимодействия институтов и организаций, к числу которых относятся институт государства, государственного контроля, налогов, финансового и налогового контроля и др. Под институтами понимаются «правила игры» в обществе, регулирующие взаимоотношения между людьми, а также система мер, обеспечивающая их выполнение. Для формирования института нужны соответствующие условия. Например, институты «финансы» и «налоги» и, соответственно институты финансового и налогового контроля могли появиться только с развитием самого государства и отделением казны государства от кармана монарха, что в свою очередь стало возможным только с развитием институтов гражданского общества.

Степень распространения того или иного института может отставать от развития общественных, производственных, распределительных отношений, что обычно приводит к диспропорциям и проблемам в обществе. Например, слабое развитие института государственного финансового и налогового контроля зачастую приводит к процветанию беспорядка в денежных делах государства, нецелевому использованию государственных денежных ресурсов, падению показателя собираемости налогов и т.д.

Институт налогового контроля следует рассматривать как функцию, как неотъемлемый элемент государственного управления экономикой, поэтому организация контроля определяется структурой и полномочиями органов государственной власти и управления. При этом важно подчеркнуть обратное воздействие института контроля на экономические процессы. По результатам проведенных налоговых проверок налоговые органы в России могут принимать управленческие решения, соответствующие ситуации, например, могут выступить инициаторами процедуры банкротства экономически неэффективных предприятий, имеющих задолженность перед бюджетом.

В последние годы и десятилетия во многих странах наблюдаются явления, свидетельствующие о падении эффективности института государственной власти и соответствующих государственных организаций, в том числе осуществляющих налоговый контроль. Об этом свидетельствуют факты и масштабы укрывательства доходов от налогообложения, размеры и границы распространения коррупции и др. Это требует адекватного реагирования со стороны специалистов в данной области и разработки новых подходов к механизмам функционирования института налогового контроля. В основе новых подходов должно быть повышение престижа государства путем сочетания государственно-частного партнерства в управлении общественными явлениями. При этом попытки обосновать замену в будущем государства корпоративным управлением представляются нам преждевременными.

Функционирование института налогового контроля обеспечивается путем выделения налогового контроля в особый вид деятельности в системе институтов государственного управления. Особенность институционализма заключается в учете как формальных, так и не формальных правил и ограничений. В России неформальные правила в ряде случаев имеют не меньшее значение, чем законодательно оформленные. Это относится и к линии поведения налогоплательщиков и налоговых органов при проведении налоговых проверок.

Важнейшей особенностью как финансов и налогов, так и финансового и налогового контроля является их зависимость от эффективности функционирования института государства. Само возникновение и развитие института финансов и налогов объясняется многими исследователями теории финансов фактом появления и развития государства. Основополагающие финансовые отношения складываются между государством и предприятиями, а также между государством и населением. Государство регулирует эти отношения путем издания системы правовых норм, законов, указов, постановлений, а также осуществляет контроль за их соблюдением. При рассмотрении данного вопроса следует избегать упрощенных подходов; прообразы налогов существовали и до появления государства в современном понимании. Роль государства проявилась, прежде всего, в формировании финансовой и налоговой системы, состоящей из системы налогоплательщиков, налоговых администраторов, системы налогов и налогового законодательства. Важно отметить при этом, что в налоговой системе сформировались основные институциональные «игроки» – налогоплательщики и налоговые администраторы, зачищающие свои интересы в налоговом процессе.

В силу действия целого ряда факторов налог, как императивная форма централизации ресурсов, стал основным источником формирования доходов бюджетов большинства государств. Исторически сложилось так, что другими не императивными методами собирать доходы в пользу государства в любые исторические времена было достаточно проблематичным, поскольку людям трудно добровольно отказываться от части своего имущества и денег. Поэтому наибольшее развитие получил и победил институт налогообложения, а не институт добровольных пожертвований в государственную казну. Доля налоговых платежей в доходах центральных правительств многих стран обычно занимает до 90%. В России она остается не столь высокой (но также превалирующей) в силу большой доли доходов от экспорта нефти, отнесенных действующим законодательством к неналоговым доходам бюджета.

В обществе постоянно происходят процессы реформирования экономических отношений и соответствующих институтов налогового права; при этом экономические отношения и налоговое право могут развиваться с разной степенью интенсивности, что периодически приводит к их несоответствию друг другу. Иногда экономические отношения «уходят вперед», или наоборот, нормы права принимаются и вводятся в законодательное пространство в условиях, когда для этого не созрели экономические институты и в целом экономическая среда. Случается и так, что законы, давно потерявшие свою актуальность, формально продолжают действовать достаточно длительный период. Такие нестыковки наиболее отчетливо проявляются при проведении мероприятий налогового контроля, которые являются одним из механизмов в системе реализации института налогового права. Механизмы обнаружения нестыковок могут быть связаны, например, с анализом договорных отношений налогоплательщиков со своими контрагентами, обширную информацию для анализа можно получить также при рассмотрении материалов предприятия через призму «Концепции системы планирования выездных налоговых проверок» [1], в которой содержатся критерии налоговых рисков для налогоплательщиков. Обобщение этих материалов в динамике может свидетельствовать о тенденциях изменения экономической ситуации как в стране в целом, так и в отдельных секторах экономики.

Для того чтобы привести в соответствие налоговое право и экономические отношения, периодически вносятся изменения в Налоговый кодекс Российской Федерации и другие законодательные акты, и таким путем происходит развитие и совершенствование налогового права адекватно происходящим в стране изменениям. Соответствующие изменения вносятся в регламенты проведения мероприятий налогового контроля. В последние годы в России произошли существенные изменения в системе налогового администрирования; изменены процедуры обжалования ненормативных актов и решений налоговых органов, внедрён порядок проведения досудебного аудита налоговыми органами и др.

Нормы налогового права затрагивают интересы и государства и налогоплательщиков, устанавливая их права и обязанности, порядок уплаты налогов, регламентируя процесс налогового контроля и применение мер ответственности за совершение налоговых правонарушений и т.д. Возникновение любого института или отрасли права обусловлено спецификой регулируемых ими общественных отношений.

Пути совершенствования налогового администрирования должны характеризоваться стремлением к достижению такого уровня взаимодоверия между сторонами, когда актуальны будут не только санкции, но и стимулы к аккуратной и добросовестной уплате налогов. Это особенно важно в условиях, когда выездными налоговыми проверками охватывается ежегодно лишь небольшая доля налогоплательщиков, особенно в сфере малого бизнеса. Следует также учитывать, что в условиях, когда с фискальной точки зрения объемы поступления налогов в большинстве стран зависят фактически от нескольких сотен или тысяч наиболее крупных налогоплательщиков из нескольких миллионов, становятся актуальными вопросы методики и эффективности работы с основной массой более мелких налогоплательщиков. В этих условиях для удешевления и повышения эффективности налогового механизма требуется повышение доверия между налогоплательщиками и налоговыми администраторами.

Следует отметить, что в отношении крупнейших налогоплательщиков в России в последние годы введены новые механизмы согласования интересов государства и бизнеса. К примеру, согласование цен сделок между взаимозависимыми организациями, механизмы горизонтального мониторинга, которые для основной массы налогоплательщиков не доступны. По нашему мнению, в отношении последних может способствовать мера, предусматривающая механизмы официального согласования налогоплательщиком в налоговом органе «Правил налогообложения», с указанием возможных рисковых операций и порядком их налогообложения. Следует отметить, что основные рисковые схемы ухода от налогообложения доводятся до налогоплательщиков, однако все возможные налоговые ситуации, возникающие в деятельности конкретных налогоплательщиков, предусмотреть невозможно. Правила можно оформить как составную часть «Учетной политики для целей налогообложения» и предусматривать в них сложные ситуации по уплачиваемым налогам и пути согласованного выхода из ситуации. Такой документ облегчит финансовое планирование в небольших организациях, где зачастую не хватает высококвалифицированных специалистов, а налоговые проверки будут проходить в обстановке более доверительных отношений между налогоплательщиками и налоговыми администрациями. Они фактически станут «точечными» и менее продолжительными за счет уменьшения времени на проверки сложных вопросов, которые фактически уже предварительно были обсуждены. В результате появится новый институциональный механизм, основанный на «индивидуализации налоговых отношений», которая реально может способствовать рационализации налогового администрирования. При этом, безусловно, потребуется некоторое изменение представлений о принципах налогообложения и налогового администрирования и их отражение в законодательстве о налогах и сборах.

Другой, более кардинальной мерой в отношении не крупных налогоплательщиков может стать, по нашему мнению, частичная передача функций по проведению налогового контроля на аккредитованные аудиторские и консалтинговые организации. Мы рассматриваем такой шаг как развитие идей «дружественного партнерства», как метода взаимодействия налоговых органов и налогоплательщиков. Такой подход, как нам представляется, соответствует институциональному мышлению, поскольку соединяет в институте налогового контроля формальную государственную уполномоченную организацию (ФНС России) и негосударственные организации (аудиторские и консалтинговые), профессиональной сферой деятельности которых является формирование мнения о достоверности финансовой, в том числе налоговой отчетности хозяйственных обществ. Предлагаемая нами новация будет способствовать укреплению отношений доверия и дружественного партнерства между налогоплательщиками и налоговыми администрациями. Важно также отметить, что государство в данном случае не слишком сильно рискует, поскольку налоговые поступления от малого и среднего бизнеса не являются определяющими в бюджете государства. Кроме того, процесс будет происходить под государственным контролем; опыт моделирования отношений государственных структур с аудиторскими фирмами и их саморегулируемыми организациями в России имеется.

При реализации данного предложения будут решаться следующие задачи:

– экономия государственных средств на налоговое администрирование, в том числе за счет уменьшения количества налоговых споров между налоговыми органами и налогоплательщиками;

– повышение уровня профессионализма должностных лиц налоговых органов в ходе общения со специалистами аудиторских и консалтинговых организаций, которые в России, как правило обладают более высокой квалификацией в силу действия ряда факторов (наиболее высококвалифицированных специалистов налоговых органов приглашают в крупные коммерческие компании с несопоставимым уровнем оплаты труда или в аудиторские и консалтинговые фирмы, что приводит к тому, что не все должностные лица налоговых органов обладают высокой квалификацией, по причине небольшого опыта работы).

Для проверяемых организаций существенным моментом явится то, что они сами будут оплачивать налоговые аудиторские проверки, однако в ходе их проведения они без дополнительной оплаты получат соответствующие консультации по вопросам налогообложения.

Выдвинутые предложения мы увязываем с развитием институциональной теории экономических изменений, видным представителем которой является Д. Норт, считающий, что подавляющее большинство институциональных изменений являются «постепенными, последовательными и ограниченными историческим прошлым». Это объясняется тем, что «масштабные изменения будут создавать слишком много противников среди существующих организаций, которые пострадают от этих изменений, а потому будут сопротивляться им. Революционные изменения будут происходить лишь в случае патовой ситуации» [2, с. 98-101]. К сожалению, такая ситуация возникла в отношении налоговой системы России в начале 90-х годов прошлого столетия, вызванная сменой общественно-политического строя в стране, отходом от административно-командных методов управления и переходом к рыночным принципам регулирования экономики. В этих условиях произошли действительно революционные изменения всей политической и экономической системы в стране, и государство в корне изменилось, поэтому налоговую систему пришлось фактически создавать заново. В дальнейшем изменения приобрели главным образом эволюционный характер и, они должны продолжаться.

Список литературы

1. Приказ Федеральной налоговой службы России от 30 мая 2007 г. № ММ-3-06/333@) // «Концепция системы планирования выездных налоговых проверок».

2. Норт, Д. Понимание процесса экономических изменений / пер. с англ. К. Мартынова, Н. Эдельмана; Гос. ун-т – Высшая школа экономики, 2010. – 256 с.

Белова Е.Н.
канд. пед. наук, доцент кафедры педагогики и управления
образованием, ФГБОУ ВПО «Красноярский государственный
педагогический университет им. В.П. Астафьева», e-mail: belovaen@list.ru

МЕТОДОЛОГИЧЕСКИЙ АСПЕКТ УПРАВЛЕНИЯ СЕТЕВЫМ ПРОСТРАНСТВОМ ДОПОЛНИТЕЛЬНОГО ПРОФЕССИОНАЛЬНОГО ОБРАЗОВАНИЯ УНИВЕРСИТЕТА

Среди основных условий, обеспечивающих конкурентоспособность и эффективность менеджмента дополнительного профессионального образования (ДПО) университета, мы рассматриваем инновационную, предпринимательскую деятельность и управление развитием интеллектуального ресурса организации ДПО университета, являющегося основным фактором инновационной деятельности вуза [2, 32]. Продуктивными, на наш взгляд, технологиями современного менеджмента ДПО университета являются организационно-управленческие технологии, направленные на создание и развитие сетевого пространства, позволяющего не только существенно увеличить доходы от реализации дополнительных профессиональных образовательных программ (ДПОП) посредством вовлечения в образовательный процесс новых слушателей, но и обеспечивающего непрерывное развитие профессиональных и социально-личностных компетентностей слушателей этих ДПОП.

ДПО является неотъемлемым компонентом системы непрерывного образования, образования на протяжении всей жизни (LifeLong Learning) и представляет собой образование в пределах соответствующих уровней профессионального образования, осуществляемое в целях совершенствования компетентности или повышения уровня квалификации по той или иной профессии.

Непрерывное ДПО – это ДПО, в основе которого заложен принцип непрерывности, компенсации недостающего профессионального знания у специалистов, возникающего в силу объективного отставания базового образования от потребностей динамично развивающейся практики. Кроме того, ДПО – площадка обмена практическим опытом и освоения новых идей, концепций, технологий, аккумулирования инновационного опыта и трансляции его в практическую деятельность.

Анализ мировых и отечественных тенденций развития системы ДПО указывает на то, что ежегодно в мировом хозяйстве, по оценкам западных исследователей, отмирает более 500 старых профессий и возникает более 600 новых. Если раньше высшего образования было достаточно для 20-25 лет практической деятельности, то сейчас оптимальный срок его эффективности составляет, по мнению экспертов ЮНЕСКО, 5 – 7 лет, а в отраслях, определяющих научно-технический прогресс, – 2 – 3 года. Следовательно, специалисты, получившие образование много лет назад и не работающие над своим образовательным уровнем, безнадежно устаревают в профессиональном плане. Из этого закономерен вывод, что развивающееся сегодня ДПО должно занять достойное место во всей системе непрерывного образования населения, удовлетворять потребности человека на различных этапах его духовного и профессионального развития, соответствовать требованиям социальных и экономических структур регионов [1, 24].

В целях успешной реализации значительного интеллектуального и организационного потенциала, сосредоточенного в университете, мы создаем новую организационную структуру, готовую определять стратегию развития управленческого, психолого-педагогического и языкового направлений ДПО Красноярского края. Такой структурой может стать сетевая организация, базирующаяся на сетевом пространстве ДПО, формируемом в рамках проекта «Сетевое пространство дополнительного образования» Программы стратегического развития КГПУ им. В.П. Астафьева на 2012 – 2016 гг.

В соответствии с системным подходом созданием сетевого пространства ДПО в университете следует управлять с учетом его целостности, взаимосвязи и взаимозависимости его составляющих, основываясь на реально сложившейся ситуации. Сетевое взаимодействие – это система связей, позволяющих разрабатывать, апробировать и предлагать профессиональным сообществам инновационные модели содержания образования и управления системой образования; это способ деятельности по совместному использованию ресурсов.

Сетевое пространство ДПО университета мы рассматриваем не только как пространство для реализации программ с применением дистанционных образовательных технологий, но и продолженное сопровождение выпускников ДПОП посредством вовлечения их в сетевое профессиональное сообщество, консультационно-методическое сопровождение слушателей, способствующее непрерывному развитию профессиональных и социально-личностных компетенций.

Основой моделирования сетевого пространства (СП) являются андрагогический, компетентностный, системно-деятельностный и индивидуально-практико-ориентированный подходы к развитию выше названных компетенций руководителей и специалистов сферы образования и реального сектора экономики.

Сетевое пространство ДПО университета может быть представлено *четырьмя компонентами: субъектный, пространственно-предметный, технологический и социальный.*

Субъектами СП ДПО могут быть представители всех целевых групп слушателей: студенты, руководители и специалисты сферы образования, реального сектора экономики, пенитенциарных заведений, выпускники вуза, филиалы университета, ресурсные центры, малые инновационные предприятия, базовые научно-внедренческие площадки, методические службы органов управлении образованием и другие.

Пространственно-предметный компонент СП предполагает обеспечение условий для равнодоступного общего пространства для всех его участников, специально оборудованные помещения для очных встреч-событий, точки удаленного доступа, расположенные на местах проживания участников сети, включая персональные компьютеры с обязательным программным обеспечением и доступом к Интернету, кабинет консультационно-методического сопровождения слушателей.

Основными составляющими *технологического компонента* являются дополнительные профессиональные образовательные программы (ДПОП) с применением дистанционных образовательных технологий, модули этой программы, позволяющие каждому слушателю выбрать индивидуальный образовательный маршрут повышения квалификации или профессиональной переподготовки. Индивидуальный образовательный маршрут имеет временную и содержательную структуры. Временная структура позволяет выбрать ускоренный или замедленный темп его освоения, а содержательная структура ДПОП включает: обязательные модули, модули по выбору и факультативные модули.

Социальный компонент СП ДПО университета включает:
- внешние факторы, общественное мнение;
- субъектное самосознание — представление участника сетевого пространства о себе как представителе профессионального сообщества;
- социальные связи.

Индивидуальный образовательный маршрут слушателя по программам повышения квалификации и переподготовки имеют ряд значимых преимуществ по сравнению с традиционными программами. Это и возможность изменения срока прохождения программы, что позволяет в ускоренном или замедленном темпе прохождение индивидуального образовательного маршрута, участия в сетевых событиях и выполнение дистанционных заданий. Это выбор модулей развития и различных способов их освоения [3, 18].

Важной составляющей является управление *информационным ресурсом СП*, который включает банк программ, электронно-методических комплексов этих программ и их модулей; базу данных о слушателях; научные и методические публикации профессорско-преподавательского состава вуза и слушателей и др.

Сетевые сообщества, существование которых связано с активным использованием сетевых служб, информационных ресурсов и коммуникативных возможностей Интернета, обладают большим числом характеристик, что, в первую очередь, свидетельствует об их значительном образовательном потенциале в области непрерывного образования и повышения уровня профессиональных и социально-личностных компетентностей. Возможности приобретения опыта в процессе интенсивного коммуникационного процесса с преподавателями и другими членами профессионального сообщества призваны обеспечить привлекательность сетевого пространства, ориентированного на сотрудничество научно-педагогических работников вуза и слушателей, различных учреждений и организаций.

Основными механизмами создания СП дополнительного образования является создание инновационных научно-образовательных центров, являющихся системообразующим элементом каждого профессионального сетевого сообщества. Это Центры «Искусство управления и лидерства», «Учитель новой школы», «Сопровождение детей и подростков группы риска» и «Профессионал».

Ключевыми характеристиками сетевого взаимодействия будут: *пространство*, позволяющее описать многообразие горизонтальных и вертикальных взаимодействий в сети; *информация*, раскрывающая содержание этих взаимодействий; *время*, показывающее логику развития сетевых отношений; *энергия*, представляющая различные способы и формы жизнедеятельности в сети.

Логическим продолжением развития создаваемого сетевого пространства может стать создание сетевой организации непрерывного ДПО университета.

Библиографический список

1. Багин В.В. Дополнительное профессиональное образование в вузе: стратегии развития: монография / В.В. Багин. – Чита: ЧИПКРО, 2005. – 140 с.

2. Белова Е.Н. Модель инфраструктуры инновационного менеджмента дополнительного профессионального образования университета // – Инновации в непрерывном образовании, 2012. – № 5. – С. 32 – 39.

3. Белова Е.Н. Управление развитием дополнительного профессионального образования современного университета: проблемы и перспективы / Развитие непрерывного образования: материалы IV Международной научно-практической конференции в рамках научно-образовательного форума «Человек, семья и общество: история и перспективы развития», посвященного 80-летию КГПУ им. В.П. Астафьева. Красноярск, 27-28 ноября 2012 г / отв. ред. Е.Н. Белова; ред. кол. Электронное издание. – Красноярск, 2013. С. 15 – 18.

Щербакова А.А.

кандидат экономических наук, федеральное государственное бюджетное образовательное учреждение высшего профессионального образования «Вологодский государственный технический университет»

АНАЛИЗ ФИНАНСИРОВАНИЯ И ОРГАНИЗАЦИЯ СЕРВИСНОЙ СЛУЖБЫ КРУПНОГО УЧРЕЖДЕНИЯ ЗДРАВООХРАНЕНИЯ РЕГИОНА

С целью определения достаточных объемов финансирования на плановое обновление парка медицинской техники и организации сервисной службы крупного учреждения здравоохранения проведен анализ состояния парка медтехники медицинского учреждения областного уровня – Бюджетного учреждения здравоохранения Вологодской области «Вологодская областная больница № 1» (БУЗ ВО «ВОБ № 1»), которое является крупнейшим в области и предоставляет специализированную медицинскую помощь населению. Показатели деятельности медицинского учреждения БУЗ ВО «ВОБ № 1» представлены в таблице 1.

Таблица 1 – **Показатели деятельности медицинского учреждения БУЗ ВО «ВОБ № 1»**

Показатель	Годы					2010/2006, %
	2006	2007	2008	2009	2010	
Поликлиника						
Число посещений, тыс. раз	128,0	123,9	125,7	126,7	129,5	101
Стационар						
Пролечено больных, тыс. чел.	21,4	22,5	22,2	20,1	21,6	101
Занятость койки, койко-дней	233,6	327,3	325,8	280,9	279,3	120
Среднее пребывание больного, дней	10,4	14,7	14,4	13,9	12,9	124

За анализируемый период в БУЗ ВО «ВОБ № 1» число посещений и количество пролеченных больных увеличилось незначительно – на 1504 визитов и на 225 человек соответственно. Значения же показателей «занятость койки» и «среднее пребывание больного» увеличилось за период более чем на 20%, что превысило целевые показатели «Программы государственных гарантий оказания гражданам РФ бесплатной медицинской помощи на территории Вологодской области на 2010 год» на 3,2%. Это повышение является негативной тенденцией, так как в настоящее время в российском здравоохранении одним из основных условий, обеспечивающих повышение эффективности использования ресурсов медицинского учреждения, является сокращение длительности пребывания больных в стационаре и увеличение оборота койки.

Интенсивность использования коечного фонда оценивается показателем «оборот койки». Наибольший оборот койки в 2010 году наблюдался в дневном стационаре больницы (60,9 чел./койку), в других подразделениях данный показатель находится на уровне 20 чел./койку. В соответствии с плановыми нормативами для стационаров общего типа оборот койки считается оптимальным в пределах 25 – 30 чел./койку.

Для дальнейшей работы исследуемому учреждению здравоохранения необходим работоспособный парк медицинской техники, соответствующий нормативам табеля оснащенности областных больниц. Показатели состояния парка медицинской техники БУЗ ВО «ВОБ № 1» в 2006 – 2010 гг. по данным медико-технической службы представлены в таблице 2.

Таблица 2 – **Показатели состояния парка медтехники БУЗ «ВОБ № 1» в 2006 – 2010 гг.**

Показатель	Годы					2010/
	2006	2007	2008	2009	2010	2006, %
Отечественная медицинская техника, ед.						
Общее количество медицинской техники	2144	2391	2007	1346	1508	70,3
Количество эксплуатируемой медтехники	2098	2210	1956	1346	1508	71,9
Количество медтехники, выработавшей нормативные сроки эксплуатации	1886	1940	1890	673	754	40,0
Количество поступившей медтехники	96	111	84	141	100	104,2
Импортная медицинская техника, ед.						
Общее количество медицинской техники	1722	1621	2026	2018	2261	131,3
Количество эксплуатируемой медтехники	1700	1600	1998	2018	2261	133,0
Количество медтехники, выработавшей нормативные сроки эксплуатации	980	991	714	1009	1130	115,3
Количество поступившей медтехники	124	160	186	211	151	121,8

За анализируемый период обновление парка медицинской техники исследуемого медицинского учреждения осуществляется в основном зарубежными поставками, так как общее количество отечественной медицинской техники за исследуемый период уменьшилось на 29,7%, а импортной увеличилось на 31,3%. При этом значение показателя «общее количество медицинской техники» осталось приблизительно на том же уровне. Наблюдается сокращение доли медицинской техники, выработавшей нормативные сроки эксплуатации – с 74% до 50%.

В 2011 г. в исследуемом учреждении здравоохранения эксплуатировалось 3045 единиц медицинской техники (не учитывается медицинский инструмент), состоявших на инвентарном учете. Из них 2216 ед. выработали нормативные сроки эксплуатации. На рисунке 1 по радиальным осям, соответствующим разным группам видов медицинской техники, отложена величина, равная разности между предельным и средним значением износа по данной группе для случаев:

а) идеальное состояние, соответствующее одновременному полному обновлению медицинской техники в данной группе;

б) нормальное состояние, соответствующее равномерному плановому обновлению имеющейся медицинской техники;

в) реальное состояние в 2011 году (износ по разным группам медицинской техники – с 29 до 100%, остаточный ресурс – с 0 до 71%).

Таким образом, реальное состояние парка медицинской техники БУЗ ВО «ВОБ № 1» не соответствует уровню нормального состояния, а следовательно, его обновление является неравномерным и осуществляется не по плану. В связи с этим актуальной остается задача определения объемов финансирования, необходимых для достижения планируемых результатов, так как количество ежегодно закупаемой медтехники увеличивается незначительно – на 14%. Следовательно, одним из основных вопросов, требующих решения, является определение объема денежных средств, который требуется для компенсации годового износа парка медтехники БУЗ ВО «ВОБ № 1».

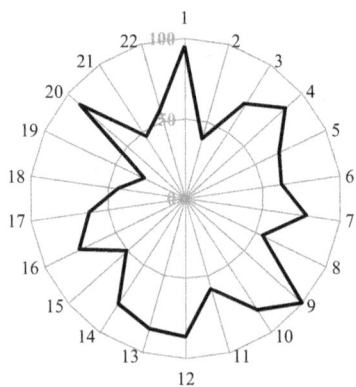

Рисунок 1 – **Износ парка медицинской техники в БУЗ ВО «ВОБ № 1» в 2011 г., %**

Нормативные сроки эксплуатации, согласно перечню годовых норм износа медицинского оборудования (№ 03-14/19-14 от 23.06.1988), для разных групп медицинской техники варьируются в диапазоне от 5 до 10 лет (нормы износа от 10 до 20%). Тогда среднее значение нормативного срока эксплуатации парка медтехники БУЗ ВО «ВОБ № 1» составляет 6,66 года, а объем средств, требуемый для компенсации годового износа, в соответствии с математической моделью, с достаточной точностью можно определить как 1/7 общей стоимости всего анализируемого парка медтехники в текущих рыночных ценах.

Балансовая стоимость парка медицинской техники БУЗ ВО «ВОБ № 1» в 2011 г. составила 230,44 млн. руб. Распределение указанной балансовой стоимости по общему количеству эксплуатируемой медтехники показало, что балансовая стоимость единицы медтехники составила 75,7 тыс. руб./ед. Оценка средней рыночной стоимости с учетом влияния инфляции и процесса повышения сложности и стоимости новой медицинской техники позволяет получить величину, превышающую среднюю балансовую стоимость в 2,9 раза [1]. Тогда для медицинской техники, состоявшей на инвентарном учете в 2011 году, при суммарной балансовой стоимости приблизительно 230,44 млн. руб., получаем суммарную текущую рыночную стоимость – 668,28 млн. руб. Соответствующий объем финансирования, который требуется для компенсации годового износа эксплуатируемой медтехники, составит 668,28 млн. руб. / 7 = 95,5 млн. руб. в год.

В 2010 году наблюдалось недофинансирование БУЗ ВО «ВОБ № 1» по данному направлению. Была закуплена новая медицинская техника на сумму 37,6 млн. руб., что в 2,5 раза меньше объема финансирования, который требуется для компенсации годового износа эксплуатируемой.

В условиях недостаточного финансирования важным аспектом, обеспечивающим работоспособное состояние медицинской техники, является своевременное и качественное ее техническое облуживание и ремонт. В связи с этим в анализ состояния парка медтехники необходимо также включить оценку качества и своевременность поставок услуг по техническому облуживанию (сервису) и ремонту медицинской техники.

С целью оптимизации работы по техническому обслуживанию медтехники средней степени сложности руководством БУЗ ВО «ВОБ № 1» она была сгруппирована (табл. 3).

Таблица 3 – **Группировка медицинской техники в БУЗ ВО «ВОБ № 1»**

№ п/п	Наименование группы медицинской техники	Средний разряд	Условные единицы сложности
1	Оборудование для урологии и очищения крови вне организма, лазерное оборудование, оборудование и инструменты для хирургии и нейрохирургии	5	308,5
2	Стерилизационное и дезинфекционное оборудование, наркозно-дыхательное и реанимационное оборудование, оборудование для акушерства, гинекологии и неонатологии	5	707,61
3	Оборудование для рентгенологии, оборудование для физиотерапии, приборы и аппараты, применяемые при лабораторных и морфологических исследованиях, клинико-диагностическое оборудование	5	403,3
	Итого		1419,41

В целом на услуги по сервису и ремонту медицинской техники в 2010 г. БУЗ ВО «ВОБ № 1» израсходовала 10,5 млн. руб. Указанный объем денежных средств является для бюджета медицинского учреждения значительным, поэтому, по мнению специалистов отдела материально-технического снабжения БУЗ ВО «ВОБ № 1», необходимым является создание собственной сервисной службы.

В связи с этим, используя положения Приказа № 1005 Минздрава СССР от 08.09.1987 «Об утверждении отраслевых норм обслуживания изделий медицинской техники», разработаем структуру сервисной службы.

Норма времени на сервис медицинской техники равной одной условной единиц сложности составляет 50,4 минут. Тогда норма обслуживания в смену для одного инженера (коэффициенты, вносящие корректировку соответственно: на проезд от предприятия до медицинского учреждения и на специализацию инженеров по видам медицинской техники равны единице; на квалификацию инженеров (5 группа) равен 1,1): 480/50,4·1·1·1,1 = 10,5 усл. ед. сложности.

Учитывая, что в году 249 рабочих дней, определим фонд рабочего времени одного инженера в год: 249·10,5 = 2614,5 час. Тогда нормативная (явочная) численность инженеров равна: 4769/2614,5 = 2 чел.

Рассмотрим эффективность организации собственной сервисной службы по двум направлениям: а) сокращение времени проезда к месту эксплуатации медицинской техники и обратно, переходы в учреждении здравоохранения и переезды между ними; б) сокращение времени простоя медтехники и, как следствие, – увеличение количества принятых пациентов.

При техническом обслуживании медицинской техники сервисной организацией уменьшается норма обслуживания в смену для одного инженера (коэффициенты, вносящие корректировку соответственно: на проезд от предприятия до медицинского учреждения равен 0,8; на специализацию инженеров по видам медицинской техники равен единице; на квалификацию инженеров (5 группа) равен 1,1). Тогда норма обслуживания в смену для одного инженера сервисной организации: 480/50,4·1·0,8·1,1 = 8,4 усл. ед. сложности.

Экономия времени за счет сокращения времени проезда к месту эксплуатации медицинской техники и обратно, переходы в учреждении здравоохранения и переезды между ними составит 114 рабочих дней инженера (20% его рабочего времени). При его заработной плате в размере 20 тыс. руб. в месяц экономия денежных средств составит 114 тыс. руб.

Расчет эффекта за счет сокращения времени простоя медицинской техники выполнен на основе информации, предоставленной Медицинским центром «Семейная клиника №1» города Вологды. Так финансовые потери за один день простоя медицинской техники (31 усл. ед. сложности) по наиболее востребованным видам процедур составят 86,7 тыс. руб. (при полной загрузке мощностей). Если учесть время проезда инженера к месту эксплуатации медтехники и обратно, переходы в учреждении здравоохранения и переезды между ними (3,69 – 2,95 = 0,74 дня), то финансовые потери составят 64,2 тыс. руб.

Таким образом, организация собственной сервисной службы крупного медицинского учреждения региона является целесообразной, так как позволит получить значительный экономический эффект, что является актуальным в условиях недостаточного финансирования.

Литература:

1. Емельянов, О.В. О результатах анализа парка медицинского оборудования и оптимизации методов его восстановления [Текст] / О.В. Емельянов, Ю.С. Кудрявцев, О.Л. Филонова // Экономика здравоохранения. – 2006. – ВА-№ 41. – С. 68-61.

Мамонов В.Д.
аспирант Новосибирского государственного университета экономики и управления
Полуэктов В.А.
канд. эконом. наук, Новосибирский государственный университет экономики и управления

ВЗАИМОСВЯЗЬ ИЗДЕРЖЕК С НАДЁЖНОСТЬЮ РАБОТЫ ПАРАЛЛЕЛЬНЫХ ЗВЕНЬЕВ ПРОИЗВОДСТВЕННОЙ СИСТЕМЫ

Рассматривается схема производственных связей, когда осуществляется поставка продукции комплектного характера потребителю поставщиком, причем процессы изготовления каждой компоненты комплекта осуществляются параллельно и независимо друг от друга. При воздействии случайных возмущений моменты окончания времени изготовления каждой компоненты не могут быть заранее определены точно, а лишь охарактеризованы некоторым интервалом и статистически интерпретируемы.

Заметим, что если потребитель должен получать комплектный продукт, составляющие которого производятся несколькими поставщиками, то как отмечается в работе [1,142], отсутствует система оценок, в точности отвечающая условиям оптимального функционирования производственной системы. Причиной этому является неразложимость функции потерь от дефицита: раздельные функции потерь для поставщиков не существуют.

Обозначим через $t_1^{н}$ и $t_2^{н}$ моменты окончания изготовления составляющих комплекта, определяемые без учета возможных отклонений; в качестве t_1^{0} и t_2^{0} рассмотрим моменты наиболее позднего окончания составляющих комплекта соответственно. Тогда величины $T_1 = t_1^{н} + \tau_1$ и $T_2 = t_2^{н} + \tau_2$ есть возможные моменты изготовления составляющих комплекта и являются случайными; случайные величины $\tau_1 \in (0, t_1^{0} - t_1^{н})$, $\tau_2 \in (0, t_2^{0} - t_2^{н})$ определяют вариацию значений T_1 и T_2. Поэтому моменты полного завершения работ по изготовлению комплекта характеризуются случайной величиной $\tau = \max(T_1, T_2)$ с функцией распределения $F_\tau(t)$, которая предполагается известной.

Поставщик комплектной продукции заинтересован в пределах определенной величины затрат, целевое назначение которых состоит в покрытии расходов при согласовании срока поставки продукции, обеспечить эту поставку с наибольшей надежностью. Каждый момент τ может рассматриваться как установленный срок поставки. Однако при заблаговременно назначенном сроке $\tau^{н}$ может реализоваться одна из двух возможных ситуаций: если $\tau > \tau^{н}$, то возникают затраты, вызванные имеющим место дефицитом $(\tau^{н} - \tau)^{+}$ при поставке продукции, уровень которых определяется затратами, связанными с его ликвидацией потребителем; если $\tau < \tau^n$, то подразделения (система в целом) несут дополнительные издержки, величина которых в среднем характеризует в общем случае затраты на резервирование. Случай $\tau = \tau^n$ не представляет интереса, поскольку он практически исключен из-за случайности величины момента срока поставки.

В этих условиях поставщик попытается выбрать момент срока поставки так, чтобы при заранее определенной величине затрат обеспечить максимум вероятности их непревышения.

Формализация задачи требует рассмотрения функции затрат в соответствии с двумя ситуациями. Будем считать, что эти функции заданы в виде $z = \begin{cases} z_\partial(\tau - \tau^n), \tau > \tau^n; \\ z_p(\tau^n - \tau), \tau \le \tau^n. \end{cases}$

Заметим, что линейность функций дополнительных издержек и штрафа не ограничивает общности получаемых качественных результатов. Таким образом, $z = z(\tau)$; ясно, что величина Z представляет собой любое возможное значение случайной величины Z и объектом исследования является вероятность $P\{Z < z^n\}$, где z^n есть та величина затрат, которая поставщиком рассматривается как допустимая при выборе сроков поставки. Отметим, что под величиной z^n поставщик подразумевает величину дополнительных издержек, целевое назначение которых состоит как в дополнительном резервировании для обеспечения поставки в срок так и в возмещении ущерба потребителю при нарушении поставки в срок в виде штрафа. Очевидно, что событие, состоящее в том, что величина затрат Z не превысит допустимой величины z^n произойдет, если будет выполнено соотношение: $\tau^n - z^n / z_p < \tau < \tau^n + z^n / z_\partial$.

Используя функцию распределения $F_\tau(t)$, можем записать [2, 203]:

$$F_\tau(t) = \int_0^t \int_0^t f_\tau(T_1, T_2) dT_1 dT_2 \tag{1}$$

Из условия независимости процессов поставки компонент, составляющих комплект, следует независимость случайных величин T_1, T_2 и тогда $f_\tau(T_1, T_2) = f_1(T_1) f_2(T_2)$. Раздельно интегрируя (1), получим

$$P\{Z < z^n\} = F_1(\tau^n + z^n / z_\partial) F_2(\tau^n + z^n / z_\partial) - F_1(\tau^n - z^n / z_p) F_2(\tau^n - z^n / z_p). \tag{2}$$

Полученное равенство определяет в общем виде характер зависимости $P\{Z < z^n\}$ от $z^n, z_\partial, z_p, \tau^n$ и позволяет окончательно сформулировать задачу: при известных функциях распределения $F_1(T_1), F_2(T_2)$ и заданных z^n, z_∂, z_p определить такое значение τ^n, которое доставляет максимум вероятности $\max P\{Z < z^n\}$.

С целью упрощения формальных выкладок сделаем допущение. В реальной ситуации продолжительности параллельных процессов планируются на основе нормативных величин так, чтобы их моменты окончания совпадали. Поэтому положим $t'' = t_1'' = t_2'' = const$.

Допустим также, что одинаковыми являются и функции $f_1(T_1)$ и $f_2(T_2)$. Решение задачи $\max P\{Z < z''\}$ осуществляется методами классической оптимизации. Для отдельных типов распределений значение величины τ'' легко находится в явном виде; в остальных случаях – численными методами. Так, например, для случая, когда τ_1 и τ_2 распределены равномерно на интервале $[\boldsymbol{t''}, \boldsymbol{t^O}]$ при $t^0 = t_1^0 = t_2^0$, то

$$\max P\{Z < z''\} = 1 - \left[1 - \frac{z''}{t^0 - t''}(\frac{1}{z_o} + \frac{1}{z_p})\right]^2 \text{ и при этом } \tau'' = t^0 - \frac{z''}{z_o}.$$ Для показательного

закона распределения с тем же значением математического ожидания случайных величин τ_1 и τ_2 величина срока поставки есть

$$\tau'' = t'' + \ln(e^{-\lambda z''/z_o} + e^{\lambda z''/z_p})^{\frac{1}{\lambda}}.$$

Выражение для максимального значения вероятности в данном случае весьма громоздко и не приводится. На рис. 2 приведены графики зависимости $\max P\{Z < z''\}$ от величины z''. С целью графической иллюстрации на рис. 1 принято, что $z_o = z_p = z_0$. Для равномерного распределения практический интерес представляет случай, когда $z'' \le z^0(t^0 - t'')/2$.

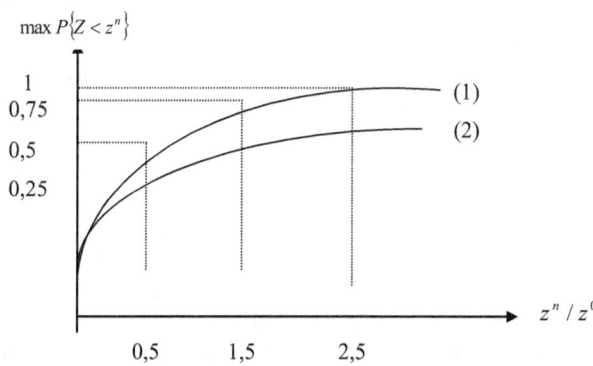

Рис. 1. Зависимость $\max P\{Z < z''\}$ от соотношения z'' / z^0.

(1) – равномерное распределение,
(2) – показательное распределение.

Литература:

1.   Ватник П.А. Статистические методы оперативного управления производством. – М.: Статистика, 1978.

2.   Вентцель Е.С., Овчаров Л.А. Прикладные задачи теории вероятности. – М.: Радио и связь, 1983.

Титушкина Е.Ю.

доцент, кандидат юридических наук, Академия управления МВД России
alenchik.64@mail.ru

ПРАВОВЫЕ ОСНОВЫ ПРОФИЛАКТИКИ ПРЕСТУПЛЕНИЙ

В настоящее время ни у кого не вызывает сомнения то, что профилактика преступлений является более предпочтительным направлением борьбы с преступностью, относительно уголовно-правовых средств. Под профилактикой преступлений мы понимаем деятельность, направленную на выявление причин и условий совершения преступлений, изучение с целью установления механизма их влияния на преступность, разработка и принятие мер, направленных на минимизацию их действия, снижение их криминогенного потенциала, а, если это возможно, то и устранение таких причин и условий. Криминологическая наука имеет серьезные разработки в данной области. Однако одного осознания этой идеи научной общественностью недостаточно, необходима серьезная база для этой деятельности, в том числе правовая.

На федеральном уровне на сегодняшний день имеется только два закона, являющихся правовой основой профилактической деятельности – «Об основах системы профилактики безнадзорности и правонарушений несовершеннолетних»[1]. и «Об административном надзоре за лицами, освобожденными из мест лишения свободы» [2].

Еще в шестидесятые-семидесятые годы прошлого века профессор Антон Григорьевич Лекарь говорил о необходимости принятия базового нормативно-правового акта, каким на тот момент могли стать Основы законодательства Союза ССР о предупреждении преступности [3, с. 4].

Усиления внимания к проблеме правового обеспечения деятельности по профилактике преступлений в России произошло после заседаний Государственного Совета в Казани и в Ростове-на-Дону. На заседании Госсовета в Казани в 2005 г. было решено сформировать единую систему профилактики правонарушений, призванную объединить усилия органов власти, бизнеса, структур гражданского общества. Выступая в июне 2007 года на заседании в г. Ростове-на-Дону тогдашний Президент Российской Федерации В.В. Путин, отметил, что «именно на этапе профилактики можно эффективно противодействовать практически всем видам преступлений» [5].

Начиная с этого времени ни одно выступление руководителей государства, посвященное проблеме преступности, не обходилось без упоминания о том, что профилактика является приоритетным направлением в противодействии преступности.

В свете вышесказанного в течение последних полутора лет было подготовлено более 10 вариантов законопроекта под названием «Об основах государственной системы профилактики правонарушений в Российской Федерации». Полагаем, что перспектива принятия такого закона имеется, в свете проявляемого интереса к данной проблеме. Поэтому хотелось бы остановиться на некоторых спорных, по-нашему мнению, нормах предполагаемого закона.

Система профилактики преступлений, будучи разновидностью социальной системы, состоит из ряда элементов: объекта, по поводу которого осуществляется деятельность, субъектов, ее осуществляющих, и содержания деятельности, включающего в себя правовое, организационное, методическое, научное, финансовое обеспечение, конкретные формы, методы, меры деятельности. Однако разработчики законопроекта сначала упорно пытались свести понятие системы профилактики к понятию только одного из этих элементов – субъектов профилактики, а затем вообще отказались от формулировки этого определения. Такое упорство совершенно не понятно, тем более что в законе дается и понятие объектов профилактического воздействия, и раскрываются формы, виды, методы профилактической деятельности. Представляется, что в отсутствие нормативного закрепления различных понятий в сфере профилактики преступлений, при отсутствии единого подхода к пониманию этих терминов не только среди практиков, но и среди научных работников, дефинитивные нормы в законе просто необходимы.

Слабо разработаны в рамках данного законопроекта проблемы виктимологической профилактики. В последнем проекте виктимологическая профилактика только угадывается меду строк. В частности, среди объектов называется «лицо … способное стать потерпевшим от правонарушения», а в статье «Основные направления деятельности субъектов профилактики правонарушений и пути их реализации» закреплено «оказание помощи потерпевшим от правонарушений», что в данном контексте представляется не верным, поскольку очевидно, что раз лицо уже стало потерпевшим, поздно оказывать на него профилактическое воздействие, следует осуществлять реабилитационные меры. Единственное о чем здесь можно говорить – это о профилактике повторной виктимности. Сам термин – виктимологическая профилактика – исчез из закона. Нам же представляется, что данное направление заслуживает большего внимания, поскольку виктимологическая профилактика социально необходима, экономически выгодна, почти не требует дополнительных материальных затрат, и в то же время, при условии качественного информационно-аналитического, организационно-методического, правового, научного обеспечения вполне эффективна и рациональна.

Примерно такой же подход прослеживается в вариантах законопроекта относительно мер ответственности за нарушение законодательства о профилактике правонарушения. Нормы об ответственности отсутствуют в законе отсутствуют. Данное положение противоречит не только требованиям логики, но и нарушает правила юридической техники: норма должна состоять из трех элементов – гипотезы, диспозиции и санкции. При отсутствии норм об ответственности (как позитивной, так и негативной) структура нормы нарушается.

К недостаткам законопроекта следует отнести недостаточное внимание защите интересов общества и государства в процессе осуществления профилактики. Среди задач системы профилактики называется только «защита прав и свобод граждан от противоправных посягательств», что находится в противоречии с нормами уголовного и уголовно-процессуального законодательства и со статьей 6 самого законопроекта, где среди основных направлений деятельности субъектов профилактики правонарушений называются права, законные интересы юридических лиц, интересы общества и государства.

Еще одни момент, которые вызывает беспокойство: в проекте упорно проводится линия только на один путь воздействия на причины и условия правонарушений – их устранение. Данная позиция игнорирует научные исследования о природе причин преступности, многие из которых по сути своей являются объективными, связанными с законами развития общества в целом и рыночной экономики, в частности. Устранить их невозможно, так же как невозможно победить преступность. Подобный административно-командный подход не применим к большинству причин, действующих в социально-экономической сфере, применительно к ним возможно снижать их криминогенный потенциал, минимизировать последствия их действия, но никак не устранять. Таким образом, цель устранения всех причин и условий правонарушений является нереалистичной. Постановка ее в таком виде содержит большой потенциал административно-командного же воздействия на субъектов профилактики – не устранение причин будет рассматриваться как не выполнение соответствующих обязанностей с возможным привлечением ни в чем не повинных людей к ответственности.

Нормативно-правовое регулирование профилактики преступлений – дело новое, кроме того, авторы сталкиваются с сопротивлением потенциальных субъектов профилактики, не желающих принимать на себя ответственность за состояние борьбы с преступностью. Выход видится в более широком привлечении и к разработке, и к продвижению данного закона авторитетных ученых.

Список литературы

1. Федеральный Закон «Об основах системы профилактики безнадзорности и правонарушений несовершеннолетних» № 120-ФЗ от 24 июня 1999 г.

2. Федеральный закон от № 64-ФЗ от 6 апреля 2011 «Об административном надзоре за лицами, освобожденными из мест лишения свободы»

3. Лекарь А.Г. Проблемы правового регулирования деятельности по предотвращению преступлений // Труды высшей школы МООП РСФСР. 1966. № 6 с. 3-19.

4. Официальный Интернет-сайт Президента России: www.kremlin.ru

Мартыненко Н.Э.
кандидат юридических наук, доцент, Академия управления МВД России
Академия управления МВД России
kafedra_up_@mail.ru

ПОТЕРПЕВШИЙ ОТ ПРЕСТУПЛЕНИЯ: УГОЛОВНО-ПРАВОВОЙ АСПЕКТ

Конституция Российской Федерации провозглашает права и свободы человека высшей ценностью. В статье 17 Конституции РФ закреплено положение о том, что права и свободы человека и гражданина являются непосредственно действующими. Они определяют смысл, содержание и применение законов, деятельность законодательной и исполнительной власти, местного самоуправления и обеспечиваются правосудием.

В современной России многое делается для защиты прав и интересов личности. Российская Федерация является участницей целого ряда международно-правовых актов, направленных на охрану прав и свобод человека. Наиболее важными из них являются: Всеобщая декларация прав человека (1948), Конвенция о защите прав человека и основных свобод (1950), Международный пакт о гражданских и политических правах (1966) года; Международный пакт об экономических, социальных и культурных правах (1966), Конвенция о правах ребенка (1989), Конвенция о ликвидации всех форм дискриминации в отношении женщин (1979) и др.

Основываясь на международных договорах, Российская Федерация формирует свое внутреннее законодательство для защиты прав и интересов граждан. Для эффективной защиты личности вносятся существенные изменения в уголовное, уголовно-процессуальное, уголовно-исполнительное законодательство.

Но как только, несмотря на принимаемые государством меры, совершено преступление и человек становится потерпевшим, отношение к нему государства меняется. Из лица, для защиты которого государство так много делает, он превращается в пассивного созерцателя того, как с одной стороны государство, а с другой – лицо, совершившее преступление, вступают между собой в уголовные правоотношения, места в которых потерпевшему нет.

Данная ситуация складывается несмотря на наличие целого ряда нормативных правовых актов в сфере защиты интересов потерпевшего. Так, в ст. 52 Конституции Российской Федерации закреплено, что права потерпевших от преступлений охраняются законом. Государство обеспечивает потерпевшим доступ к правосудию и компенсацию причиненного ущерба.

По данным статистики около двух миллионов физических лиц и около трехсот тысяч юридических лиц ежегодно становятся потерпевшими от преступлений. Так, в 2008 году 2016522 физических лиц и 323853 юридических лиц были официально признаны потерпевшими; в 2009 – 1953179 и 288531; в 2010 – 1785190 и 277747; в 2011 -.1656719 и 267473; в 2012 - 1639349 и 256621 соответственно.

Законодатель не считает потерпевшего активным участником уголовно-правовых отношений, хотя предложения о придании потерпевшему уголовно-правового статуса звучат с начала шестидесятых годов прошлого века. Опасения законодателя понятны - расширение прав потерпевшего приведет к нарушению равновесия между частными и государственными интересами и поставит под сомнение публичный характер уголовно-правового регулирования. Многие десятилетия, эта боязнь проявляется в нежелании законодателя легализовать статус потерпевшего в уголовном праве. Проводимая в СССР и критикуемая сегодня уголовная политика, не предпринимала никаких шагов к определению уголовно-правового положения потерпевшего. И это было понятно, так как морально-политическое единство советского народа исключало какую-либо возможность недоверия к деятельности органов Советского государства [1,7].

Несмотря на смену политического и экономического стоя в стране, отношение к потерпевшему со стороны государства не изменилось. В УК РФ отсутствует определение потерпевшего, не выработаны механизмы возмещения вреда, не участвует потерпевший в решении вопросов, связанных с признанием деяния малозначительным, с назначением наказания и освобождением от него, институт освобождения от уголовной ответственности в связи с примирением с потерпевшим (ст. 76 УК РФ) реализуется крайне слабо.

Все уголовная политика последних лет, направленная на защиту интересов потерпевших, связана, в основном, с увеличением в Уголовном кодексе санкций за отдельные преступления, что само по себе, без комплекса целого ряда других предупредительных уголовно-правовых мер, не в состоянии реально защитить интересы потерпевшего.

Осуждение преступника - интерес публичный, именно на него работают все правоохранительные органы, показатели деятельности которых, оцениваются исходя из количества возбужденных уголовных дел и, соответственно, лиц, привлеченных к уголовной ответственности. Защита же потерпевшего - интерес сугубо частный, в результате этого проблема защиты потерпевшего, возмещение ему вреда, причиненного преступлением, сама собой отходит на второй план. Несовершенство уголовной политики сказывается на несовершенстве законодательства и правоприменительной практики.

В государствах, именующих себя, как и Россия, демократическими, качество работы правоохранительных органов должно оценивается не по количеству возбужденных уголовных дел и числу осужденных преступников, а по отзывам населения страны о своей защищенности, по мнению потерпевших о работе правоохранительной системы.

Различия в уголовно-правовом и уголовно-процессуальном положении потерпевшего не позволяют «адаптировать» имеющееся в УПК РФ понятие потерпевшего к статусу потерпевшего в уголовном праве.

Поворот уголовной политики в сторону потерпевшего можно было бы начать с введения в Уголовный кодекс понятия потерпевшего, которое необходимо для включения его в предмет уголовного права. То есть им должны стать правоотношения между лицом, совершившим преступление - государством и потерпевшим и (преступник – государство – потерпевший)

Определение потерпевшего может быть сформулировано следующим образом: «Потерпевший это физическое или юридическое лицо на чьи охраняемые настоящим Кодексом интересы – жизнь, здоровье, свободу, честь и достоинство, собственность, а также конституционные и другие права и свободы было направлено преступное посягательство». Подобная формулировка позволит считать потерпевшим лицо, в отношении которого было совершено как оконченное, так и неоконченное преступление. Вряд ли целесообразно включать в Уголовный кодекс РФ самостоятельную главу «Потерпевший от преступления». Представляется, что будет вполне достаточно поместить подобную статью в разделе 2 «Преступление» в ст.14-1 УК РФ.

Все вышесказанное позволяет говорить о том, что потерпевший фигура не только уголовно-процессуальная, но и уголовно-правовая.

Список литературы

Альперт С.А. Потерпевший в советском уголовном процессе: Автореф. дис. ... канд. юрид. наук. Харьков, 1951. С.7.